西电科技专著系列丛书

U0160166

数字全息显微

Digital Holographic Microscopy

郜　鹏　姚保利
郑娟娟　戎　路　著

西安电子科技大学出版社

内 容 简 介

本书系统介绍数字全息(显微)的基本理论、实验技术、再现方法,以及近年来在提高数字全息(显微)测量稳定性及空间分辨率、抑制相干噪声、实现图像自动调焦等方面运用的相关技术。第1章介绍数字全息显微的概念、发展历程、国内外研究现状;第2章介绍数字全息显微基本理论;第3章介绍物参共路数字全息显微;第4章介绍同步相移数字全息显微;第5章介绍定量相位成像分辨率增强技术;第6章介绍数字全息显微中的自动调焦技术;第7章介绍部分相干光照明的数字全息显微;第8章介绍数字全息中的散斑噪声抑制;第9章介绍连续太赫兹波数字全息。

本书可作为数字全息、干涉测量等相关领域科技人员的参考书或相关专业研究生的课程教材。

图书在版编目(CIP)数据

数字全息显微/郜鹏等著. —西安:西安电子科技大学出版社,2022.11
ISBN 978 - 7 - 5606 - 6523 - 8

Ⅰ. ①数⋯ Ⅱ. ①郜⋯ Ⅲ. ①数字技术—应用—全息光学—显微技术—研究
Ⅳ. ①TN27

中国版本图书馆 CIP 数据核字(2022)第 154003 号

策   划 刘小莉 戚文艳
责任编辑 张 玮
出版发行 西安电子科技大学出版社(西安市太白南路 2 号)
电   话 (029)88202421 88201467   邮   编 710071
网   址 www.xduph.com   电子邮箱 xdupfxb001@163.com
经   销 新华书店
印刷单位 广东虎彩云印刷有限公司
版   次 2022 年 11 月第 1 版 2022 年 11 月第 1 次印刷
开   本 787 毫米×960 毫米 1/16 印张 15.75
字   数 280 千字
定   价 69.00 元
ISBN 978 - 7 - 5606 - 6523 - 8/TN

XDUP 6825001 - 1

* * * 如有印装问题可调换 * * *

前言 / Preface

　　数字全息显微(Digital Holographic Microscopy，DHM)作为一种定量相位成像技术，将数字全息技术与光学显微技术相结合，通过对数字全息图进行重建得到的强度和相位图像，可以定量获取细胞等样品的三维形貌或折射率分布等信息，是一种有效的全场定量、无损非接触、快速、高分辨的三维成像技术。目前，DHM被广泛应用于工业检测、生物医学成像、气/液流场可视化、特殊光束产生以及自适应成像等领域。随着电子技术和计算机技术的发展，尤其是大幅面、高带宽CCD或CMOS和高性能计算机的出现，数字全息显微成像性能日益完善，受到越来越广泛的关注。

　　本书将介绍数字全息(显微)的基本理论、实验技术、全息图的数字再现、图像再聚焦方法，以及近年来发展的用于提高DHM性能的新方法和技术，包括：为提高DHM抗干扰能力的物参共路干涉技术，为实现实时高分辨定量相位成像的同步相移技术、DHM空间分辨率增强技术，为实现自动调焦的像面数字获取方法，为降低散斑噪声的部分(低)相干照明技术。本书还将介绍连续太赫兹波数字全息技术，该技术采用波长在 $30~\mu m \sim 3~mm$ 范围内的太赫兹波作为照明光源。与可见光相比，太赫兹波具有更好的穿透性，因而更利于获得厚材料的内部结构或折射率空间分布。此外，本书还将介绍DHM在生物医学中活体细胞或组织的三维成像、微型工业器件的形貌检测、气/液流场的可视化以及在环境监测中粒子追踪等方面的应用。

　　本书厚基础、强实践、宽视野，注重对基本概念和基本原理的讲解，还给出了数字全息图再现的Matlab代码和实例示范，对新进入课题的本科生或研究生具有一定的指导作用。通过本书的学习，可以快速了解数字全息领域的基础理论和最新技术，对该领域形成更加全面的了解。同时，本书也可为构建高性能、实用化数字全息显微镜提供理论指导。

　　本书共分为9章，郜鹏撰写第2、3、5章并统编全稿；姚保利撰写第1、7

章；郑娟娟撰写第 4、6 章；戎路撰写第 8、9 章。所有作者都参与了全书的校对工作。本书的编著得到了 2020 年西安电子科技大学科技专著出版基金（5005-20199216236）的资助。

由于作者学识有限，书中难免有疏漏与不足之处，殷切期盼广大读者批评指正。

作　者

2022 年 2 月

目录
Contents

绪　　论

本章主要介绍数字全息技术的概念、发展历程、国内外研究现状、目前市场产业化进程情况。最后一部分是本书的章节安排。

1.1　数字全息显微概述

全息技术利用感光材料记录物光波和参考光波干涉形成的全息图，之后利用再现光波(参考光波)照射全息图以重建出物体的再现像。全息技术的应用在我们的生活中已经屡见不鲜，如：全息舞台表演、全息防伪(身份证、人民币和信用卡)等。全息成像主要包括全息图的记录和再现两个基本过程。记录过程：参考光波和经过物体反射或透射的光波同时到达全息图的记录平面，两束光相干叠加形成干涉条纹或散斑图，然后由银盐干板等介质记录，最终实现全息图记录，如图1-1(a)所示。再现过程：在一定的条件下，用另一束再现光波(参考光波)对全息图进行照射，可以重建出物体的再现像，如图1-1(b)所示。

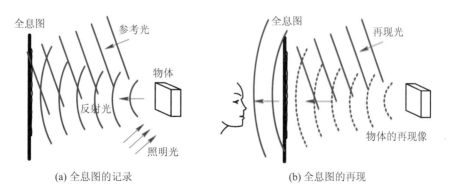

(a) 全息图的记录　　　　　　　　　　(b) 全息图的再现

图1-1　全息技术的应用[1]

数字全息技术(Digital Holography，DH)利用 CCD/CMOS 等光电器件代替传统银盐干板，记录被测样品的全息图并存储到计算机中实现全息记录。结合光波衍射传播理论，利用计算机对全息图进行数字再现，可将波阵面传播到虚拟空间的任何平面，并将强度或相位信息显示在显示器上[2]。数字全息技术以数字化方式记录和再现全息图样，具有诸多优点：① 用 CCD 代替银盐干板后，避免了传统光学全息记录中烦琐的显影、定影等处理过程，从而大大简化了记录过程，使得全息图易复制、易传输；② 利用计算机数字再现代替传统的光学衍射再现，不仅可以提高再现的便捷性，还可以消除全息图记录过程中的畸变、噪声以及记录介质感光特性曲线的非线性等带来的影响，从而改善全息再现像的质量；③ 利用计算机对数字再现的物光波进行衍射传输，可以实现对被测样品的数字再聚焦。

数字全息显微(Digital Holographic Microscopy，DHM)是数字全息在显微领域的延伸。相比于传统显微技术，DHM 无须对样品做特殊处理，是一种快速、高分辨率、高衬度成像方法。如图 1-2 所示，DHM 通过记录被放大的物光和参考光干涉形成的全息图，可以数字再现出被测样品的振幅和相位分布。相位是物光波除振幅之外的重要属性，测量相位分布不仅可以提高透明样品成像的衬度，还可以获得被测样品的三维形貌和折射率分布。因此，数字全息显微被广泛应用于工业检测[3]、生物医学成像[4]、特殊光束产生、气/液流场可视化[5]以及自适应光学成像等领域，如图 1-3 所示。

全息技术发展至今，其类型层出不穷，即使很多从事全息相关工作的人，也会出现一些表述上的错误。针对此类问题，为了进一步对全息技术分类进行规范，美国加州 MetroLaser 公司的联合创始人及研究总监 J.D.Trolinger 博士以"the Language of Holography"为题在 *Light：Advanced Manufacturing* 上对全息技术的概念和分类进行了说明[1]。

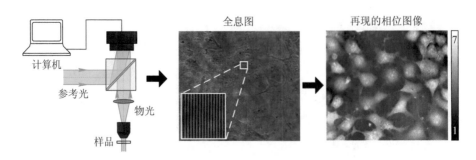

图 1-2 数字全息显微(DHM)原理示意图

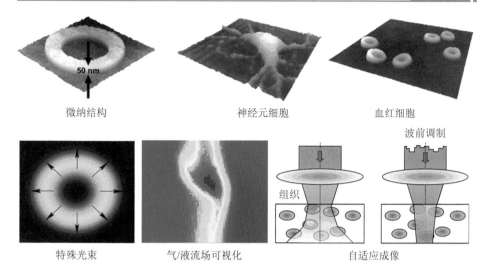

图 1-3　数字全息显微的应用

属于全息技术范畴的常用全息类型包括：

- 白光反射全息图（White Light Reflection Holograms（Denisyuk Holograms））
- 同轴全息图（In-line Holograms（Gabor Holograms））
- 离轴全息图（Off-axis Holograms（Leith-Upatnieks Holograms））
- 波前合成（Synthetic Wavefronts）
- 模压全息（Embossed Holograms）
- 全息投影（Cast Holograms）
- 图像的全息（Holograms of Photographs）
- 全息光学元件（Holographic Optical Elements）
- 全息光栅（Holographic Gratings）
- 像平面全息图（Image Plane Holograms）
- 相位共轭反射镜（Phase Conjugate Mirrors）
- 实时全息图（Real Time Holograms）
- 数字全息图（Digital Holograms）
- 计算生成的全息图（Computer Generated Holograms）

常常被误认为全息技术的非全息 3D 显示技术：

- 立体摄影和投影成像（Stereo Photography and Projection Imagery）
- 佩珀尔幻象（Pepper's Ghost Images）
- 蝇眼图像（Fly's Eye Images）
- 柱透镜图像（Lenticular Photographs）

- 光场成像（Light Field Imaging）
- 虚拟现实（VR）
- 集成立体图像（Integral Stereo Photographs）

1.2 数字全息显微的发展历程

数字全息显微源于光学全息技术，迄今为止已有70多年的发展历程。全息技术（Holography）最早由英国科学家 D.Gabor 教授[6]在1947年发明，初衷是为了记录电子束衍射产生的图像（同轴全息图）以克服电子显微镜中电子透镜引起的畸变，从而提高电子显微镜的空间分辨率。通过光学再现，可以从该全息图中恢复物体包含振幅和相位分布在内的完整信息。在希腊语中，hologram写为 hologramma，holos 意为"全部"，而 gramma 意为"信息"，因此 hologram的意思是包含光波的全部信息[1]。20世纪60年代早期，在激光器发明前夕，E.N.Leith[7]借鉴了雷达中处理无线电波的方法，首次提出了离轴全息的概念，解决了 Gabor 全息中原级再现像受到全息图零级像和共轭像串扰的问题。Y.N.Denisyuk[8]提出了新的全息记录方法，使得全息图可用白光再现，将光学全息用于三维成像。此后光学全息逐渐被大众所了解。A.W.Lohmann[9]对光学全息技术作出了形象的描绘："物体表面发出的光向前传播，在某处被全息面拦了下来'冻结'在全息面中。当我们利用另一光波照亮该全息面时，'冻结'在全息面上的光波就会被恢复，继续向前传播，形成物体的三维图像。"

20世纪60年代初，激光器的出现充分满足了全息记录对光源相干性的要求，也使离轴全息的记录和再现（对光源的相干性要求较高）被广为应用。离轴全息技术可以有效地分离再现像中的原级像、零级像和孪生像，极大地提高了全息再现的信噪比。全息技术取得了爆发式的进展，并成功地应用于显示、成像、存储、测量、光束操控等多个领域，成为了现代光学领域的一个重要分支。这些进步使得全息技术的发明者 D.Gabor 于1971年获得了诺贝尔物理学奖。

20世纪90年代初，随着数字探测器（CCD、CMOS）的出现，全息技术的发展迎来了新的春天。在 CCD/CMOS 出现以前的很长一段时间内，全息图一直由银盐干板或照相乳胶记录。由于这些记录介质对光强的灵敏度较低，因此需要较长的曝光时间记录全息图，对记录装置的稳定性要求也比较高。此外，全息图的记录过程需要额外的化学操作，无法实时测量。CCD 和 CMOS 替代了传统的记录介质，使全息图通过计算机实现了数字存储和数字重建，此时的全息技术被称为数字全息（Digital Holography）[10]。至今，数字全息技术作为现代光学领域中的一个独特分支，已经在许多领域产生深远的影响。

随着半导体工业的发展与进步，CCD/CMOS 的靶面尺寸、时间/空间分辨率都得到了进一步提高。此外，计算机的运算能力也在不断攀升。例如，我国的天河二号超级计算机最高计算速度可以达到每秒 5.49 亿亿次。这些技术的发展对数字全息和数字全息显微性能的提升产生了巨大的推力。空间光调制器和数字显微镜器件等光场调控器件的出现，进一步提升了 DH 和 DHM 的性能和应用范围。最近 20 年，国内外众多学者围绕 DH/DHM 的时间/空间分辨率提高、稳定性提高、相干噪声抑制、自动调焦等主题开展了大量的研究，使得 DH/DHM 的性能得到不断提高，并被广泛应用于工业检测、生物医学等诸多领域。

人工智能(AI)技术迅猛发展的同时，深度学习技术在解决成像逆问题方面的潜力也不断被研究人员发掘。近年来深度学习技术在全息重建、自动聚焦与相位恢复、全息去噪和分辨率提高等方面都有着显著的进展。2020 年，A.V.Belashov 课题组结合机器学习技术对光诱导的 HeLa 细胞坏死过程进行了监测[4]，根据获得的相位图像对活细胞和坏死的细胞进行了自动区分。同年，T.O'Connor 课题组[11]将 DHM 与深度学习相结合，成功实现了形态相似的牛和马红细胞的自动识别与疾病诊断，相比于传统的机器学习方法，他们提出的方法具有更好的性能。

1.3　国外研究现状

国外对于数字全息和 DHM 的研究开展得相对较早，经过数十年的研究与积累，已相对成熟与规范。

1.3.1　DHM 技术研究方面

• 瑞士洛桑联邦理工学院的 F.Charrière 课题组[12-17]自从 2006 年起，便对 DHM 技术进行了广泛研究，并利用该技术对微透镜、活细胞等样品进行了成像与测量，后期该课题组对 DHM 进行了商业化开发，成立了 LynceeTec 公司，研发了一系列面向不同应用场景的数字全息显微镜。

• 德国明斯特大学 B.Kemper 课题组[18-21]对 DHM 及其应用也进行了广泛而深入的研究，利用 DHM 实现了对活细胞的三维成像、动态监测、三维追踪、生物物理学参数的定量测量等，取得了不错的研究成果，促进了该技术在生物医学领域的应用。

• 德国斯图加特大学的 W.Osten 和 G.Pedrini 团队也在 DHM 方面做出了出色的成绩[22]。例如，他们提出了 192 nm 波长的深紫外光照明 DHM 技术，从而提高了相位成像空间分辨率;提出了基于4π照明的DHM光路,从而获得了样品在明场和暗场模式下的三维结构。此外,该团队还在单光束相位显微方面进行了系统性研究工作。

• 美国伊利诺伊大学 G.Popescu 团队研究了点衍射数字全息显微[23]、定量泽尼克相衬显微[24],这两种技术均基于物参共路的光学结构(物光波和参考光波经历完全相同的路径到达 CCD 像面),具有抗环境干扰的优点。此外,该团队还开展了定量相位显微在生物细胞、组织成像中的应用研究。

• 西班牙瓦伦西亚大学的 Mico 团队针对 DHM 空间分辨率的提高开展了系统研究[25]。他们提出利用垂直腔面发射激光器阵列作为照明光源,产生不同方向的照明光,通过将不同发光单元对应的再现像进行频谱拼接,可将 DHM 的空间分辨率提高 5 倍。此外,也可以通过扫描样品记录不同子全息图,形成较大的"合成全息图",以实现分辨率的提高。

• 比利时卢森堡大学的 J.Dohet-Eraly 课题组[26-28]对 DHM 中的数字重聚焦算法进行了诸多研究,如建立了可以同时适用于振幅、相位物体和彩色数字全息的重聚焦判据。在观察动态样品时,利用 DHM 的自动调焦能力可以避免样品移动离焦对成像的不利影响,进一步提升了 DHM 成像系统性能并扩展了其应用范围。

• 韩国科学技术院 Y.K.Park 教授 2021 年在 *Nature Photonics* 上报道了基于 Kramers-Kronig 关系的单光束 DHM 技术[29]。该技术不需要参考光,仅通过记录样品在不同角度照明光下的强度分布,可以通过解析的方式测量出样品的相位分布。

• 英国格拉斯哥大学的物理学家 H.Defienne[30] 2021 年在 *Nature Physics* 上报道了量子全息技术,首次利用量子纠缠的独特特性(爱因斯坦的"远距离幽灵"效应),通过测量完全分离的物光波和参考光波的强度分布获得了被测样品的振幅和相位分布,从而突破了传统全息方法的局限性,创建了更高分辨率、更低噪声的图像,进而更好地揭示出细胞细节,进一步认识了生物学在细胞水平上的功能。然而,由于该方法仍受到成像系统空间带宽积的影响,因此无法同时获得大视场和高分辨成像。

1.3.2 DHM 应用研究方面

在 DHM 应用方面,德国弗劳恩霍夫物理测量技术研究所的 M.Fratz 等人将 DH 和 DHM 用于工业三维形貌检测[31]。此外,DHM 还被用于水流[32]、热传导[33]、液体扩散[34]、声压分布[35]的可视化和定量测量。

如何利用 3D 可视化技术获得空气和流体中的粒子动态运动,对于科学和工程领域具有重要意义。DHM 因其具有可自动调焦的能力而成为获取粒子 3D 位置信息的理想技术[36-38]。例如，H.J.Byeon[39] 等人利用 DHM 技术，通过基于图像锐度的聚焦函数来获得每个粒子的轴向位置，并通过重构图像实现了对透明椭圆粒子的识别和 3D 轨迹追踪的测量。

近年来，许多科研团队针对红细胞形态、红细胞动态变化过程以及红细胞膜的振动等进行了深入研究，实现了对诸多生物参数的定量测量。2010 年，D.Boss 课题组利用 DHM 对红细胞膜的动力学[40] 进行了研究与评估，通过单张数字全息图的数值重建，得到了高分辨率的定量相位图像。分析结果表明，红细胞的自发细胞膜波动振幅不均匀地分布在细胞表面，这会影响红细胞的双凹平衡形状。随后，该课题组利用双波长 DHM 对绝对细胞体积、细胞内积分折射率以及渗透膜的水渗透性等进行了定量测量[41, 42]。2011 年，N.Cardenas 课题组[43, 44] 将数字全息显微镜与光镊技术结合，成功地对红细胞进行了定量相位成像与动态捕获。疟疾、癌症等疾病的病理生理学进展可以在细胞的生物物理特性变化中体现，因此通过 DHM 对折射率和弹性量的同时测量来确定这些变化，将有助于疾病的判断和诊疗。A.Anand 课题组[45-49] 利用 DHM 对胚胎干细胞、疟疾感染红细胞的动力学特征及动态变化过程进行了三维可视化成像，获取了不同的细胞参数，在不破坏细胞的前提下实现了对干细胞和疟疾感染红细胞的自动监测与识别。研究人员还利用 DHM 对不同污染环境中的癌细胞形态及动态变化过程进行了观测与研究，旨在为癌症诊断与治疗提供新的思路。2019 年，A.V.Belashov 课题组[50-53] 利用 DHM 显微镜对光动力治疗时体外细胞的形态变化以及不同类型的癌细胞对光动力治疗的反应进行了监测与评估，结果表明：不同患者甚至不同肿瘤部位的细胞，光敏剂的积累和治疗后的动力学特征存在显著差异，有些细胞对治疗反应很微弱，甚至没有反应。

1.4　国内研究现状

在数字全息显微领域，我国已具有与国外研究团队竞争与并跑的良好态势。根据科学网(http：//fund.sciencenet.cn)统计，2010—2021 年，国家自然科学基金委员会在数字全息方面的资助项目约 100 项，资助金额合计约 6800 万元，有效提升了我国在数字全息领域的科研水平。国内诸多高校及科研院所开展了大量 DHM 相关的研究，并取得了丰硕的成果。

西北工业大学的赵建林团队[54, 55] 开展了数字全息显微理论和关键技术研究，建立了待测物场特征量物理模型，设计并研制了多台不同结构特征的数字全息显微镜；开展了多项应用研究，实现了活体生物细胞的动态生命过程、固体激光器晶体棒的热透镜效应、脉冲激光作用下液态工质激波场的形貌及动态演化、棱镜界面近场区域物场折射率的二维分布、复杂流场动态演化等的动态测量；构建了 Y 型卷积神经网络 Y-Net 并成功应用于离轴数字全息图的数值重建[55]。

中国科学院西安光学精密机械研究所的姚保利团队围绕高精度定量相位显微成像方法开展了深入系统的研究。他们提出了物参共路的同步相移数字全息显微方法，以提高显微装置的测量精度和稳定性，进而实现对运动物体或动态过程的实时测量[56]；提出了基于双波长或低相干 LED 照明的轻离轴干涉数字全息显微成像方法，以解决激光照明相干噪声影响相位测量精度的问题[57]。

与可见光相比，太赫兹波具有低能量、高穿透、惧水等特性，将其应用于数字全息成像能够反映物体的内部结构和更加丰富全面的生物信息。北京工业大学的王大勇、戎路团队搭建了同轴连续太赫兹波数字全息成像装置，提出了多种适用于太赫兹波数字全息的相位复原方法[58]；哈尔滨工业大学的李琦研究团队在国内最早开展了太赫兹波数字全息研究，研究了同轴/离轴太赫兹波数字全息显微光路；通过减小全息图记录距离，将太赫兹波相位成像分辨率进一步提升到了 0.245 mm（2.1λ），高于同一时期太赫兹波远场焦平面成像的分辨率[59]。

清华大学的金国藩、曹良才团队在全息成像、器件、显示等方面成绩斐然。2018 年，他们将压缩感知（Compressive Sensing，CS）用于单光束共轴全息技术，不仅消除了孪生像对重建结果的影响，还具有充分利用探测器空间带宽积的优点。他们还研究了基于空间光调制器的 3D 全息显示技术，提出了 2D 到 3D 渲染方法和全息算法以生成数字全息图，从而推进了动态全息显示技术的进步[60]。

中国科学院上海光学与精密机械研究所的司徒国海团队在基于深度学习（如图 1-4 所示）的计算成像方法方面积累了丰富的经验。他们主要在光学与计

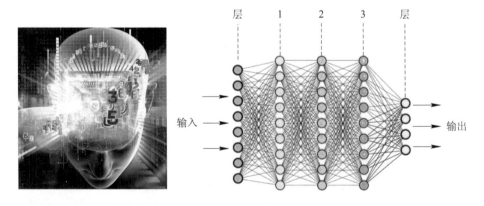

图 1-4 基于深度学习的数字全息显微技术分辨率增强法（https://www.innov100.com）

算机的交叉领域，对光学成像、相空间光学、相位恢复和光学信息处理等方面的理论和技术进行了系统和深入的研究[61]。深度学习技术与数字全息显微相结合是一个热门和具有应用前景的方向，随着对相关技术的不断深入研究，将进一步促进不同技术之间的融合与发展。

北京工业大学的万玉红团队[62]、郑州大学的刘亚飞团队[63-65]以及浙江大学、天津大学的科研人员用非相干光源搭建了非相干DHM成像系统，降低了散斑噪声，从而提高了成像质量；他们还对生物细胞样品进行了成像与观察，扩展了DHM的应用范围，进一步促进了非相干DHM的应用研究[63]。

西安电子科技大学的郜鹏团队围绕数字全息显微分辨率提高、相位/荧光双模式成像开展了系统研究，提出了基于结构光照明的数字全息显微，并实现了大视场、高分辨相位/荧光双模式显微成像[66]；搭建了基于超斜照明的定量相衬显微镜，并获得了245 nm和250 Hz的空间和时间分辨率；设计完成了小型化点衍射DHM显微镜原理样机[67]。

昆明理工大学的李俊昌、张亚萍团队，河北工程大学的王华英团队，浙江师范大学的马利红团队，南京师范大学的袁操今团队，以及北京工业大学、暨南大学、中国海洋大学等科研人员在改善数字全息再现像质、将数字全息显微用于生物样品的观测方面也开展了大量研究[68-70]。DHM成像系统为活体生物细胞的长时间动态观测（如图1-5所示）提供了一种有效的定量测量手段，有望为早期医学诊断及药物设计等的分析评价提供一定的依据。

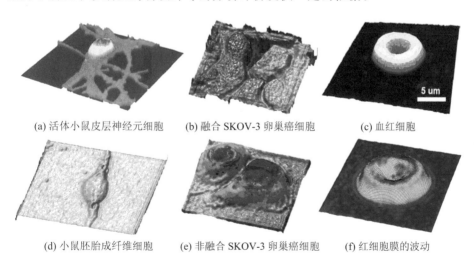

(a) 活体小鼠皮层神经元细胞　　(b) 融合SKOV-3卵巢癌细胞　　(c) 血红细胞

(d) 小鼠胚胎成纤维细胞　　(e) 非融合SKOV-3卵巢癌细胞　　(f) 红细胞膜的波动

图1-5　数字全息显微技术在生物医学领域的应用举例

此外，南京理工大学的陈钱、左超团队研发了FM-DHM500型数字全息显微仪。在相移数字全息的相移量数字获取和相位再现算法(山东大学的蔡履中团队)、三维折射率成像(上海大学的周文静团队)以及低相干数字全息和DHM的自动调焦算法(北京工业大学和江南大学)方面,均取得了出色的成绩。同时,南开大学、浙江大学、中国工程物理研究院流体物理研究所提出了超短脉冲数字全息显微技术。上海光机所分别将数字全息显微用于中药饮片细胞特征表征、微尺度流场三维测量、粒子场测量、$LiNbO_3$晶体特性的研究中。

综上所述,国内外研究者已对DHM开展了细致、深入的研究,并取得了丰富的研究成果。这些研究成果为我国数字全息研究的顺利展开提供了坚实可靠的团队与平台,也为今后数字全息的进一步发展夯实了理论与应用基础。

1.5 市面现有产品

数字全息显微作为一种快速、无损、定量的相位成像技术,可为工业领域三维形貌测量、粒子场测试、生物细胞三维成像以及动态过程观测提供有效手段。国内外学者已经对数字全息显微术进行了商业开发,研发出具有高精度的定量相位测量功能显微镜,同时力求实现体积小、成本低以及便捷、稳定等目标,以便更好地满足不同领域的应用需求。目前,瑞士 LynceeTec^{DHM}公司、苏州飞时曼精密仪器有限公司及国内几个高校都相继研发出了成熟的数字全息显微镜。

1.5.1 LynceeTec^{DHM}公司的 DHM$^{®}$ - T 显微镜

瑞士 LynceeTec^{DHM}公司出产的 DHM$^{®}$ - T 系列数字全息显微镜如图 1 - 6 所示。该仪器能够对单个活体细胞进行非接触、无损伤的量化测量,实时记录细

图 1 - 6　DHM$^{®}$ - T 系列数字全息显微镜

胞培养过程，并能够用来表征多种基础的生物细胞学信息；此外，可选择荧光模块实现 DHM 与荧光同时进行快速动态相位测量，该测量功能已经在微光学元件、微流体、生物物理学等应用领域显现出独有的优势。不足之处是该系列数字全息显微镜不具备小型、便携等特性（尺寸为 600 mm×350 mm×500 mm，重量高达 30 kg），并且对操作环境有特殊要求（具有隔振条件）。

1.5.2　飞时曼公司的 FM - DHM500 显微镜

　　苏州飞时曼精密仪器有限公司推出的 FM - DHM500 型数字全息显微镜如图 1 - 7 所示。它是国内首款商品化的数字全息显微镜，能实现样品表面三维结构定量信息的测量和重构，并对生物样品进行实时的、自动的拍摄和分析鉴别，可用于疾病诊断、环境检测和流行性疾病的早期检测。尽管 FM - DHM500 显微镜在操作系统完善性和使用便捷性上稍逊于瑞士 LynceeTec^{DHM} 公司的 DHM$^®$ - T 产品，但在价格方面具有显著的优势。

图 1 - 7　FM - DHM500 型数字全息显微镜

1.5.3　高校自研的 DHM 显微镜

　　西北工业大学的赵建林团队是国内最早开展数字全息显微研究的单位之一，该团队针对数字全息显微的关键技术进行了系统的理论和实验研究。近年来，由该团队研发的多款具有不同结构特征的数字全息显微镜如图 1 - 8 所示。这些显微镜配备了测量软件和全息图数字再现软件，能够在多种场景下对样品进行实时测量。

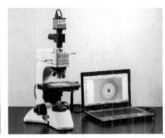

图 1-8　数字全息显微镜(西北工业大学)

由西安电子科技大学研发的一款小型化干涉数字全息显微仪如图 1-9 所示。该显微仪的尺寸仅为 40 cm×10 cm×25 cm，结构紧凑，可直接放置于细胞培养箱内，用于对细胞生长、分裂等生命过程进行原位观测。该仪器采用物参共路干涉光路，利用一偏振光栅将物光分成两束，并对其中一束光波进行针孔滤波形成参考光，然后通过改变入射光偏振方向来调节物光和参考光之间的相对光强。该物参共路干涉光路具有抗环境干扰的特点。

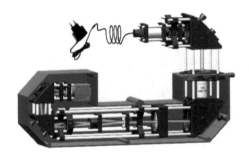

图 1-9　小型化干涉数字全息显微仪(西安电子科技大学)

1.6　主要内容和章节安排

本书主要介绍数字全息显微技术的基本理论、数字再现方法以及为提高 DHM 性能发展的新方法和技术。围绕这一主题，本书主要包括以下内容：

第一章：绪论。本章主要介绍数字全息术的概念、发展历程、国内外研究现状和市场产业化进程情况。

第二章：数字全息基本理论。本章主要对数字全息技术中涉及的基本理论进行介绍与分析，内容主要包括波动光学基本原理、全息图记录条件、相位重建算法等。

第三章：物参共路数字全息显微。本章主要介绍具有物参共路结构的数字全息显微术和单光束定量相位成像技术。

第四章：同步相移快速数字全息显微。本章主要介绍相移的概念和实现方法，基于多 CCD 记录、像素掩膜、平行分光的三种同步相移技术，以及同步相移技术在生物医学、流场测量、表面形貌测量、微纳器件检测等领域的应用。

第五章：数字全息显微中空间分辨率增强技术。本章对离轴照明、散斑照明、结构照明以及亚像元技术形成"合成数值孔径"等空间分辨率增强技术进行了综述和分析比较。

第六章：数字全息显微中自动调焦技术及其应用。本章主要介绍全息图离焦量的数字获取方法及 DHM 自动调焦技术，以及多个应用领域中的最新研究进展。

第七章：部分相干照明的数字全息显微。本章首先介绍时间和空间相干性、部分相干理论；然后着重介绍部分相干照明的同轴数字全息显微和离轴数字全息显微；最后介绍非相干数字全息显微技术。

第八章：数字全息中散斑噪声抑制。本章主要围绕数字全息中的散斑问题以及抑制散斑噪声的方法进行概述。

第九章：太赫兹波全息。本章主要介绍同轴/离轴太赫兹波数字全息光路、相位再现方法，以及全息图质量和空间分辨率提高方法。

参 考 文 献

[1] TROLINGER J D. The language of holography. Light：Advanced Manufacturing，2021(2)：34.

[2] 孟璞辉. 数字全息相干成像中散斑噪声抑制方法研究：[硕士论文]. 北京：北京工业大学，2013.

[3] LIU B. FENG D. FENG F. et al. Maximum a posteriori-based digital holographic microscopy for high-resolution phase reconstruction of a micro-lens array. Opt. Commun，2020(477)：126364.

[4] BELASHOV A V，ZHIKHOREVA A A，BELYAEVA T N，et al. In vitro monitoring of photoinduced necrosis in HeLa cells using digital holographic microscopy and machine learning. J. Opt. Soc. Am. A，2020(37)：346－352.

[5] MILLERD J，BROCK N，HAYES J，et al. Pixelated phase-mask dynamic interferometer. Proc. SPIE 5531，Interferometry XII：Techniques and Analysis，

2004(5531): 304 - 314.

[6]   GABOR D. A new microscope principle. Nature, 1948(161): 777 - 778.

[7]   LEITH E N, UPATNIEKS J. Reconstructed wavefronts and communication theory. J. Opt. Soc. Am. A, 1962(52): 1123 - 1130.

[8]   DENISYUK Y N. Photographic reconstruction of the optical properties of an object in its own scattered radiation field. Doklady Akademii Nauk SSSR, 1962(144): 1275 - 1279.

[9]   LOHMANN A W. Optical Information Processing. Universitätsverlag Illmenau, 2006.

[10]   PICART P. New Techniques in Digital Holography. London: John Wiley & Sons, 2015.

[11]   O'CONNOR T, ANAND A, ANDEMARIAM B, et al. Deep learning-based cell identification and disease diagnosis using spatio-temporal cellular dynamics in compact digital holographic microscopy. Biomed. Opt. Express, 2020(11): 4491 - 4508.

[12]   KÜHN J, COLOMB T, PACHE C, et al. Real-time dual-wavelength digital holographic microscopy for extended measurement range with enhanced axial resolution. Opt. Express, 2007(15): 7231 - 7242.

[13]   CHARRIÈRE F, RAPPAZ B, KÜHN J, et al. Influence of shot noise on phase measurement accuracy in digital holographic microscopy. Opt. Express, 2007(15): 8818 - 8831.

[14]   KÜHN J, CUCHE E, EMERY Y, et al. Measurements of corner cubes microstructures by high-magnification digital holographic microscopy. In SPIE Photonics Europe, 2006(6188): 618804.

[15]   CHARRIÈRE F, KÜHN J, COLOMB T, et al. Characterization of microlenses by digital holographic microscopy. Appl. Opt., 2006(45), 829 - 835.

[16]   CHARRIÈRE F, PAVILLON N, COLOMB T, et al. Living specimen tomography by digital holographic microscopy: morphometry of testate amoeba. Opt. Express, 2006(14), 7005 - 7013.

[17]   CHARRIERE F, MARIAN A, MONTFORT F, et al. Cell refractive index tomography by digital holographic microscopy. Opt. Lett., 2006 (31): 178 - 180.

[18]   KEMPER B, CARL D, HOINK A, et al. Modular digital holographic

microscopy system for marker free quantitative phase contrast imaging of living cells. Proc SPIE, Biophotonics and New Therapy Frontiers, 2006(6191): 204 – 211.

[19]　KEMPER B, BAUWENS A, VOLLMER A, et al. Label-free quantitative cell division monitoring of endothelial cells by digital holographic microscopy. J. Biomed. Opt.,2010(15): 036009.

[20]　KEMPER B, KASTL L, SCHNEKENBURGER J, et al. Multi-spectral digital holographic microscopy for enhanced quantitative phase imaging of living cells. Proc. 1050313, Quantitative Phase Imaging Iv, 2018 (10503): 1050313.

[21]　KEMPER B, POHL L, KAISER M, et al. Label-free detection of global morphology changes in confluent cell layers utilizing quantitative phase imaging with digital holographic microscopy. Proc. 110760T, Advances in Microscopic Imaging, 2019 (11076).

[22]　OSTEN W, FARIDIAN A, GAO P, et al. Recent advances in digital holography [Invited]. Appl. Opt., 2014(53): G44 – G63.

[23]　POPESCU G, IKEDA T, DASARI R R, et al. Diffraction phase microscopy for quantifying cell structure and dynamics. Opt. Lett., 2006(31): 775 – 777.

[24]　CHEN X, KANDEL M E, POPESCU G. Spatial light interference microscopy: principle and applications to biomedicine. Adv. Opt. Photonics,2021(13): 353 – 425.

[25]　PICAZO-BUENO J A, ZALEVSKY Z, GARCIA J, et al. Superresolved spatially multiplexed interferometric microscopy. Opt. Lett., 2017(42): 927 – 930.

[26]　DOHET-ERALY J, YOURASSOWSKY C, DUBOIS F. Refocusing based on amplitude analysis in color digital holographic microscopy. Opt. Lett., 2014(39): 1109 – 1112.

[27]　DOHET-ERALY J, YOURASSOWSKY C, DUBOIS F. Color digital holographic microscopy for in-flow observation of plankton microorganisms. In 2017 Progress in Electromagnetics Research Symposium-Spring (PIERS), 2017: 2308 – 2312.

[28]　DOHET-ERALY J, YOURASSOWSKY C, DUBOIS F. Color imaging-in-flow by digital holographic microscopy with permanent defect and aberration corrections. Opt. Lett., 2014(39): 6070 – 6073.

[29] BAEK Y, PARK Y K. Intensity-based holographic imaging via space-domain Kramers-Kronig relations. Nat. Photon, 2021(15): 354 – 360.

[30] DEFIENNE H, NDAGANO B, LYONS A, et al. Polarization entanglement-enabled quantum holography. Nat. Phys.,2021(17): 591 – 597.

[31] FRATZ M, SEYLER T, BERTZ A, et al. Digital holography in production: an overview. Light: Advanced Manufacturing, 2021 (2): 15.

[32] SUN W, ZHAO J, DI J, et al. Real-time visualization of Karman vortex street in water flow field by using digital holography. Opt. Express, 2009(17): 20342 – 20348.

[33] WU B J, ZHAO J L, WANG J, et al. Visual investigation on the heat dissipation process of a heat sink by using digital holographic interferometry. J. Appl. Phys., 2013(114): 193103.

[34] ZHANG Y, ZHAO J, DI J, et al. Real-time monitoring of the solution concentration variation during the crystallization process of protein-lysozyme by using digital holographic interferometry. Opt. Express, 2012(20): 18415 – 18421.

[35] RAJPUT S K, MATOBA O, KUMAR M, et al. Sound wave detection by common-path digital holography. Opt. Lasers Eng., 2021(137): 106331.

[36] MEMMOLO P, IANNONE M, VENTRE M, et al. On the holographic 3D tracking of in vitro cells characterized by a highly-morphological change. Opt. Express, 2012(20): 28485 – 28493.

[37] RESTREPO J F, GARCIA-SUCERQUIA J. Automatic three-dimensional tracking of particles with high-numerical-aperture digital lensless holographic microscopy. Opt. Lett., 2012(37):752 – 754.

[38] TALAPATRA S, KATZ J. Three-dimensional velocity measurements in a roughness sublayer using microscopic digital in-line holography and optical index matching. Meas. Sci. Technol., 2012(24):024004.

[39] BYEON H J, SEO K W, LEE S J. Precise measurement of three-dimensional positions of transparent ellipsoidal particles using digital holographic microscopy. Appl. Opt., 2015(54):2106 – 2112.

[40] BOSS D, KUEHN J, DEPEURSINGE C, et al. Exploring red blood cell membrane dynamics with Digital Holographic Microscopy. Proc. SPIE-The International Society for Optical Engineering, 2010(7715):104 – 123.

[41] BOSS D, KUEHN J, DEPEURSINGE C, et al. Quantitative Measurement

of absolute cell volume and intracellular integral refractive index (RI) with Dual-wavelength Digital Holographic Microscopy (DHM). Proc. SPIE 8427, 2012:84270B.

[42] BOSS D, KUHN J, JOURDAIN P, et al. Measurement of absolute cell volume, osmotic membrane water permeability, and refractive index of transmembrane water and solute flux by digital holographic microscopy. J. Biomed. Opt. 18, 2013:036007.

[43] CARDENAS N, YU L F, MOHANTY S K. Probing orientation and rotation of red blood cells in optical tweezers by Digital Holographic microscopy. Proc. of SPIE, 2011(7906):790613.

[44] CARDENAS N, YU L F, MOHANTY S K. Stretching of red blood cells by Optical Tweezers quantified by Digital Holographic Microscopy. Proc. of SPIE-The International Society for Optical Engineering, 2011 (7897): 78971J.

[45] ANAND A, CHHANIWAL V K, JAVIDI B. Real-time digital holographic microscopy for phase contrast 3D imaging of dynamic phenomena. J. Disp. Technol., 2010 (6):500 − 505.

[46] ANAND A, CHHANIWAL V K, JAVIDI B. Three-dimensional imaging of dynamic phenomena in micro-objects using phase contrast digital holographic interferometric microscopy. Proc. of SPIE-The International Society for Optical Engineering, 2011 (8043):1684 − 1687.

[47] ANAND A, CHHANIWAL V K, JAVIDI B. Imaging embryonic stem cell dynamics using quantitative 3-D digital holographic microscopy. IEEE Photon. J., 2011 (3): 546 − 554.

[48] ANAND A, CHHANIWAL V K, PATEL N R, et al. Automatic identification of malaria-infected RBC with digital holographic microscopy using correlation algorithms. IEEE Photon. J., 2012 (4), 1456 − 1464.

[49] ANAND A, JAVIDI B. Digital holographic microscopy for cell visualization and automated disease identification. In 2015 IEEE 13th International Conference on Industrial Informatics, 2015:696 − 701.

[50] BELASHOV A V, ZHIKHOREVA A A, BELYAEVA T N, et al. In vitro monitoring of photoinduced necrosis in HeLa cells using digital holographic microscopy and machine learning. J. Opt. Soc. Am., 2020 (A):37, 346 − 352.

[51] BELASHOV A V, ZHIKHOREVA A A, BELYAEVA T N, et al. Quantitative assessment of changes in cellular morphology at photodynamic treatment in vitro by means of digital holographic microscopy. Biomed. Opt. Express, 2019 (10):4975 - 4986.

[52] ZHIKHOREVA A A, BELASHOV A V, GORBENKO D A, et al. Morphological changes in malignant tumor cells at photodynamic treatment assessed by digital holographic microscopy. Russ. J. Phys. Chem. B, 2019 (13):394 - 400.

[53] ZHIKHOREVA A A, BELASHOV A V, AVDONKINA N A, et al. Response of patient-specific cell cultures to photodynamic treatment analyzed by digital holographic microscopy. Proc. SPIE, Advances in Microscopic Imaging, 2019:11076_73.

[54] 寇云莉,李恩普,邱江磊,等. 利用双波长数字全息术测量微小物体表面形貌. 中国激光, 2014 (41):86 - 91.

[55] WANGK, DOU J, KEMAO Q, et al. Y-Net:a one-to-two deep learning framework for digital holographic reconstruction. Opt. Lett., 2019 (44):4765 - 4768.

[56] GAO P, YAO B L, MIN J, et al. Parallel two-step phase-shifting point-diffraction interferometry for microscopy based on a pair of cube beamsplitters. Opt. Express, 2011 (19):1930 - 1935.

[57] GUOR L, YAO B L, MIN J W, et al. LED-based digital holographic microscopy with slightly off-axis interferometry. J. Opt., 2014 (16):125408.

[58] RONG L, LATYCHEVSKAIA T, WANG D, et al. Terahertz in-line digital holography of dragonfly hindwing: amplitude and phase reconstruction at enhanced resolution by extrapolation. Opt. Express, 2014 (22): 17236 - 17245.

[59] LI Q, DING S H, LI Y D, et al. Experimental research on resolution improvement in CW THz digital holography. Appl. Phys. B, 2012 (107): 103 - 110.

[60] HE Z H, SUI X M, CAO L C. Holographic 3D Display Using Depth Maps Generated by 2D-to-3D Rendering Approach. Appl. Sci., 2021 (11): 9889.

[61] WANG F, BIAN Y, WANG H, et al. Phase imaging with an untrained

neural network. Light Sci. Appl.,2020(9)：77.

[62] 万玉红，刘超，满天龙，等.非相干相关数字全息术：原理、发展及应用. 激光与光电子学进展，2021(58)：1811004.

[63] 刘亚飞，石侠，朱五凤，等.非相干同轴数字全息显微成像研究.光电 子·激光，2016(27)：1346－1351.

[64] 刘亚飞，张文斌，许天旭，等.反射式同轴非相干数字全息显微成像系统 研究.中国激光，2016(43)：228－234.

[65] 张文斌，刘亚飞，李德阳，等.基于迈克耳孙干涉仪的非相干数字全息显 微成像.中国激光，2017(44)：246－252.

[66] WEN K，GAO Z，FANG X，et al. Structured illumination microscopy with partially coherent illumination for phase and fluorescent imaging. Opt. Express. 2021(29)：33679－33693.

[67] ZHUO K Q，WANG Y，WANG Y，et al. Partially Coherent Illumination Based Point-Diffraction Digital Holographic Microscopy Study Dynamics of Live Cells. Front. Phys.，2021(9)：796935.

[68] WANG H Y，DONG Z，WANG X，et al. Phase compensation in digital holographic microscopy using a quantitative evaluation metric. Opt. Commun.，2019(430)：262－267.

[69] 马利红，王辉，李勇,等.数字全息显微系统结构参数对再现像质的影响分 析. 2010 中国光学学会全息与光信息处理专业委员会年会，2010：39－45.

[70] 马利红，王辉，金洪震，等.数字全息显微定量相位成像的实验研究.中 国激光，2012(39)：215－221.

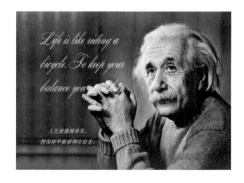

爱因斯坦（Albert Einstein）："Only two things are infinite，the universe and human stupidity，and I'm not sure about the universe. Imagination is more important than knowledge.

数字全息显微基本理论

本章主要介绍数字全息显微的基础理论、实验光路、全息图的记录和数学表达、离轴和同轴数字全息的再现算法等，在离轴数字全息再现算法方面，对离轴全息图载频量获取、数字再现、自动调焦、相位解包裹等过程进行了介绍；在同轴数字全息的再现算法方面，介绍了相移的概念和实现方法、相移全息图的数字再现，并详细对比分析了离轴和同轴数字全息算法，总结了离轴全息和同轴全息的优缺点。此外，还给出了数字全息再现方法的 Matlab 程序（电子版可在邵鹏教师主页或范纳尔公司主页(https://www.finner.com.cn/)下载），可对数字全息显微方面的初学者提供指导，便于其快速上手。

2.1 理论基础

2.1.1 光波的数学表达

在波动光学中，一般将光看成一种波动。在笛卡尔坐标系中，角频率为 ω_0 的简谐振荡波可表示为

$$\psi(x,y,z,t)=A\exp[\mathrm{i}(\omega_0 t-\boldsymbol{K}\cdot\boldsymbol{r})] \tag{2-1}$$

式中，$\boldsymbol{K}=k_x\boldsymbol{i}+k_y\boldsymbol{j}+k_z\boldsymbol{k}$ 表示波矢，$\boldsymbol{r}=x\boldsymbol{i}+y\boldsymbol{j}+z\boldsymbol{k}$ 表示位置矢量。$\boldsymbol{K}$ 的幅值 $|\boldsymbol{K}|=\sqrt{(k_x^2+k_y^2+k_z^2)}=2\pi/\lambda$ 称为波数。如果介质为自由空间，则 $v=c$（c 为自由空间中的光速）。公式(2-1)表示一个振幅为 A、沿着 $\boldsymbol{K}$ 方向传播的平面波。在单色光波的线性运算(加、减、积分、微分)中，可以直接利用复振幅进行运算，获得所需结果的复振幅分布。例如，N 个相干衍射光波叠加，叠加后的光场复振幅等于 N 个光波复振幅之和。

在数字全息中光波的角频率恒定不变，方便起见，我们省去 $\exp(\mathrm{i}\omega_0 t)$ 这一项，将公式(2-1)写为

$$\psi(x,y,z,t)=A\exp(-\mathrm{i}\boldsymbol{K}\cdot\boldsymbol{r}) \tag{2-2}$$

式中指数项表示光波由空间位置引起的相位变化。如图2-1所示，当光波照射在待测样品表面时，表面的不同形貌会引起反射光的相位发生变化。当光波经过透明样品时，样品的结构或折射率分布的不同会导致透射光光程差发生改变。

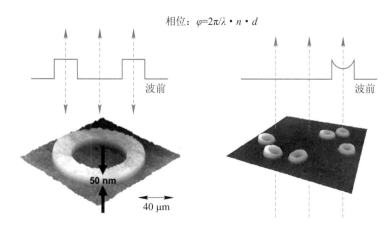

相位：$\varphi = 2\pi/\lambda \cdot n \cdot d$

图2-1　相位成像对样品三维形貌和折射率的测量

2.1.2　光波的干涉记录

数字全息显微(Digital Holographic Microscopy，DHM)[1]利用一放大系统对样品进行放大，通过记录物光波和参考光干涉形成的数字全息图(如图2-2所示)，再现出样品的振幅和相位图像。下面介绍DHM的全息记录过程。

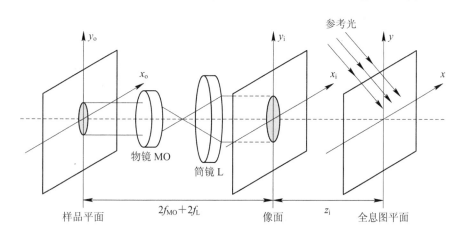

图2-2　数字全息的记录过程示意图

我们以透射样品为例，假设一薄样品的厚度分布为 $d(x, y)$，折射率分布为 $n(x, y)$，对照明光的透过率为 $t_0(x, y)$，那么样品对照明光的调制函数可表示为 $t(x, y) = t_0 \exp[-\mathrm{i}(2\pi/\lambda)nd]$。当一平面光波照射样品时，穿过样品后形成的物光的复振幅分布可表示为

$$O_0(x, y) = At_0 \exp\left[-\mathrm{i}\frac{2\pi}{\lambda}n(x, y) \cdot d(x, y)\right] \tag{2-3}$$

图 2-2 展现了数字全息显微的记录过程[2]。如果将样品放置在由物镜 MO 和筒镜 L 组成的望远镜系统的前焦面上，f_{MO} 和 f_{L} 分别表示物镜 MO 和筒镜 L 的焦距，那么样品的像平面会出现在该望远镜系统的后焦面上。假设在物平面处物光波的复振幅为 $O_0(x_0, y_0)$，通过望远镜系统 MO-L 放大后，在该系统的后焦面上物光波的复振幅分布为

$$O_{\mathrm{I}}(x_0, y_0) = \frac{1}{M_0^2} \cdot O_0\left(-\frac{x_0}{M_0}, -\frac{y_0}{M_0}\right) \tag{2-4}$$

其中，$M_0 = f_{\mathrm{L}}/f_{\mathrm{MO}}$ 表示望远镜系统 MO-L 的横向放大率。需要说明的是：当采用一望远镜系统对样品进行放大时，所得到的物光波的波前是平整的（仅包含被样品调制的相位分布），避免了仅采用物镜对样品放大时引起的二次相位因子，因此前者更有利于全息图的记录。

与传统成像不同，在数字全息显微的记录过程中，图像可以是离焦的。当 CCD/CMOS 相机放置于与样品像面距离 z_i 处时，通过利用菲涅耳变换重建法、卷积重建法和角谱重建法这三种方法（在第 2.3.3 小节中介绍）均可以计算光波 $O_{\mathrm{I}}(x_0, y_0)$ 从样品像面到 CCD/CMOS 面的传播过程。例如，根据菲涅耳衍射法可以获得 CCD/CMOS 平面的物光波的复振幅分布 $O_{\mathrm{H}}(x, y)$：

$$O_{\mathrm{H}}(x, y) = \frac{\exp(\mathrm{j}kz_i)}{\mathrm{j}\lambda z_i} \iint O_{\mathrm{I}}\left(-\frac{x_0}{M_0}, -\frac{y_0}{M_0}\right) \cdot$$

$$\exp\left[\mathrm{j}k\frac{(x+x_0/M_0)^2 + (y+y_0/M_0)^2}{2z_i}\right]\mathrm{d}x_0 \mathrm{d}y_0 \tag{2-5}$$

式中，$k = 2\pi/\lambda$ 表示波数，λ 表示物光波波长。

当被放大的物光 $O_{\mathrm{H}}(x, y)$ 和参考光 $R(x, y)$ 在 CCD 面上发生干涉时，所形成的全息图的强度分布可表示为

$$\begin{aligned}
I_{\mathrm{H}}(x, y) &= |O_{\mathrm{H}}(x, y) + R(x, y)|^2 \\
&= |O_{\mathrm{H}}(x, y)|^2 + |R(x, y)|^2 + O_{\mathrm{H}}(x, y)R^*(x, y) + \\
&\quad O_{\mathrm{H}}^*(x, y)R(x, y)
\end{aligned} \tag{2-6}$$

其中，$|O_{\mathrm{H}}(x, y)|^2$ 为物光强度分布，$|R(x, y)|^2$ 为参考光强度分布，这两项之和称为全息图的零级项或直流项；第三项为原始项，其中包含了原始物光波

的复振幅分布 $O_H(x, y)$，对其进行数值重建可以得到被测样品的真实物像；第四项为共轭项，其中包含了原始物光波的共轭复振幅分布 $O_H^*(x, y)$，对其进行数值重建可以得到被测样品的孪生像。

用 CCD 或 CMOS 相机对记录平面上的全息图 $I_H(x, y)$ 进行记录，这相当于数学上的离散抽样过程，全息图被离散成二维矩阵 $I_H(m, n)$，然后以数字化的形式存储到计算机中。经电子成像器件采样后，公式(2-6)变为

$$I_H(m, n) = I_H(x, y) \text{rect}\left(\frac{x}{L_x}, \frac{y}{L_y}\right) \sum_{n=-N/2}^{N/2} \sum_{m=-M/2}^{M/2} \delta(x - m\Delta x, y - n\Delta y)$$

$$(2-7)$$

式中，m、n 分别表示沿 x、y 方向的离散坐标；rect 表示矩形函数；Δx、Δy 分别是相机沿 x、y 方向的实际像元尺寸大小，可根据相机实际像元尺寸/光学系统实际放大率求得，且 $x = m\Delta x$，$y = n\Delta y$；$M \times N$ 为相机的像素数；$L_x \times L_y$ 为相机记录靶面的大小；δ 为最大采样频率。根据奈奎斯特采样定律，相机的采样频率需大于全息图最高空间频率的 2 倍。

以上便是数字全息的记录过程，根据上述分析总结如下：波前记录过程通过对物光(O)和参考光(R)干涉产生的全息图进行记录，实现了振幅和相位信息向强度信息的转换。与传统的光学全息相比，数字全息采用 CCD/CMOS 数字记录介质代替全息干板记录全息图，通过计算机代替传统的光学衍射再现过程，使得整个记录和再现过程变得更加简单和高效。然而，目前 CCD/CMOS 的幅面和空间分辨率远远低于全息干板的幅面和空间分辨率，因此现阶段数字全息图的记录受限于电子成像器件感光面的尺寸和像素大小，其再现像的空间分辨率也远不如光学全息再现像的空间分辨率。事实上，数字全息中波前记录实质上是光波的干涉过程，下面将介绍全息图的再现是光波衍射的结果[3]。

2.1.3　光波的衍射传播

衍射是光波传播过程的普遍属性，是光具有波动性的具体表现。光波的衍射传播可以通过多种方法进行再现，常见的有菲涅耳变换重建法、卷积重建法、角谱重建法等。这些方法的原理不尽相同，同时也各有优劣，适用于不同的情况。下面分别对以上三种再现方法进行介绍与讨论。

1. 菲涅耳变换重建法

菲涅耳变换重建法[4-6]基于菲涅耳衍射理论，是最早被提出且应用范围最为广泛的一种相位重建方法，具有简单快捷的优点。该方法基于球面子波叠加的原理，是基尔霍夫衍射理论的一种近似。其理论基础是：光场中任意曲面上的诸面元可以看作彼此相干的子波源，则光波在继续传播的空间中任一点的光

振动都可看作这些子波源发出的子波在该点相干叠加的结果。

　　假设再现光波在全息图平面上的光场分布为 $U_0(x, y)$，那么，根据菲涅耳衍射公式，观察平面上再现光场的复振幅分布[7]如下：

$$U(x_i, y_i, z_i) = \exp\left[\frac{jk}{2z_i}(x_i^2 + y_i^2)\right] \mathrm{FT}\left\{U_0(x, y) \times\right.$$

$$\left.\exp\left[\frac{jk}{2z_i}(x^2 + y^2)\right]\right\}\Bigg|_{f_x = \frac{x_i}{\lambda z_i}, \, f_y = \frac{y_i}{\lambda z_i}} \qquad (2-8)$$

式中，i 为正整数（$i = 1, 2, 3\cdots$），$x - y$ 为全息图平面的空间坐标，$x_i - y_i$ 为观测平面的空间坐标；FT 表示二维傅里叶变换，在实际的运算过程中，此处通过快速傅里叶变换 FFT 实现。从公式（2-8）可以看出，菲涅耳变换重建法通过一次傅里叶变换即可完成对全息图的重建。在这种相位重建方法中，观测平面与全息图平面的抽样关系如公式（2-9）所示，重建图像的像素尺寸和重建距离的关系如公式（2-10）所示：

$$\Delta x_i = \frac{\lambda z_i}{M \Delta x}, \quad \Delta y_i = \frac{\lambda z_i}{M \Delta y} \qquad (2-9)$$

$$\delta x_i = \frac{\lambda z_i}{X_0} \qquad (2-10)$$

式中，M、N 和 Δx、Δy 分别表示在水平方向和竖直方向上 CCD/CMOS 相机的像元数量和像元尺寸，X_0 表示全息图的尺寸，Δx_i、Δy_i 表示重建平面的像素大小，δx_i 表示重建图像的像素尺寸。由公式（2-10）可以看出：重建图像尺寸随重建距离 z_i 的增加而增大。为了解决该问题，F. Zhang[8] 提出了两步传播法：将需要传播的距离 z_i 分成两次传播来完成，$z_i = z_{i1} + z_{i2}$。经过距离为 z_{i1} 和 z_{i2} 的两次菲涅耳传播后，所得图像的像素大小为 $\Delta x_i = (z_{i2}/z_{i1})\Delta x$。

　　需要说明的是，该方法的使用需要满足菲涅耳近似条件（基尔霍夫衍射公式中 r 的泰勒展开式第三项可以忽略）：

$$z_i \geqslant \left\{\frac{\pi}{4\lambda}\left[(x - x_i)^2 + (y - y_i)^2\right]^2\right\}_{\max}^{1/3} \qquad (2-11)$$

式中，z_i 为重建距离，表示衍射孔径平面 $x - y$ 与观察平面 $x_i - y_i$ 之间的距离。此外，对于离散采样，当 z_i 较小时，公式（2-8）中大括号内的 $U_0(x, y)$ 和二次相位因子的乘积在图像周围区域出现空间欠采样（频谱混叠效应）。因此，为了避免欠采样引起的频谱混叠效应，重建距离 z_i 还需满足[9]：

$$z_i \geqslant \left\{\frac{M\Delta x^2}{\lambda}, \frac{M\Delta y^2}{\lambda}\right\}_{\max} \qquad (2-12)$$

　　公式（2-12）表明可以通过对 $U_0(x, y)$ 进行插值（减小 Δx 和 Δy）来避免频谱混叠效应，但计算量将显著增加。

2. 卷积重建法

卷积重建法也基于球面子波相干叠加的理论，是由菲涅耳-基尔霍夫衍射积分公式[8, 10]推导而出的。

假设在全息面上物光波的复振幅分布为 $U_0(x, y)$，根据菲涅耳-基尔霍夫衍射积分公式，衍射场的复振幅分布可以表示为

$$U(x_i, y_i) = \frac{1}{j\lambda} \int_{-\infty}^{\infty} \int_{-\infty}^{\infty} U_0(x, y) \frac{\exp(jk\rho)}{\rho} \cos\theta \, dx \, dy \qquad (2-13)$$

式中，$\rho = [z_i^2 + (x_i - x)^2 + (y_i - y)^2]^{1/2}$，$\cos\theta = z_i/\rho$。根据线性系统理论的知识，式(2-13)可写为卷积形式：

$$U(x_i, y_i) = \int_{-\infty}^{\infty} \int_{-\infty}^{\infty} U_0(x, y) g(x_i - x, y_i - y) \, dx \, dy \qquad (2-14)$$

式中，$g(x, y)$ 表示自由空间的脉冲响应，其表达式如下：

$$g(x, y) = \frac{1}{j\lambda} \frac{\exp[jk(z_i^2 + x^2 + y^2)^{1/2}]}{z_i^2 + x^2 + y^2} \qquad (2-15)$$

由卷积理论可知公式(2-14)的傅里叶变换形式为

$$U = FT^{-1}\{FT[U_0] \cdot FT(g)\} \qquad (2-16)$$

由此可见，与前一种方法不同的是，采用卷积法重建全息图需要进行三次傅里叶变换。若将全息图平面视为空域，再现像所在平面视为频域，则利用卷积重建法，即通过对公式(2-16)进行三次傅里叶变换之后再现像的平面最终又回到了空域。所以在该方法中，再现像平面的抽样间隔，即像素大小可用如下公式表示：

$$\Delta x_i = \Delta x, \ \Delta y_i = \Delta y \qquad (2-17)$$

式中，Δx 和 Δy 表示全息图平面的像素间隔。公式(2-17)表明，在卷积重建法中，再现像平面的像素大小与电子记录器件的像元大小一致。然而，在实际再现过程中，卷积重建法的空间分辨率受到 CCD/CMOS 像元尺寸大小的限制，导致成像系统无法再现样品的精细结构[11]。随着研究的深入，Zhang 等人[12]之后对该方法进行了改进从而解决了这一问题。

在卷积重建法中，传播距离 z_i 过小，会导致球面子波的曲率过大，对应的相位分布随空间急剧变化，不能被 CCD 所采样(不满足奈奎斯特采样定律)，也即公式(2-15)中的指数项不能满足奈奎斯特采样条件。T.C.Poon 等人[9]通过数值模拟发现：在离散采样的前提下，卷积重建法和菲涅耳变换重建法类似，均不适用于短距离的光波衍射传播[13]。

3. 角谱重建法

角谱重建法(Angular Spectrum Algorithm，ASA)[14, 15]基于衍射的平面波理论，将衍射平面上的光场看作沿着不同方向传播的平面波分量的线性组合，通过计算每一平面波经过传播后的复振幅并对其求和，来获得传播后的光场复振幅分布。

假设$U_0(f_x, f_y)$表示光波场在全息图平面上的角谱分布，空间频率为$f_x = \cos\alpha/\lambda$，$f_y = \cos\beta/\lambda$的平面波经过距离z_i的传播后的复振幅可表示为

$$U(f_x, f_y) = U_0(f_x, f_y) \cdot H(f_x, f_y) \tag{2-18}$$

其中，$H(f_x, f_y)$表示光波在自由空间的传递函数：

$$H(f_x, f_y) = \exp\left[j\frac{2\pi}{\lambda}z_i\sqrt{1-(\lambda f_x)^2-(\lambda f_y)^2}\right] \tag{2-19}$$

$$H(f_x, f_y) = \text{FT}\{g(x, y)\} \tag{2-20}$$

事实上，传递函数公式(2-19)相当于一个低通滤波器，对于$(f_x^2 + f_y^2)^{1/2} \leqslant 1/\lambda$的各个平面波分量，传播距离$z_i$仅仅是引入了一定的相移，而振幅不受影响；但$(f_x^2 + f_y^2)^{1/2} \geqslant 1/\lambda$的高频分量或平面光波，则变为倏逝波，其强度随着$z$的增大以指数衰减。利用公式(2-18)可得到像面上再现光场的频谱分布，对其进行逆傅里叶变换即可得其复振幅分布：

$$U(x_i, y_i, z_i) = \text{FT}^{-1}\{\text{FT}[U_0(x, y)] \cdot H(f_x, f_y)\} \tag{2-21}$$

由公式(2-21)可以看出，角谱理论只需经过一次正傅里叶变换和一次逆傅里叶变换，便可完成对再现物光波的衍射传输[11]。

在角谱重建法中，像平面和全息图平面的采样间隔相同，充分利用了CCD视场。需要说明的是，传播距离z_i过大会造成计算区域边缘的衍射光波因超出计算区域而从计算区域对面折回的问题。此外，传播距离z_i过大还会导致公式(2-19)中的指数项空间欠采样。因此，为了避免出现欠采样问题，该方法的适用范围为[9]

$$z_i \leqslant \frac{\sqrt{4\Delta_{x, y}^2-\lambda^2} \cdot M\Delta_{x, y}}{\lambda} \approx \frac{2M\Delta_{x, y}^2}{\lambda} \tag{2-22}$$

由此可见，角谱重建法和菲涅耳变换重建法的适用范围相反，两者具有很好的互补性。为使该方法适用于更远的再现距离，可以采用以下两种方法：① 增加$U_0(x, y)$的采样间隔；② 在计算前对$U_0(x, y)$进行补零。

综上所述，菲涅耳变换法、卷积法、角谱法三种重建方法的计算过程均基于傅里叶分析过程，也都证明了光的传播系统可看作线性不变系统。表2-1对这三种方法进行了对比和分析。具体来讲，菲涅耳变换重建法只需进行1次傅

里叶变换，运算量最少，重建速度最快；但其观察平面和记录平面的抽样间隔是不同的，其再现像平面的像素大小受多个因素（光波波长、重建距离以及电子成像相机的像素数目和像元尺寸等）的影响。相比之下，角谱重建法需进行 2 次傅里叶变换，运算量大于菲涅耳变换重建法。卷积重建法需要进行 3 次傅里叶变换，运算量较大，重建速度是最慢的。角谱重建法和卷积重建法的观察平面和记录平面的抽样间隔是相同的，这有利于距离变化时的物光场探测和多波长重建。考虑到理论适用条件和空间采样约束，菲涅耳变换重建法和卷积重建法更适用于衍射距离大的情况，角谱重建法则适用于衍射距离小的情况。

表 2-1　三种相位重建方法的对比分析

算法名称	菲涅耳变换重建法	卷积重建法	角谱重建法
实现原理	标量衍射理论		角谱理论
表达式	$FT\{I_H \cdot C \cdot w\}^{[16]}$	$FT^{-1}\{FT(I_H \cdot C)FT(g)\}$	$FT^{-1}\{FT(I_H \cdot C)G_B\}$
FFT 运算次数	1 次	3 次	2 次
运算速度	最快	最慢	中等
再现像的像元尺寸	$\Delta x_i = \dfrac{\lambda z_i}{M \Delta x}$ $\Delta y_i = \dfrac{\lambda z_i}{M \Delta y}$	$\Delta x_i = \Delta x$，$\Delta y_i = \Delta y$	
适用范围	$z_i \geqslant \left\{\dfrac{\pi}{4\lambda}\left[(x-x_i)^2+(y-y_i)^2\right]^2\right\}_{max}^{1/3}$ 离散：$z_i \geqslant \dfrac{2M\Delta_{x,y}^2}{\lambda}$	（理论上无限制） 离散：$z_i \geqslant \dfrac{2M\Delta_{x,y}^2}{\lambda}$	（理论上无限制） 离散：$z_i \leqslant \dfrac{2M\Delta_{x,y}^2}{\lambda}$

2.2　数字全息的基本类型

2.2.1　离轴和同轴数字全息

数字全息（显微）一般采用激光器作为照明光源，激光器发出的激光经一分光棱镜分为两束：一束激光经扩束后用作参考光；另一束激光用来照射样品，后经由物镜和透镜组成的放大系统放大，形成物光。物光和参考光在另一分光棱镜的合束作用下发生干涉，形成的全息图被 CCD/CMOS 光电成像器件所记录。

数字全息（显微）的常用光路如图 2-3 所示。

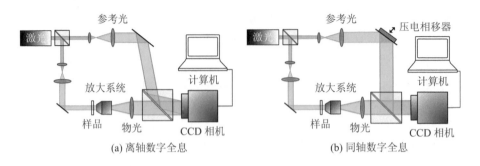

(a) 离轴数字全息 （b) 同轴数字全息

图 2-3 数字全息(显微)的常用光路

当物光和参考光之间具有一定的夹角时(见图 2-3(a)),形成的全息图为离轴全息图(见图 2-4(a)),该图具有密集载频条纹的显著特征。2.3 节将介绍从单幅离轴全息图中重建出被测样品的振幅和相位图像的再现方法。

当物光和参考光之间的夹角为 0 时(见图 2-3(b)),形成的全息图为同轴全息图。此时全息图的零级像、实像和共轭像在频谱上重叠。为了能获得无串扰的实像,可通过改变物光和参考光之间的光程差来获得多幅相移全息图(见图 2-4(b))。2.4 节将介绍通过三幅或四幅相移全息图获得样品的振幅和相位图像的再现方法。

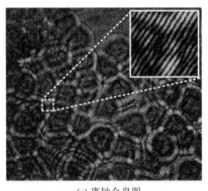
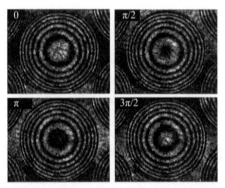

(a) 离轴全息图 （b) 相移量分别为 0、π/2、π、3π/2 的同轴全息图

图 2-4 数字全息显微的全息图

2.2.2 离轴和同轴数字全息的空间带宽积

离轴数字全息和同轴数字全息的频谱分布分别如图 2-5(a)、(b)所示。

在离轴数字全息的频谱分布(如图 2-5(a)所示)中,零级像的频谱位于频率域中央,而实像和共轭像的频谱则对称分布在零频分量两侧。假设物光复振

幅 $O(x，y)$ 对应的空间频率分布范围为 $[-\upsilon_0，\upsilon_0]$，那么其直流分量 $|O|^2+|R|^2$ 对应的频率分布范围为 $[-2\upsilon_0，2\upsilon_0]$。为了保证实像/共轭像和直流分量在频率域互相分离，需要在物光和参考光之间引入一个夹角 θ，使得载频量 $\upsilon=\dfrac{\sin\theta}{\lambda}\geqslant 3\upsilon_0$。

同时，只有当 CCD 的采样频率满足 $\dfrac{1}{2\delta}\geqslant 4\upsilon_0$ 时才能记录物光的高频分量[17]。换言之，对于给定的 CCD 空间采样频率，离轴数字全息的再现像的最佳空间频率仅为 CCD 最大采样频率的 1/8，即 $\upsilon_0\leqslant\dfrac{1}{8\delta}$。

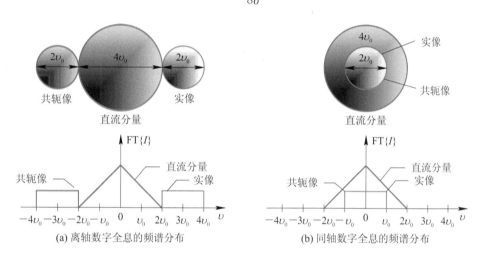

图 2-5　不同记录方式下数字全息的频谱分布

在同轴数字全息的频谱分布中，零级像、实像和共轭像在频谱上重叠并分布在频域中央，如图 2-5(b) 所示。结合相移干涉技术，通过记录多幅相移全息图，可以消除零级像和共轭像，从而实现无串扰的实像再现。在这种情况下，要获得实像的全部信息，仅需要 CCD/CMOS 的采样频率 $\dfrac{1}{2\delta}\geqslant\upsilon_0$，即 CCD 的像素大小小于再现像空间分辨率的 1/2（满足奈奎斯特采样条件）。因此，同轴数字全息充分利用了 CCD 的空间采样频率及空间带宽积，可以获得最高的空间分辨率。

综上所述，离轴数字全息通过在物光与参考光之间引入一个夹角，从获得的单幅载频全息图中有效消除了零级像和共轭像的干扰，具有实时成像的优点。然而，该方式在采用像平面全息记录时重构出的再现像分辨率一般大于 8 个像素，因此不能充分利用 CCD 等光电器件的空间带宽积。同轴数字全息通过记录多幅相移全息图来获得无串扰的实像，可充分利用 CCD 的空间采样频率及空间带宽积，从而获得最高的空间分辨率。

2.3 离轴数字全息的再现

在获得全息图之后，如何获得清晰和高分辨率的振幅和相位图像，是数字全息的关键。下面结合一个具体的例子来介绍离轴数字全息的数字再现方法。

图 2-6 为离轴数字全息显微的光路。由半导体激光器发出波长为 561 nm 的激光经过可调衰减器后被耦合进 1×2 的光纤分束器作为照明光源。从光纤分束器其中一端出射的光束被扩束准直成平行光，再被倒置的望远镜系统(由筒镜 1 和物镜 2 组成)缩束后照射样品；经过样品后的光束被望远镜系统(由物镜 2 和筒镜 2 组成)扩束放大，作为物光。从光纤分束器另一端出射的光束被扩束准直成平行光，作为参考光。物光和参考光在非偏振分光棱镜的作用下合束，经过偏振片后，在 CCD 面上发生干涉。这两束光的偏振方向一致并发生干涉，其干涉图像由 CCD 相机记录。

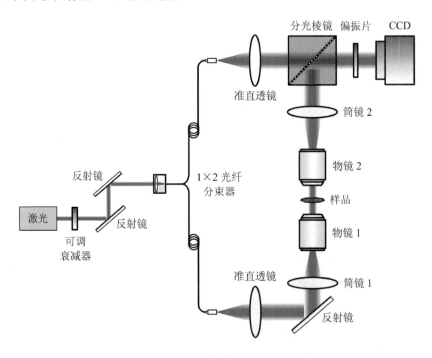

图 2-6 离轴数字全息显微光路

物光和参考光以 3.5°的夹角发生干涉而形成了离轴全息图。该全息图中有密集的载频条纹，条纹的周期 d 与物光和参考光之间的夹角 α 有关，即 $d=\dfrac{\lambda}{2\sin\dfrac{\alpha}{2}}=9.3\ \mu\mathrm{m}$。根据采样定理，CCD 记录的一个条纹周期至少要大于 2 倍的

像素周期，即 $2\delta\leqslant\dfrac{\lambda}{2\sin\dfrac{\alpha}{2}}$，记录的条纹信息才不会失真。在该实验中，CMOS

相机的像素大小为 $1.85\ \mu\mathrm{m}$，每一个条纹周期被 5 个 CMOS 像素所采样。

　　方便起见，全息图的强度分布表示为

$$I(\boldsymbol{r})=|O|^2+|R|^2+O^*R+OR^*$$
$$=|O|^2+|R|^2+2|O||R|\cdot\cos[2\pi(\upsilon_x x+\upsilon_y y)+\varphi]\qquad(2-23)$$

其中，$O(x，y)$ 和 $R(x，y)=A_r\exp[\mathrm{i}2\pi(\upsilon_x x+\upsilon_y y)]$ 分别表示物光和参考光的复振幅分布；x 和 y 表示干涉图样所在平面的空间坐标，υ_x 和 υ_y 表示由物光和参考光之间的夹角引起的空间载频量，$\varphi(x，y)$ 表示物光和参考光之间的相位差。按照如图 2-7 所示的流程图可以再现出被测物光 $O_r(\boldsymbol{r}，0)$ 的复振幅分布。

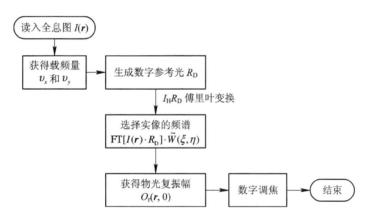

图 2-7　离轴全息的数字再现流程图

2.3.1　全息图载频量的数字获取

　　在离轴全息图中，空间载频量 υ_x 和 υ_y 可以通过下列载频量获取程序来得到。

```
%Purpose：get the carrier frequency from the carrier interferogram；
%input：'Holo'，off-axis hologram；'Pixel'，Pixel size；
%Output：'w0x'，'w0y'，Carrier frequency in x or y direction；Unit：1/m；
function [w0x,w0y]=Carrier_frequency_detection(I_Holo,Pixel)
```

```
[y_length,x_length]=size(I_Holo);%Get the size of hologram;
Fre_I=fftshift(fft2( fftshift(I_Holo) ));%Frequency spectrum;
Fre_I(Fre_I~=Fre_I)=1;%Eleminate the null data;
Fre_I=abs(Fre_I);%Filtering;
%Frequency coordinates:
u=linspace(-1/(2*Pixel),1/(2*Pixel),x_length);%Spectrum coordinate;
v=linspace(-1/(2*Pixel),1/(2*Pixel),y_length);%Range: 0~2pi;
[uu,vv]=meshgrid(u,v);%Generate the two-dimensional coordinates;
Angle_pol=angle(uu+1i*vv);%Azimuth from-pi ~ pi;

%Remove the dc term:
Mask1=double( sqrt(uu.^2+vv.^2)>=max(u)/15 );%remove the dc term;
Fre_I=Fre_I.*Mask1;%Filtering the zeroth order;

%For one carrier-frequenccy: (in quadrature 1 and 2 only):
Mask2=(Angle_pol>0 & Angle_pol<=pi);
uu1=uu(Mask2);vv1=vv(Mask2);% Quadrature 1;
Fre_sel_x=Fre_I(Mask2);   Fre_sel_y=Fre_I(Mask2);% Quadrature 1;
w0x=uu1(Fre_sel_x==max(max(Fre_sel_x)));%Carrier frequency in x ;
w0y=vv1(Fre_sel_y==max(max(Fre_sel_y)));%Carrier frequency in y direction;
figure(10); imagesc(u,v,log(Fre_I)); grid on; %Display the frequency spectrum;

end
```

该程序的编写思路如下：

(1) 对离轴全息图做傅里叶变换，所得频谱分布的振幅为 $|\mathrm{FT}[I(r)]|$，如图 2-8(a)所示。该图横坐标 u 和纵坐标 v 的范围均为 $\left[-\dfrac{1}{2\delta},\dfrac{1}{2\delta}\right]$，其中 $\delta=1.85\ \mu\mathrm{m}$，用来表示 CMOS 像素的大小。$u$ 和 v 方向上的像素点个数仍然和全息图保持一致。

(2) 找出样品实像频谱中最亮（强度最大）的点对应的频率坐标，例如，在图 2-8(b)中，$u=0.9155$，$v=-0.3288$。该强度最大点的空间坐标可由程序自动寻找确定。此时，这两个值变为离轴全息图的空间载频量 w0x、w0y。

需要说明的是：由于实像和共轭像的频谱是关于频率域中心对称的，因此，方便起见，我们设定第一、二象限内的频谱为样品实像的频谱。

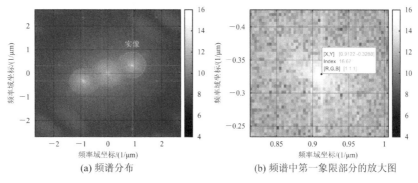

(a) 频谱分布　　　　　　　　　(b) 频谱中第一象限部分的放大图

图 2-8　离轴全息图的频谱分布

2.3.2　离轴全息图的再现

　　为了实现离轴数字全息图(见图 2-9(a))的再现,在空间载频量 υ_x 和 υ_y 的基础上,首先构建数字参考光 $R_D(x,y)=\exp[\mathrm{i}2\pi(\upsilon_x x+\upsilon_y y)]$。该数字参考光将代替传统光学全息中的再现光波,以获得全息图的原始再现像(实像)。当数字全息图 I_H 与数字参考光 R_D 相乘时,可以将原始再现像的频谱移动到频谱中央(如图 2-9(b)所示)。

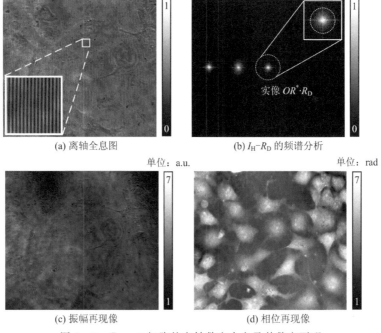

(a) 离轴全息图　　　　　　　　　(b) $I_H\text{-}R_D$ 的频谱分析

单位: a.u.　　　　　　　　　　　单位: rad

(c) 振幅再现像　　　　　　　　　(d) 相位再现像

图 2-9　Cos-7 细胞的离轴数字全息及其数字再现

在全息图的再现中，首先对 $I_H R_D$ 进行傅里叶变换得到对应的频谱分布，如图 2-9(b)所示。在频谱分布中，实像的频谱均位于中央，零频分量和共轭像的频谱分别位于实像频谱的两侧。零频分量 $(|O|^2+|R|^2) R_D$ 的频谱宽度是实像 $OR^* R_D$ 和共轭像 $O^* R R_D$ 频谱宽度的 2 倍。利用一圆形掩膜板选取 $OR^* R_D$ 的频谱，之后将所得的频谱分布进行逆傅里叶变换可以获得相机平面上物光波 $OR^* R_D$ 的复振幅分布，即

$$O_r(\boldsymbol{r}, 0) = \text{IFT}\{\text{FT}[I(\boldsymbol{r}) \cdot R_D] \cdot \widetilde{W}(\xi, \eta)\} \qquad (2-24)$$

其中，$\widetilde{W}(\xi, \eta)$ 表示用于选取 $OR^* R_D$ 频谱的窗函数，在圆形区域内 $\widetilde{W}(\xi, \eta)$ 取值为 1，在圆形区域之外 $\widetilde{W}(\xi, \eta)$ 取值为 0。利用下列离轴数字全息图的再现程序，可以从离轴全息图中再现出被测物光的复振幅分布。

```
closeall; clear all; clc; %Initializing;

Path_exper_folder='G:\Experiment\2021_12_20_DHM'; %Destination Folder of hologram;
Path_function_folder='D:\matlab\Work\DHM\DHM_reconstruction'; %Functions folder;

Wave=561*1e-9;        %wavelength（m）;
k=2*pi/Wave;          %wave vector;
Pixel=1.85*1e-6;      %pixel size(m);

%Read DH hologram;
[File_name,Path_name] = uigetfile(strcat(Path_exper_folder,'\','*.TIFF'),'Hologram');
FileToRead=strcat(Path_name,File_name); %file information of DH hologram;
I_Holo=imread(FileToRead); I_Holo=double(I_Holo); %load DH hologram;

%Coordinates of object space;
[y_length,x_length]=size(I_Holo); %The size of hologram;
x=linspace(-x_length*Pixel/2,x_length*Pixel/2,x_length);    % x coordinate(micro);
y=linspace(-y_length*Pixel/2,y_length*Pixel/2,y_length); %y coordinate(micro);
[xx,yy]=meshgrid(x, y); %Two-dimensional coordinates;
figure(1); imagesc(x*1e6,y*1e6,I_Holo); colormap('bone'); xlabel('x (\mum)');
ylabel('y (\mum)'); colorbar;

%Coordinates of frequency space;
u=linspace(-1/(2*Pixel),1/(2*Pixel),x_length); %Spectrum coordinate;
```

```
v=linspace(-1/(2 * Pixel),1/(2 * Pixel),y_length);%Range:0~2pi;
[uu,vv]=meshgrid(u,v);%Generate the two-dimensional coordinates;


%Digital reference wave;
cd (Path_function_folder);
[w0x,w0y]=Carrier_frequency_detection(I_Holo,Pixel);%Extract the carrier-frequencies;
Sim_R=exp(-1i* 2 * pi*(w0x* xx+w0y* yy));%Digital reference wave;
Freq_O=fftshift(fft2(fftshift(I_Holo.* Sim_R)));%Selected spectrum;


Ratio=0.2;
Filter_mask=double( sqrt(uu.^2+vv.^2)<max(u)* Ratio );%Filtering mask to select the +1st
spectrum;
Re_O=fftshift(ifft2(fftshift(Freq_O.* Filter_mask)));%Reconstructed complex amplitude;


figure(2); subplot(1,2,1); imagesc(x* 1e6,y* 1e6, abs(Re_O));   xlabel('x (\mum)');
ylabel('y (\mum)');
        colormap('bone'); colorbar; title('Reconstructed amplitude (A.U.)');
        subplot(1,2,2); imagesc(x* 1e6,y* 1e6, angle(Re_O)); xlabel('x (\mum)');
        ylabel('y (\mum)');
        colorbar; title('Wrapped phase (rad)');


Pha=Phase_unwrapping_volkovt(angle(Re_O) );%Phase unwrapping;


figure(3); subplot(1,2,1); imagesc(x* 1e6,y* 1e6, abs(Re_O)); xlabel('x (\mum)'); ylabel
        ('y (\mum)');
        ccolormap('bone'); olorbar; title('Reconstructed amplitude (A.U.)');
        subplot(1,2,2); imagesc(x* 1e6,y* 1e6,Pha); xlabel('x (\mum)'); ylabel('y (\mum)');
        colorbar;   title('Unwrapped phase (rad)');
```

之后,利用该复振幅分布可以获得被测样品的强度和相位分布,分别如图 2-9(c)、(d)所示。

2.3.3　数字调焦

由于样品的运动或环境的扰动,在数字全息图记录过程中经常会出现样品离焦的情况,如图 2-10(a)所示。在这种情况下,可以通过模拟光波的衍射传播过程,从离焦全息图再现出样品清晰的振幅和相位图像,如图 2-10(b)所示,该过程被称为数字调焦。常见的数字调焦(光波衍射传播)方法包括菲涅耳变换重建法、卷积重建法、角谱重建法，详见第 2.1.3 节。采用不同方法实现再现过程的原理不尽相同，也各有优劣，分别适用于不同的情况。

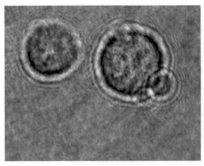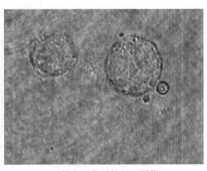

(a) 离焦的细胞图像　　　　　　　(b) 数字调焦后的细胞图像

图 2-10　数字全息显微的自动调焦

利用下列角谱重建法的 Matlab 程序可以将再现的物光波从全息图平面传播到任意平面。

```
%Purpose：propagation of the wave by using the Angular Spectrum Method
%'Inputs'：'Comp_Amp0',the input complex amplitude of the object wave;
        %'d', propagation distance('m');
        %'Pixel', pixel size of input object wave;
%'Outputs'：'Comp_Amp,Complex amplitude of the propagated object wave;
        %'H', Propagation core to check the correctness of the method;

function [Comp_Amp,H]=Angular_Spectrum_Propagation(Comp_Amp0,d,lambda,Pixel)
    k=2*pi/lambda;%Wave vector;
    %Coordinates in Fourier plane;
    [y_length,x_length]=size(Comp_Amp0);%The size of interferogram;
    u=(-x_length/2:x_length/2-1)*(1/Pixel/x_length);%Spectrum coordinate;
    v=(-y_length/2:y_length/2-1)*(1/Pixel/y_length);%Spectrum coordinate;
    [uu,vv]=meshgrid(u,v);%Two dimensional frequency (Unit：1/m);

    %Propagation with ASP;
    Freq=fftshift( fft2(fftshift(Comp_Amp0)) );%Frequency spectrum;
    H=exp(1i*k*d*sqrt( abs(1-(lambda*uu).^2-(lambda*vv).^2 )));%Wave function for
    plane wave (uu,vv); %%-->Note: h only relys on the piexl size of image;
    Comp_Amp=fftshift( ifft2(fftshift(Freq.*H)) );%Reconstructed object wave;
end
```

2.3.4 相位解包裹

在数字全息中，利用再现物光的相位分布可以获得所需要的测量值，如物体的形变量、温度场分布、三维形貌、应力场分布等。然而，直接从物光复振幅(如 $O_r(r,d_0)$)中得到相位分布 $\varphi_{wr}(x,y)$ 是包裹的，该相位的主值区间是 $[-\pi,\pi]$，如图 2-11(a)所示。为了能够得到被测物体真实的相位分布，必须通过算法将其复原，该过程被称为相位解包裹。图 2-11(b)为解包裹后一个球面波的真实相位分布。

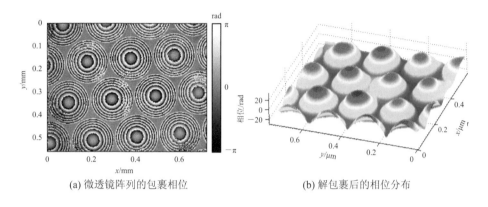

(a) 微透镜阵列的包裹相位   (b) 解包裹后的相位分布

图 2-11 微透镜阵列的相位解包裹

包裹相位和真实相位在不同像素上相差 2π 的整数倍($n\cdot2\pi$)。解包裹算法[18-24]通过确定 n 的具体取值，可以利用包裹相位获得样品的真实相位分布。目前，解包裹算法归纳起来可分为两类：路径跟踪算法和最小范数算法。

路径跟踪算法是一种基于局部信息的算法，是在局部相位不存在残差点的前提下，通过对包裹相位的二维一阶差分的连续积分实现相位解包裹，再根据一定的搜索策略完成全局包裹相位的恢复。该算法计算速度较快，在信噪比高的区域可以获得精确的解包裹相位。其缺点是抗噪声能力较差，局部相位残差点可能影响整幅图像的解包裹效果，在残差点密集的区域可能根本无法进行解包裹处理。

最小范数算法是一种全局算法，是在寻求包裹相位的离散偏微分与解包裹得到的相位的离散偏微分之差最小的过程中，获得与真实相位分布近似的解包裹相位。该方法采用全局拟合的思想，因为局部区域的信息容易被全局信息平均，所以该算法在任意一点的解包裹结果都不是精确值，而只是真实相位的拟合逼近值。

需要说明的是，当被测样品的相位不连续(如台阶型样品)时，这两种解包裹算法就不再适用。此时，通过记录两个(或多个)不同波长照明下的全息图，利用不同波长之间的合成波长 $\dfrac{\lambda_1 \lambda_2}{\lambda_1 - \lambda_2}$，可以将数字全息的纵向无包裹相位测量范围扩大到微米量级[25,26]。

下面给出基于傅里叶变换的相位解包裹算法的 Matlab 程序。

```
%Purpose：Performs 2D phase unwrapping；J.Magn. Reson. Imaging 27 (2008) 649
%Inputs：'Pha_wr', wrapped phase
%Outouts：'Pha_unwr', unwrapped phase；

function Pha_unwr＝Phase_unwrapping_volkovt(Pha_wr)

        linhas＝size(Pha_wr,1)；
        colunas＝size(Pha_wr,2)；
        image＝Pha_wr；
        image＝padarray(image,[abs(linhas-colunas),abs(linhas-colunas)],'replicate',
'post')；%Faz padarray se a imagem nao for quadrada
        if mod(size(image,1),2)～＝0
                image＝padarray(image,[1,0],'replicate','post')；%Faz padarray se as dimensoes
nao forem par
        end
        if mod(size(image,2),2)～＝0
                image＝padarray(image,[0,1],'replicate','post')；%Faz padarray se as dimensoes
nao forem par
        end

        [sy,sx]＝size(image)；
        p＝linspace(-sx/2,sx/2-1,sx)；%x coordinate；
        q＝linspace(-sy/2,sy/2-1,sy)；%y coordinate；
        [p,q]＝meshgrid(p,q)；%2D coordinate；
        N＝sx；

Gpsix＝cos(image).＊ifft2(fftshift((p＊2＊pi).＊fftshift(fft2(sin(image)))))-sin(image).
＊ifft2(fftshift((p＊2＊pi).＊fftshift(fft2(cos(image)))))；

Gpsiy＝cos(image).＊ifft2(fftshift((q＊2＊pi).＊fftshift(fft2(sin(image)))))-sin(image).
＊ifft2(fftshift((q＊2＊pi).＊fftshift(fft2(cos(image)))))；

        Gfix＝ifft2(fftshift((p＊2＊pi).＊fftshift(fft2(image))))；
```

```
Gfiy＝ifft2(fftshift((q.* 2.* pi).* fftshift(fft2(image))));
Gkx＝(Gpsix-Gfix)/2/pi;
Gky＝(Gpsiy-Gfiy)/2/pi;
p(sy/2+1,sx/2+1)＝1;
b＝(fftshift(fft2(Gkx)).* p+fftshift(fft2(Gky)).* q)./(p.^2+q.^2);
k＝(ifft2(fftshift(b)));%Inverse Fourier transform.

Pha_unwr＝double(real(k)+image);
Pha_unwr＝Pha_unwr(1:size(Pha_wr,1),1:size(Pha_wr,2));

end
```

该算法的基本思想是：如果一个函数的导数分布与实际相位 $\varphi_{i,j}$ 的导数无限接近，那么该函数就可以近似为实际的相位分布。首先，通过包裹相位 $\varphi_{i,j}^{w}$ 计算出实现相位 $\varphi_{i,j}$ 沿 x 和 y 方向的偏导数分布；其次，通过傅里叶变换求解泊松方程（该方程描述了 $\varphi_{i,j}$ 与其偏导数的关系）；最后，从两个偏导数中获得原始相位 $\varphi_{i,j}$ 的分布。

2.4 同轴数字全息的再现

与离轴数字全息相比，同轴数字全息中的物光和参考光沿相同的方向传播，因此该记录方式能够充分利用 CCD 的空间带宽积，并且其再现像的空间分辨率是 CCD 像素大小的 2 倍。然而，由于同轴全息图中的不同频谱成分（实像、零级像、共轭像）相互混叠，因此需要在物光和参考光之间依次引入多个不同相移量，以对上述三个频谱分量进行有效分离。

2.4.1 相移的概念

相移的概念最初源自 20 世纪 60 年代的电子工程领域，用于确定两个电信号之间的相位差[27]。1974 年 J.H.Bruning 等人[28]首次将相移引入光学测量领域。随着科研人员的广泛研究，多种相移方法及其算法被相继提出[29-32]。其中，相移干涉测量术（Phase-Shifting Interferometry，PSI）通过在物光与参考光之间引入不同相移量并记录对应的干涉图样，再利用相移算法从干涉图样中重构出被测样品的振幅及相位分布。1997 年日本的 I.Yamaguchi[33]等人首次将相移技术应用到数字全息技术中。

在数字全息中，假设到达 CCD 记录平面上的物光和参考光的复振幅分布分别为$O(x, y) = A_O(x, y)\exp[\mathrm{i}\varphi_O(x, y)]$和$R(x, y) = A_R(x, y)\exp[\mathrm{i}\varphi_R(x, y)]$。其中，$(x, y)$表示空间坐标；$A_O(x, y)$、$A_R(x, y)$、$\varphi_O(x, y)$、$\varphi_R(x, y)$分别表示物光和参考光在记录平面上的振幅分布和相位分布。物光和参考光在CCD记录面发生干涉，产生的相移全息图由CCD记录并存入计算机。其中，在记录过程中通常由参考光引入相移量，并可表示为$\varphi_R(x, y) = \varphi_{R0}(x, y) + \delta_N$，式中$\varphi_{R0}(x, y)$是参考光的初始相位，$\delta_N$是引入的相移量。根据相移量的个数，可分为两步相移、三步相移、四步相移等。引入的相移量δ_N可以是定步长。例如，对于三步相移，$\delta_N = N \times 2\pi/3$；对于四步相移，$\delta_N = N \times \pi/2$，这里$N$是相移步数。$\delta_N$也可以是随机步长，此时$\delta_N$可以是任意的或不相等的。相移全息图可以表示为

$$I_N(x, y) = |O|^2 + |R|^2 + O^*R + OR^*$$
$$= |O|^2 + |R|^2 + 2|O||R| \cdot \cos[\varphi(x, y) - \delta_N]$$

$$(2-25)$$

式中，$|O|^2 + |R|^2$为直流分量，$\varphi(x, y) = \varphi_O(x, y) - \varphi_{R0}(x, y)$表示物光和参考光的相位差。

全息图的对比度为

$$\gamma(x, y) = \frac{2|O||R|}{(|O|^2 + |R|^2)}$$

从理论上讲，由于采用了相移技术，干涉条纹的对比度对最后的测量结果没有影响。然而，当对比度过小时，信噪比将会很低，此时被测目标的信息就被噪声覆盖。因此，在相移干涉中，要求干涉条纹的对比度$\gamma(x, y)$不小于10%。

与离轴干涉相比，同轴相移干涉具有以下三个方面的优越性：

（1）相移有利于提高相位测量的精度，具体体现为提高了干涉图样强度随相位变化的灵敏度。由公式（2-25）可知，在物光和参考光之间引入δ_N相移量之后，随着相移量δ_N的不同，干涉图样（见图2-12(a)）中各点的强度随整体相位（$\delta = \varphi - \delta_N$）变化的曲线如图2-12(b)所示。曲线在不同的$\delta$处有着不同的切线斜率，反映了强度随相位变化的灵敏度。当相位差$\varphi = 0$时，在$\delta = \pi/2$和$\delta = 3\pi/2$附近斜率较大，说明在这两个相移量处微小的相位变化将引起较大的强度变化；在$\delta = 0$和$\delta = \pi$附近斜率极小，说明在这两个相移量处干涉图样的强度对相位的微小变化不敏感。通过分析可知，当相位差φ为任意值时，必然存在一些相移量δ_N使得对应点的强度对相位变化具有较高的灵敏度。因此，通过多步相移技术可以提高相位测量精度。

（2）相比于离轴干涉，同轴干涉具有噪声水平较低的特点。相移干涉测量或成像一般采用相干光源，具有相干噪声。在离轴全息图中，噪声在频谱上表

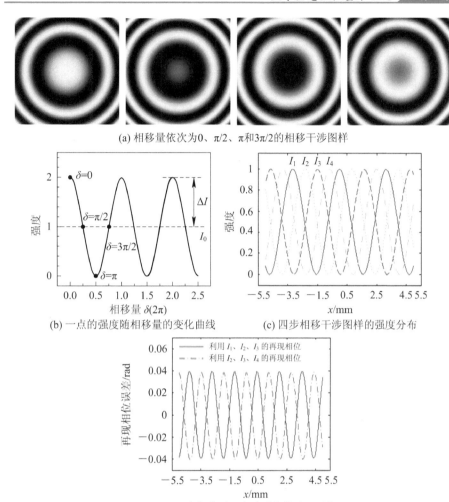

(a) 相移量依次为0、π/2、π和3π/2的相移干涉图样

(b) 一点的强度随相移量的变化曲线

(c) 四步相移干涉图样的强度分布

(d) 三步相移再现方法对应的再现误差

图 2-12   相移干涉原理示意图

现为高频分量，与和样品实像信息（表现为高频信息）重叠在一起；而在同轴全息图的频谱中，样品实像频谱主要分布在低频部分，通过低通滤波即可抑制这些噪声。此外，相移干涉中物光本身的强度分布以及干涉图样的背景噪声可以通过干涉图样之间相减来消除。$N+1$ 平均再现算法[34]可以减小相移误差对相位再现结果的影响，其基本思想是将 $N+1$ 幅相移干涉图样分成两组 N 步相移干涉图样，并将它们的再现结果有机组合起来。图 2-12(c)模拟了记录的四步干涉图样的强度分布，图 2-12(d)模拟了三步相移再现方法对应的再现误差。从图中可以看出相移误差引起了相位再现误差，且相位再现误差的空间频

率是干涉条纹空间频率的 2 倍；也可以看出相移量相差 π/2 的两组干涉图样对应的相移误差互补，即两者引起的相位误差符号相反。所以将两组相移量相差 π/2 的干涉图样结合起来可以减小相移误差对相位测量结果的影响，从而提高测量精度。

（3）相移干涉采用同轴记录方式，充分利用 CCD 的空间带宽积和空间采样频率，以提高测量的横向分辨率。传统的离轴干涉则需要在物光和参考光之间引入一个足够大的夹角使得零级像、共轭像、实像的频谱相互分离。

2.4.2　相移的实现方法

传统的相移操作一般是通过分步来实现的，即在时间序列上依次改变参考光的相位并记录相对应的相移全息图。目前，实现分步相移的方法有压电陶瓷驱动法[35]、偏振相移法[36]、衍射相移法[37]、声光调制法[38]、变波长相移法[39]、空间光调制器法[40]、倾斜玻璃板法[41] 等，下面将分别介绍目前较为常用的几种方法。

1. 压电陶瓷驱动法

1997 年 I. Yamaguchi 等人[33] 使用压电陶瓷驱动器（Piezoelectric Transducer，PZT）实现了相移，并测得了三维空间中花粉微粒尺寸和位置的分布信息。随着相关技术的发展，目前的压电陶瓷驱动法在实现相移方面的应用已日趋成熟。该方法将平面反射镜与压电陶瓷固定在一起构成了压电陶瓷驱动器，如图 2-13(a) 所示。在外加电压驱动下，压电陶瓷材料内部的电荷分布将发生变化使其产生微小的伸缩形变，进而推动其上的平面反射镜沿光轴方向产生相应

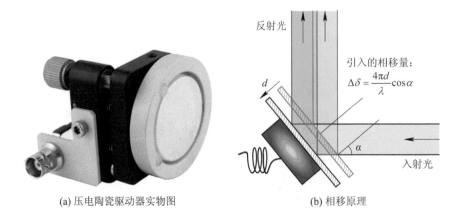

(a) 压电陶瓷驱动器实物图　　　　　　(b) 相移原理

图 2-13　压电陶瓷驱动器实物图及相移原理

的位移。如图 2-13(b)所示，假设入射光和压电陶瓷驱动器反射镜镜面法线的夹角为 α，通过电压驱动压电陶瓷使得反射镜镜面移动的距离为 d，根据几何光学关系，参考光的光程改变量（或光程差）为 $2d\cos\alpha$，对应的相位改变量为

$$\Delta\delta = \frac{4\pi d}{\lambda}\cos\alpha \qquad (2-26)$$

采用压电陶瓷驱动法实现相移虽然具有精度高、操作简单、便于控制的优势，但压电陶瓷材料的电致伸缩存在固有的迟滞性和非线性误差，容易受到温度、气压等外界环境变化的影响，进而导致相移存在非线性的系统误差和随机误差。因此，在利用该方法产生相移之前往往需要对相移器进行标定以消除系统误差，并需要通过多次测量减小随机误差，进而保证相移精度。此外，从图 2-13(b)可以看出，不同的相移会使反射光束产生不同的横向移动。

2. 偏振相移法

偏振相移法是通过调节光波的偏振态来改变光波相位从而实现相移。其原理是：正交圆偏振的物光和参考光经过一偏振片，通过旋转该偏振片，可以达到在两光束之间引入相移的目的[34]。

基于 1/4 波片和线性偏振片的偏振相移法在相移实现过程中不会改变物光和参考光波的光程，只需旋转偏振片就可获得所需相移量。因此该方法具有装置简单、操作方便、成本较低等优势；但缺点是偏振片的旋转需采用手动或电动方式来实现，故时间分辨率较低。

3. 衍射相移法

衍射相移法是通过在光路中加入衍射元件（如衍射光栅、声光调制器等）并移动，在其±1 级衍射级（分别作为物光和参考光）之间实现相移。基于光栅和声光调制器的衍射相移原理分别如图 2-14 所示[42]。

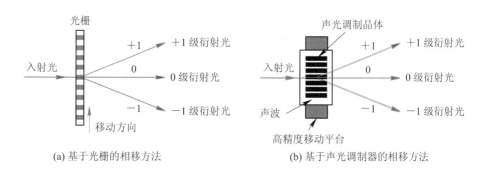

(a) 基于光栅的相移方法   (b) 基于声光调制器的相移方法

图 2-14　衍射相移法原理示意图[42]

图 2-14(a)展示了基于余弦光栅的衍射相移原理，假设光栅常数为 d，光栅的透射函数为

$$t(x) = 1 + m\cos\left(\frac{2\pi x}{d}\right) \tag{2-27}$$

式中，m 是光栅的调制系数，$0 \leqslant m \leqslant 1$。当平面光波正入射到光栅时，其透过光栅的光场的复振幅分布为

$$U_t(x, y) = t(x) = 1 + \frac{m}{2}e^{i2x\pi/d} + \frac{m}{2}e^{-i2x\pi/d} \tag{2-28}$$

式(2-28)中忽略了平面光波的振幅，右边三项分别对应衍射的 0 级、±1 级。将光栅沿着光栅矢量的方向移动 Δx 距离后，透射光场的复振幅分布可表示为

$$U'_t(x, y) = t(x + \Delta x)$$
$$= 1 + \frac{m}{2}e^{i2x\pi/d}e^{i2\Delta x\pi/d} + \frac{m}{2}e^{-i2x\pi/d}e^{-i2\Delta x\pi/d} \tag{2-29}$$

由此可见，将光栅沿光栅矢量方向移动 Δx 距离后，±1 级衍射光分别产生 $\pm 2\pi\Delta x/d$ 的相位变化，从而实现相移。

图 2-14(b)展示了基于声光调制器的衍射相移原理。声光调制器由压电换能器和声光调制晶体构成。驱动换能器在驱动源特定载波驱动下，产生同一频率的超声波传入声光调制晶体中，在后者内部形成周期性折射率变化。光束在通过声光调制晶体时被周期性结构所衍射。声光调制器通过高精度移动光栅产生相移。

衍射相移法只需一个衍射元件即可实现相移，结构简单，且相移量只取决于衍射元件的性能及移动距离，与入射光的波长无关，因此该方法适用于多波长相移干涉系统。需要说明的是，采用该方法时，往往需要将待移动的衍射元件固定在高精度的移动平台上以保证较高的相移精度。

2.4.3 相移数字全息的再现方法

本节将分别介绍两步、三步和四步相移干涉的再现方法以及最小二乘法，从相移全息图中再现出样品的振幅和相位分布。

1. 两步相移干涉的再现方法

由 X.F.Meng[43] 等人提出的两步相移干涉，后被 Y.Awatsuji[44] 等人广泛使用。在已知参考光光强分布(可通过实验测量来获得)且参考光光强等于或大于 2 倍物光最大光强的情况下，可以从两幅相移干涉图样中再现被测物体振幅和相位信息。

相移量为 $\pi/2$ 的两幅相移干涉图样的强度分布可以表示为

$$\begin{cases} I_1(x,y)=I_O+I_R+2\sqrt{I_O I_R}\cos\varphi \\ I_2(x,y)=I_O+I_R-2\sqrt{I_O I_R}\sin\varphi \end{cases} \qquad (2-30)$$

式中，$I_O(x,y)=|O|^2$ 和 $I_R(x,y)=|R|^2$ 分别表示物光和参考光的强度分布，$\varphi(x,y)$ 表示物参光之间的相位差，x 和 y 表示干涉图样所在平面内的空间坐标。由公式 $(2-30)$ 可以分别解得 $I_O(x,y)$ 和 $\varphi(x,y)$ 为

$$\begin{cases} I_O(x,y)=\dfrac{(I_1+I_2)\pm\sqrt{(I_1+I_2)^2-2(I_1-I_R)^2-2(I_2-I_R)^2}}{2}, \\ \varphi(x,y)=\arctan\left(-\dfrac{I_2-I_O-I_R}{I_1-I_O-I_R}\right) \end{cases}$$

$$(2-31)$$

对于 $I_O(x,y)$ 中符号"$\pm$"，文献[45]证明了在记录条件 $I_R \geqslant 2I_O^{\max}$ 下，I_O 中恒取"$-$"。这里 I_R 表示参考光的平均光强，$I_O^{\max}$ 表示物光光强分布的最大值。

2. 三步相移干涉的再现方法

三步相移干涉中，相移量分别为 0、δ_1、δ_2 的全息图的强度分布可以表示为

$$\begin{cases} I_1(x,y)=|O|^2+|R|^2+O^*R+OR^* \\ I_2(x,y)=|O|^2+|R|^2+O^*R\cdot\exp(-\mathrm{i}\delta_1)+OR^*\cdot\exp(\mathrm{i}\delta_1) \\ I_3(x,y)=|O|^2+|R|^2+O^*R\cdot\exp(-\mathrm{i}\delta_2)+OR^*\cdot\exp(\mathrm{i}\delta_2) \end{cases}$$

$$(2-32)$$

从公式 $(2-32)$ 可得全息图实像的复振幅分布：

$$OR^*=\frac{(I_1-I_3)[\exp(-\mathrm{i}\delta_1)-\exp(-\mathrm{i}\delta_2)]-(I_2-I_3)[1-\exp(-\mathrm{i}\delta_2)]}{2\mathrm{i}[\sin\delta_2-\sin\delta_1+\sin(\delta_1-\delta_2)]}$$

$$(2-33)$$

这里需要说明的是：再现的复振幅是物光复振幅（O）和参考光共轭（R^*）的乘积，由于参考光一般为平面光波，其光强和相位分布可近似为均匀分布，因此我们可以忽略 OR^* 中的 R^*。同时，利用公式 $(2-33)$ 可以得到物光和参考光之间的相位差 $\varphi(x,y)$：

$$\varphi(x,y)=\mathrm{Ang}(O^*R) \qquad (2-34)$$

式中，$\mathrm{Ang}\{\}$ 表示从一复振幅分布中获得相位分布的操作。下面给出了三步相移全息图的数字再现程序。

```
%Purpose: reconstruct the object wavefrom the phase-shifting interferograms;
%Inputs: %'I1', 'I2', 'I3', Phase-shifting holograms;
        %'ph1', 'ph2'; Phase shifts between the three phase-shifting holograms
```

```
%Outputs：%'Re_O', reconstructed object wave；
function [Comp_O]＝Three_Step_PSI_Reconstruction(I1,I2,I3,ph1,ph2)
    Q1＝I1-I3；Q2＝I2-I3；
    Numerator＝Q1.* ( exp(-j* ph1)-exp(-j* ph2))-Q2.* (1-exp(-j* ph2))；%Numerator of 'OR*'；
    Denominator＝2* 1i* (sin(ph2)-sin(ph1)＋sin(ph1-ph2))；%Denominator
    Comp_O＝Numerator./Denominator；%Reconstructed 'OR*'；
end
%Reference：OPTICS LETTERS,34(22),3553-3555；
```

3. 四步相移干涉的再现方法

四步相移干涉中，相移量分别为 0、$\pi/2$、π 和 $3\pi/2$ 的全息图强度分布可以表示为

$$
\begin{cases}
I_1(x,y)＝|O|^2＋|R|^2＋O^*R＋OR^* \\
I_2(x,y)＝|O|^2＋|R|^2＋O^*R \cdot \exp\left(-\dfrac{\mathrm{i}\pi}{2}\right)＋OR^* \cdot \exp\left(\dfrac{\mathrm{i}\pi}{2}\right) \\
I_3(x,y)＝|O|^2＋|R|^2＋O^*R \cdot \exp(-\mathrm{i}\pi)＋OR^* \cdot \exp(\mathrm{i}\pi) \\
I_4(x,y)＝|O|^2＋|R|^2＋O^*R \cdot \exp\left(-\dfrac{\mathrm{i}3\pi}{2}\right)＋OR^* \cdot \exp\left(\dfrac{\mathrm{i}3\pi}{2}\right)
\end{cases}
$$

$$(2-35)$$

从公式(2-35)可得物光的复振幅分布：

$$
OR^*＝\frac{I_1－I_3＋\mathrm{i}(I_4－I_2)}{4}
$$

$$(2-36)$$

此外，物光和参考光之间的相位差 $\varphi(x,y)$ 由下式可以得到：

$$
\varphi(x,y)＝\arctan\left(\frac{I_4－I_2}{I_1－I_3}\right)
$$

$$(2-37)$$

下面给出了四步相移操作具体的数字再现程序。

```
% Purpose：Reconstruct the object wave from Four-step phase-shifting interferograms；
%Input parameters：'I1','I2','I3','I4'Phase-shifting interferograms；
            %' 'ph1','ph2','ph3', phase shifts in 'I2','I3' and 'I4' with respect to'I1'；
%Output parameters：Complex_Amp, complex amplitude of the reconstructed object wave；
            %'Amp_R','Amp_O', The amplitude of the%object and reference wave；
function [Complex_Amp,Amp_R,Amp_O]＝Four_Step_PSI_Reconstruction(I1,I2,I3,I4,
ph1,ph2,ph3),
    Q1＝I3-I1；
    Q2＝I4-I2；
```

Numerator＝Q1.*(exp(j*ph3)-exp(j*ph1))-Q2.*(exp(j*ph2)-1);Numerator of 'OR*';

Denominator＝(exp(-j*ph2)-1)*(exp(j*ph3)-exp(j*ph1))-(exp(-j*ph3)-exp(-j*ph1))*

(exp(j*ph2)-1);

Complex_Amp＝Numerator./Denominator;　　%物光('OR*')复振幅分布;

a＝I1-2*real(Complex_Amp)+2*abs(Complex_Amp);%(|O|＋|R|)^2;

b＝I1-2*real(Complex_Amp)-2*abs(Complex_Amp);%(|O|-|R|)^2;

Amp_R＝(sqrt(abs(a))-sqrt(abs(b)))/2;　　　　%参考光振幅分布;

Amp_O＝(sqrt(abs(a))＋sqrt(abs(b)))/2;　　　　%物光振幅分布;

end

4. 最小二乘法

在全息图的强度分布中存在三个未知参数(I_0、ΔI、φ),当采用多于三步相移操作时,可以利用最小二乘法[46]来求解以上三个未知参数。

相移量分别为$\delta_i(i＝1,2,3,\cdots,N)$干涉图样的强度分布可以表示为

$$I_i(x,y)＝I_0＋\Delta I\cos(\varphi＋\delta_i) \tag{2-38}$$

用$O(x,y)$和$R(x,y)$分别表示物光和参考光的复振幅分布;$I_0(x,y)＝|O(x,y)|^2＋|R(x,y)|^2$、$\Delta I(x,y)＝2|O(x,y)||R(x,y)|$和$\varphi(x,y)$分别表示干涉图样的平均光强、调制度和物参光之间的相位差。

最小二乘法的思想是:由于干涉图样中各点的强度与相移量的线性增加呈余弦关系,因而可以通过对这一余弦关系进行最小二乘拟合来确定干涉图样的未知参数I_0、ΔI、φ[46]。

基于以上原理,首先将公式(2-36)改写为

$$I_i(x,y)＝\alpha_0＋\alpha_1\cos\delta_i＋\alpha_2\sin\delta_i \tag{2-39}$$

式中,$\alpha_0(x,y)＝I_0(x,y)$;$\alpha_1(x,y)＝\Delta I\cos\varphi(x,y)$;$\alpha_2(x,y)＝-\Delta I\sin\varphi(x,y)$。通过定义以下的评价函数对未知参数$\alpha_0(x,y)$、$\alpha_1(x,y)$和$\alpha_2(x,y)$进行最小二乘拟合可以得到物光的振幅和相位分布。这里,评价函数为

$$E＝\sum_{i=1}^{N}\left[I_i-(\alpha_0＋\alpha_1\cos\delta_i＋\alpha_2\sin\delta_i)\right]^2 \tag{2-40}$$

最佳拟合参数$\alpha_0(x,y)$、$\alpha_1(x,y)$和$\alpha_2(x,y)$应使E达到极小值,此时有

$$\begin{cases} \dfrac{\partial E}{\partial\alpha_0}＝-2\sum_{i=1}^{N}(I_i-\alpha_0-\alpha_1\cos\delta_i-\alpha_2\sin\delta_i)＝0 \\[2mm] \dfrac{\partial E}{\partial\alpha_1}＝-2\sum_{i=1}^{N}\cos\delta_i(I_i-\alpha_0-\alpha_1\cos\delta_i-\alpha_2\sin\delta_i)＝0 \\[2mm] \dfrac{\partial E}{\partial\alpha_2}＝-2\sum_{i=1}^{N}\sin\delta_i(I_i-\alpha_0-\alpha_1\cos\delta_i-\alpha_2\sin\delta_i)＝0 \end{cases} \tag{2-41}$$

把公式(2-41)写成矩阵的形式：

$$
\begin{bmatrix}
N & \sum\limits_{i=1}^{N}\cos\delta_i & \sum\limits_{i=1}^{N}\sin\delta_i \\
\sum\limits_{i=1}^{N}\cos\delta_i & \sum\limits_{i=1}^{N}\cos^2\delta_i & \sum\limits_{i=1}^{N}\sin\delta_i\cos\delta_i \\
\sum\limits_{i=1}^{N}\sin\delta_i & \sum\limits_{i=1}^{N}\sin\delta_i\cos\delta_i & \sum\limits_{i=1}^{N}\sin^2\delta_i
\end{bmatrix}
\begin{bmatrix}
\alpha_0 \\ \alpha_1 \\ \alpha_2
\end{bmatrix}
=
\begin{bmatrix}
\sum\limits_{i=1}^{N}I_i \\
\sum\limits_{i=1}^{N}I_i\cos\delta_i \\
\sum\limits_{i=1}^{N}I_i\sin\delta_i
\end{bmatrix}
$$

$$(2-42)$$

从公式(2-42)中可以解得未知参数 $\alpha_0(x,y)$、$\alpha_1(x,y)$ 和 $\alpha_2(x,y)$。根据 $\alpha_1(x,y)=\Delta I\cos\varphi(x,y)$ 和 $\alpha_2(x,y)=-\Delta I\sin\varphi(x,y)$，可以解出物光的相位再现：

$$\varphi(x,y)=\arctan\left[-\frac{\alpha_2(x,y)}{\alpha_1(x,y)}\right] \qquad (2-43)$$

需要说明的是，当采用多于三步相移操作时，利用公式(2-42)和公式(2-43)仍然可以求解出三个未知参数(I_0、ΔI、φ)。同时，从公式(2-42)还可以看出：基于最小二乘法的相位再现的方法不要求每步相移操作中采用等步长的相移量。

对于传统的 N 步相移干涉，相邻两步相移之间需采用等步长的相移量，即

$$\delta_i=2\pi(i-1)/N \quad i=1,2,3,\cdots,N \qquad (2-44)$$

此时，公式(2-44)中系数矩阵的非对角元素均为零，相位再现公式(2-43)可变为

$$\varphi(x,y)=\arctan\left(-\frac{\sum\limits_{i=1}^{N}I_i\sin\delta_i}{\sum\limits_{i=1}^{N}I_i\cos\delta_i}\right) \qquad (2-45)$$

对于四步相移干涉，$\delta_i=(i-1)\pi/2$，$i=1,2,3,4$，公式(2-45)可以简化为

$$\varphi(x,y)=\arctan\left(-\frac{I_2-I_4}{I_1-I_3}\right) \qquad (2-46)$$

通过比较公式(2-45)和公式(2-46)可知：由最小二乘法得到的相位再现公式与解析方法得到的再现公式在形式上完全一致。

利用2.4节介绍的再现方法，可以从相移全息图中获得CCD平面的物光复振幅分布；通过第2.3.3节介绍的自动调焦算法，可以对离焦的样品进行数字再聚焦；利用第2.3.4节介绍的相位解包裹算法，可以从包裹的相位中获得样

品的真实相位分布,从而间接获得样品的形变量、温度场分布、三维形貌、应力场分布等。

本 章 小 结

本章首先对数字全息显微中的基础理论、实验光路、全息图的再现方法等进行了介绍。数字全息中波前记录实质上是光波的干涉过程,全息图的再现是光波衍射的结果。相比于同轴数字全息,离轴数字全息通过记录单幅全息图实现样品的振幅和相位成像,具有实时成像能力。同轴数字全息能充分利用CCD的空间带宽积,具有更高的空间分辨率能力。同轴数字全息中的相移操作能够实现全息图中零级像、实像和共轭像的分离,并且可以获得更高的相位测量灵敏度和更低的噪声水平。其次,介绍了用于数字调焦(光波传输)计算的菲涅耳变换重建法、卷积重建法、角谱重建法,并对不同方法进行了分析与讨论,阐述了几种方法的优缺点。相比而言,菲涅耳变换重建法和卷积重建法更适合于衍射距离大的情况,角谱重建法更适合于衍射距离小的情况。最后,介绍了通过利用相位解包裹算法对包裹相位进行 $\pm n \cdot 2\pi$ 的操作,可获得样品的真实相位分布;利用真实的相位分布,又可间接获得样品的形变量、温度场分布、三维形貌、应力场分布等。

参 考 文 献

[1] 孟璞辉. 数字全息相干成像中散斑噪声抑制方法研究:[硕士学位论文]. 北京:北京工业大学,2013.

[2] 张益溢,吴佳琛,郝然,等. 基于数字全息的血红细胞显微成像技术. 物理学报,2020(69):7-22.

[3] 李方方. 数字全息显微测量关键技术研究:[硕士学位论文]. 西安:西安工业大学,2013.

[4] SCHNARS U,JÜPTNER W P O. Digital recording and numerical reconstruction of holograms. Meas. Sci. Technol.,2002(13):R85-R101.

[5] SCHNARS U,W. JÜPTNER. Direct recording of holograms by a CCD target and numerical reconstruction. Appl. Opt.,1994(33):179-181.

[6] KREIS T M,ADAMS M,JUEPTNER W P O. Methods of digital holography:a comparison Proc. SPIE 3098,Optical Inspection & Micromeasurements II,1997.

[7] 王广俊，王大勇，王华英. 数字全息显微中常见重建算法比较. 激光与光电子学进展，2010，(47)：83 - 88.

[8] ZHANG F, YAMAGUCHI I, YAROSLAVSKY L P. Algorithm for reconstruction of digital holograms with adjustable magnification. Opt. Lett.，2004 (29)：1668 - 1670.

[9] POON T C, LIU J P. Introduction to Modern Digital Holography：with MATLAB. Cambridge University Press and China machine Press，2014.

[10] ZHANG F, PEDRINI G, OSTEN W. Aberration-free reconstruction algorithm for high numerical aperture digital hologram. Proc. SPIE, the International Society for Optical Engineering，2006 (6188)：618814.

[11] 王华英. 数字全息显微成像的理论和实验研究：[博士学位论文]. 北京：北京工业大学，2008.

[12] ZHANG F, PEDRINIG, OSTEN W. Reconstruction algorithm for high-numerical-aperture holograms with diffraction-limited resolution. Opt. Lett.，2006 (36)：1633 - 1635.

[13] MYUNG K K. Digital holographic microscopy：Principles, techniques, and applications ,Springer，2011.

[14] MANN C J, KIM M K. Quantitative phase-contrast microscopy by angular spectrum digital holography. Proc. SPIE 6090, Biomedical Optics，2006.

[15] NICOLA S D, FINIZIO A, PIERATTINI G，et al. Angular spectrum method with correction of anamorphism for numerical reconstruction of digital holograms on tilted planes. Opt. Express，2005 (13)：9935 - 9940.

[16] BHATTACHARYA N G K. Cube beam-splitter interferometer for phase shifting interferometry. J. Opt.，2009 (38)：191 - 198.

[17] SHAKED N T, ZHU Y, RINEHARTM T，et al. Two-step-only phase-shifting interferometry with optimized detector bandwidth for microscopy of live cells. Opt. Express，2009 (17)：15585 - 15591.

[18] GHIGLIA D C, ROMERO L A. Robust two-dimensional weighted and unweighted phase unwrapping that uses fast transforms and iterative methods. J. Opt. Soc. Am. A，1994 (11)：107 - 117.

[19] BALDI A. Two-dimensional phase unwrapping by quad-tree decomposition. Appl. Opt.，2001 (40)：1187 - 1194.

[20] AIELLO L, RICCIO D, FERRARO P，et al. Green's formulation for robust phase unwrapping in digital holography. Opt. Lasers Eng.，2007

(45):750 - 755.

[21]   TOHK I. Analysis of the phase unwrapping algorithm. Appl. Opt., 1982 (21), 2470.

[22]   GAO P, YAO B L, HAN J H, et al. Phase reconstruction from three interferograms based on integral of phase gradient. J. Mod. Opt., 2008 (55):2233 - 2242.

[23]   STRAND J, TAXT T, JAIN A K. Two-dimensional phase unwrapping using a block least-squares method. IEEE Trans. Image Process., 1999 (8):375 - 386.

[24]   LU Y G, ZHAO W C, ZHANG X P, et al. Weighted-phase-gradient-based quality maps for two-dimensional quality-guided phase unwrapping. Opt. Lasers Eng., 2012 (50):1397 - 1404.

[25]   LEE J Y, JEON S, LIM J S, et al. Dual-wavelength digital holography with a low-coherence light source based on a quantum dot film. Opt. Lett., 2017 (42):5082 - 5085.

[26]   WARNASOORIYA N, KIM M K. LED-based multi-wavelength phase imaging interference microscopy. Opt. Express, 2007 (15): 9239 - 9247.

[27]   CARRE P. Installation et utilisation du comparateur photoélectrique et interférentiel du Bureau International des Poids et Mesures. Metrologia, 1966 (2): 13 - 23.

[28]   BRUNING J H, HERRIOTT D R, GALLAGHER J E, et al. Digital wavefront measuring interferometer for testing optical surfaces and lenses. Appl. Opt., 1974 (13):2693 - 2703.

[29]   WYANT J C. Use of an ac heterodyne lateral shear interferometer with real-time wavefront correction systems. Appl. Opt., 1975 (14):2622 - 2626.

[30]   SCHWIDER J, FALKENSTÖRFER O, SCHREIBER H, et al. New compensating four-phase algorithm for phase-shift interferometry. Opt. Eng., 1993 (32):1883 - 1885.

[31]   SCHMIT J, CREATH K. Extended averaging technique for derivation of error-compensating algorithms in phase-shifting interferometry. Appl. Opt., 1995 (34):3610 - 3619.

[32]   BI H,ZHANG Y, LING K V, et al. Class of 4 + 1-phase algorithms with error compensation. Appl. Opt., 2004(43): 4199 - 4207.

[33]   YAMAGUCHI I, ZHANG T. Phase-shifting digital holography. Opt.

Lett.，1997 (22):1268 - 1270.

[34] 郜鹏. 物参共路干涉显微理论和实验研究:[博士学位论文]. 中国科学院研究生院西安光学精密机械研究所，2011.

[35] IWAI H，YEN C F，POPESCU G，et al. Quantitative phase imaging using actively stabilized phase-shifting low-coherence interferometry. Opt. Lett.，2004 (29):2399 - 2401.

[36] CAI L Z，LIU Q，YANG X L. Generalized phase-shifting interferometry with arbitrary unknown phase steps for diffraction objects. Opt. Lett.，2004 (29):183 - 185.

[37] GAO P，YAO B，LINDLEIN N，et al. Phase-shift extraction for generalized phase-shifting interferometry. Opt. Lett.，2009 (34):3553 - 3555.

[38] LI E，YAO J，YU D，et al. Optical phase shifting with acousto-optic devices. Opt. Lett.，2005 (30):189 - 191.

[39] VANNONI M，SORDINI A，MOLESINI G. He-Ne laser wavelength-shifting interferometry. Opt. Commun.，2010 (283)：5169 - 5172.

[40] CRUZ M L，CASTRO A，ARRIZON V. Phase shifting digital holography implemented with a twisted-nematic liquid-crystal display. Appl. Opt.，2009 (48):6907 - 6912.

[41] SCHREIBER H，BRUNING J H. Phase shifting interferometry. New York:John Wiley & Sons，Inc.，2006.

[42] 闵俊伟. 相移数字全息显微的理论与实验研究:[博士学位论文]. 中国科学院研究生院西安光学精密机械研究所，2013.

[43] MENG X F，CAI L Z，XU X F，et al. Two-step phase-shifting interferometry and its application in image encryption. Opt. Lett.，2006 (31)：1414 - 1416.

[44] AWATSUJI Y，TAHARA T，KANEKO A，et al. Parallel two-step phase-shifting digital holography. Appl. Opt.，2008 (47)：D183 - D189.

[45] GAO P，YAO B，MIN J，et al. Parallel two-step phase-shifting microscopic interferometry based on a cube beamsplitter. Opt. Commun.，2011 (284)：4136 - 4140.

[46] GREIVENKAMP J. Generalized Data Reduction For Heterodyne Interferometry. Opt. Eng.，1984 (23):234350.

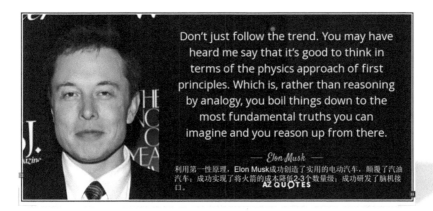

利用第一性原理，Elon Musk成功创造了实用的电动汽车，颠覆了汽油汽车；成功实现了将火箭的成本降低2-3个数量级；成功研发了脑机接口。

马斯克的"第一性原理"："打破一切知识的藩篱，回归到事物本源去思考基础性的问题，在不参照经验或其他的情况下，从物质/世界的最本源出发思考事物/系统。"

物参共路数字全息显微

定量相位显微技术容易受到环境扰动的影响。如何克服环境扰动对量化相位成像的影响,一直是相位成像领域研究的热点。物参共路的双光束干涉光路和单光束相位成像光路可用于抵消环境扰动对相位成像的影响。本章着重介绍物参共路数字全息显微(DHM)和单光束定量相位显微技术。前者主要包括斐索干涉显微、Mirau 干涉显微、点衍射 DHM、基于双球面照明的 DHM 和空间复用的 DHM 等技术;后者主要包括共轴数字全息以及基于平行光照明、超斜照明和多点离轴照明的定量相衬显微技术。

3.1 物参共路数字全息显微方法

目前的数字全息显微装置大多采用物参分离的光路结构,即物光和参考光分别沿不同的路径到达 CCD 发生干涉从而形成全息图样。外界环境的扰动会对物光和参考光造成不同的影响,使得全息图也极易受到环境扰动的影响[1, 2]。因此,如何提高装置的稳定性成为构建高性能、实用化 DHM 不可回避的问题。

提高装置稳定性的常用方法有:气垫隔振法、真空封闭式隔振法及负反馈电子线路隔振法。G.Popescu 等人[3]通过在 DHM 装置中加入负反馈系统来提高系统的稳定性,虽然该方法的隔振效果显著,但缺点是不仅反馈系统价格昂贵,还增加了装置的结构复杂性。除此之外,也可以利用物参共路的光路来解决环境扰动影响相位成像的问题。在物参共路 DHM 中,物光和参考光经历了完全相同的路径到达探测器表面并产生干涉图样,因为环境扰动对物光和参考光的影响完全相同,所以也不会影响两者之间的光程差。

下面将分别介绍具有物参共路结构的斐索干涉显微、Mirau 干涉显微、点衍射 DHM、基于双球面照明的 DHM 以及空间复用 DHM 等技术。

3.1.1 斐索干涉显微

1864年，H.Fizeau[4]首次提出用准直的单色光束对样品进行小角度倾斜照明，利用反射光和参考平面产生的干涉条纹来恢复待测样品的结构信息。此后，该光路(斐索干涉显微光路)[5]开始被广泛应用于样品表面的相位畸变测量(相对于标准平板)。目前常用的斐索干涉显微的结构如图3-1(a)所示。激光器发出的光束经过由透镜1和透镜2组成的扩束准直系统后变成平行光照射到参考平板上：一部分光经参考平板反射后沿原路返回，这部分光束作为参考光；另一部分光透过参考平板照射到待测样品上并被样品表面反射后沿原路返回，这部分光束作为物光。物光和参考光经过分束镜反射后，被望远镜系统同时成像到CCD相机上。物光和参考光干涉形成的全息图反映了被测样品表面与参考平面的差异。近年来，通过将相移技术引入斐索干涉，相位成像由定性观测逐渐向定量测量过渡[6]。此外，通过将参考平板换成1/4波片，还可以实现同步相移，通过一次曝光即可得到被测样品的相位分布[7]。

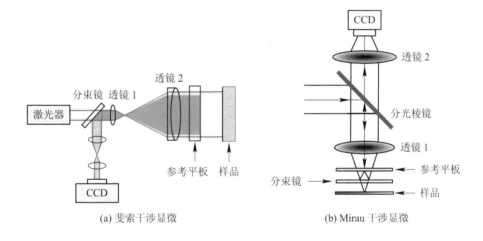

(a) 斐索干涉显微　　　　　　　　　(b) Mirau干涉显微

图3-1　菲索干涉显微和Mirau干涉显微

3.1.2 Mirau干涉显微

1952年A.H.Mirau[8]首次提出用Mirau干涉显微技术来表征物体表面的抛光度，之后这项技术在显微领域得到了广泛应用[9]。Mirau干涉显微的原理如图3-1(b)所示。穿过透镜1和参考平板的照明光被分束镜分成两束光：一束光经分束镜后照射到被测样品上，经样品表面反射后沿原路返回，作为物光；另一束光被分束镜反射后又经参考平板及透镜2的第二次反射，形成参考光。物光和参考光穿过分光棱镜后在 CCD 面上产生干涉图样,利用该干涉图样就可以再现出样品表面相对于参考平板的相对变形。斐索干涉显微和 Mirau 干涉显微装置具有体积较小、结构紧凑的优点。近年来,人们进一步将参考平板与透镜 1 封装成一个整体,构建了 Mirau 物镜,使得利用 Mirau 干涉进行相位成像更为便捷[10]。然而,这两种方法的测量精度直接依赖于参考平板的平面度。同时,参考平板的引入减小了样品与物镜之间的空间。样品与参考平板之间的距离也会受到光源相干性的约束。

3.1.3 点衍射数字全息显微

1. 离轴点衍射数字全息显微

为提高实验装置的抗干扰能力,G.Popescu 等人[11]提出了一种基于物参共路的离轴点衍射数字全息显微技术,并利用该技术实现了对红细胞生理动态过程的实时定量检测。实验装置如图 3 - 2 所示,Nd:YAG 激光器发出的光束($\lambda = 532$ nm)作为倒置显微镜的照明光源,扩束后的照明光照射到样品,样品被由物镜和筒镜组成的望远镜系统(RL)成像到像面上。一衍射光栅被放置于样品像面上,经过衍射将物光分成多个衍射级光束,这些衍射光束经过由透镜 1 和透镜 2 组成的 4f 系统成像到 CCD 面上。在该 4f 系统中的频谱面上,利用一掩膜板对这些衍射光的频谱进行滤波:该掩膜板上的针孔对 0 级衍射光进行滤波,形成参考光;掩膜板上的大孔令+1 级衍射光无损通过,用作物光。物光和参考光最终在 CCD 面上产生干涉图像。由于物光和参考光经历了完全相同的光学元件,成像过程中物光和参考光也经历了完全相同的路径到达探测器表面并产生干涉图样,环境扰动对物光和参考光造成的影响完全相同,从而不会影响两者之间的光程差。因此,该装置对环境的扰动具有非常好的免疫性。

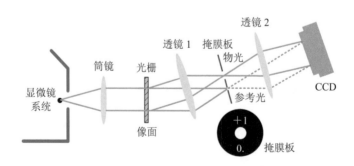

图 3 - 2　离轴点衍射数字全息显微[11]装置

图 3 - 3(a)为离轴点衍射 DHM 对血液涂片的定量相位成像结果。该实验

选取放大倍数为 40、数值孔径(NA)为 0.65 的显微物镜,在全孔径照明下系统的横向分辨率为 0.4 μm。为了测试该装置的稳定性,实验记录了 1000 幅无样品时的干涉图样,每张图样的采集时间间隔为 10.3 ms。在该全息图序列中,再现的相位图上的一"点"(3×3 像素)的光程差随时间变化的标准差为 0.53 nm;整幅相位图空间标准偏差的时间平均值为 0.7 nm,标准偏差为 0.04 nm(见图 3-3(b))。

此外,V.Akondi 等人利用空间光调制器作为掩膜板,对不同衍射光的频谱进行了滤波[12]。D.Wang 等人提出利用一个单模光纤代替点衍射数字全息中的针孔,实现了离轴点衍射数字全息[13]。

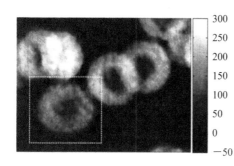 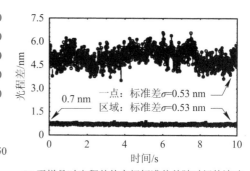

(a) 血液涂片的定量相位图像　　　　(b) 无样品时光程差的空间标准偏差随时间的波动

图 3-3　离轴点衍射数字全息显微的成像结果[11]

2. 基于偏振光栅的点衍射数字全息显微

传统的点衍射数字全息显微(DHM)通过对物光进行针孔滤波产生参考光,参考光的光强随样品而变化,因此无法保证对不同样品全息图的条纹对比度达到最大化。此外,传统的点衍射 DHM 利用激光作为照明光源,再现像中存在较高的散斑噪声。当利用扩展光源(如 LED)照明时,针孔滤波产生的参考光比较弱,全息图的条纹对比度比较低。因此,人们渴望能够同时获得高的条纹对比度和低相干噪声,从而实现低噪声、高精度的相位成像。

2021 年,K.Q.Zhuo 等人[14]提出了一种基于部分相干光照明的点衍射数字全息显微技术。如图 3-4 所示,LQB 晶体固体激光器发出的激光经过物镜 1聚焦到高速旋转的毛玻璃上形成动态散射光,动态散射光经时间平均后将具有部分相干光特性。毛玻璃上的动态散射光点被望远镜系统成像到多模光纤的端面上并耦合进多模光纤。显微物镜 MO_1 的放大倍率为 20,组成望远镜系统的透镜 1、2 的焦距 f_1 均为 75 mm。经光纤传输后,在多模光纤另一端出射的动态散射光被 CCTV 透镜所准直,用作照明光。CCTV-LENS 的焦距 $f_2=12$ mm。

偏振片 1 放置在该照明光路上将照明光调制成水平偏振光。之后，照明光经过一个 1/4 波片后，照射到待测样品上。待测样品放在由显微物镜 2 和透镜 3 组成的望远镜系统的前焦面上，放大的实像将出现在该系统的后焦面上。偏振光栅放置在该像面上，通过衍射将物光分为多束光波，分别沿 0、±1 等衍射级方向传播。其中，±1 衍射光的强度与入射光的偏振态有关，当入射光为左旋圆偏振光(右旋圆偏振光)时，＋1 级(－1 级)衍射光的光强达到最大值，而－1 级(＋1 级)衍射光的光强为零。光栅和样品的实像一起被望远镜系统成像到 CCD 上。组成该望远镜系统的透镜 4 和 5 的焦距 f_4 均为 50 mm。在透镜 4 的后焦平面上，＋1 级衍射光经过滤波器上的一个大孔，其频谱不受影响，被用作物光 $O(x, y)$。－1 级衍射光经针孔滤波器上的针孔滤波和透镜 5 准直后变成平面波 (不再带有物光信息)，被用作参考光 $R(x, y)$。因为 $1/\Lambda = 1/6.3 = 0.16 \ \mu m^{-1}$，而 $2\nu_{max} = 2M \cdot NA/(0.61\lambda) = 0.12 \ \mu m^{-1}$($M$ 为物镜放大倍率)，所以该装置可以在保留物镜最大分辨率的前提下分开不同衍射光的频谱，以便独立地对－1 级衍射光进行滤波。

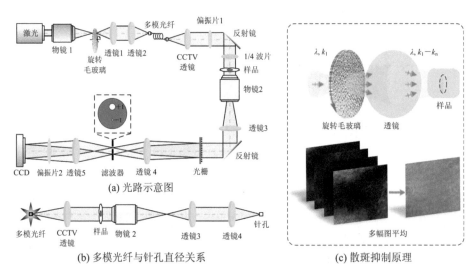

(a) 光路示意图

(b) 多模光纤与针孔直径关系

(c) 散斑抑制原理

图 3-4 基于部分相干光照明的点衍射数字全息显微装置原理[14]

经过偏振片 2 后，$O(x, y)$ 和 $R(x, y)$ 具有相同的偏振方向，并发生干涉，形成的全息图被 CCD 相机所记录。成像系统总的放大倍率为 23.125。$O(x, y)$ 和 $R(x, y)$ 的相对光强随着 1/4 波片的主轴方向的旋转呈现相反趋势(O 增大时，R 减小)，通过旋转 1/4 波片可以调节物光和参考光的相对强度，使全息图的条纹对比度达到最大值[15]。综上所述：在光路中，由于物光和参考光历经完全相同的光学元件，因此环境振动对该装置的影响较小。该方法采用偏振光栅来衍射分光，通过改变入射光的偏振状态，可以调节物光和参考光之间的相对光强，使得全息图的条纹对比度达到最大值。利用旋转毛玻璃片和多模光纤产生的部分相干光场，有效抑制了相位成像中的相干噪声，从而显著提高了成像信噪比。

在 CCD 面上，物光 $O(x, y)$ 和参考光 $R(x, y)$ 发生干涉形成全息图的强度分布可表示为

$$I(x, y) = |O|^2 + |R|^2 + O^* R + OR^*$$
$$= |O|^2 + |R|^2 + 2|O||R| \cdot \cos[2\pi(\nu_x x + \nu_y y) + \varphi]$$

$$(3-1)$$

$O(x, y)$ 和 $R(x, y) = A_r \exp[i2\pi(\nu_x x + \nu_y y)]$ 分别表示物光和参考光的复振幅分布；x 和 y 表示干涉图样所在平面的空间坐标，ν_x 和 ν_y 表示离轴全息图在 x 和 y 方向上的空间载频量，$\varphi(x, y)$ 表示物光和参考光之间的相位差。

采用 2.3 节介绍的离轴 DHM 再现方法，可以从离轴全息图 $I(x, y)$ 中再现出物光的复振幅：

$$O_r(x, y, d_0) = \text{IFT}\{\text{FT}[IR_D] \cdot \hat{W}(\xi, \eta) \cdot \exp[ik\, d_0 \sqrt{1 - (\lambda\xi)^2 - (\lambda\eta)^2}]\}$$

$$(3-2)$$

式中，d_0 表示离焦距离，即 CCD 到样品像平面的距离；$R_D = A_r \exp[i2\pi(\nu_x x + \nu_y y)]$ 表示数字参考光，可以通过测量条纹的载频量 ν_x 和 ν_y 来确定。IR_D 主要用于将样品的原级像的频谱移动到频率域的中心。$\text{FT}\{\cdot\}$ 和 $\text{IFT}\{\cdot\}$ 分别表示傅里叶变换和逆傅里叶变换。(ξ, η) 表示频率域内的坐标。$\hat{W}(\xi, \eta)$ 为窗函数，用于选择物原级像（实像）的频谱，在所选择的区域内取值为 1，其他区域取值为 0。利用再现的复振幅 $O_r(x, y, d_0)$ 和关系 $O_r = |O_r| \exp(i\varphi_r)$，可以得到样品的振幅像 $|O_r(x, y)|$ 和相位像 $\varphi_r(x, y)$。最后，通过 $\varphi = 2\pi/\lambda \cdot nd$，还可以计算出被测样品的三维形貌 $h(x, y)$ 和折射率分布。

首先，对光源相干性和成像信噪比进行了测量：图 3-5(a) 从左到右依次为相干照明（无旋转毛玻璃）和部分相干照明（有旋转毛玻璃）下未放置样品时再现强度图像。图 3-5(b) 为沿图 3-5(a) 中两个线段的归一化强度分布。从图中可见，与未加载毛玻璃的相干照明成像结果相比，部分相干照明结果中相干噪声得到了很好的抑制。其次，选取鉴别率板 UASF-1951 作为样品对两种照明方式下成像信噪比（SNR）进行了测量。其中，相干照明和部分相干时成像结果分别如图 3-5(c) 所示。此外，我们分别提取图 3-5(c) 中实线的强度分布，并一起展示在图 3-5(d) 中。比较结果表明，使用旋转毛玻璃和多模光纤产生的

照明光在整个视场内均匀分布。接着，采用光束对比度（Beam Flux Contrast，BFC）对两种成像模式下的光场均匀性进行表征：$BFC=[\Sigma(I_{i,j}-I_{avg})^2]/(N\times I_{avg})$。其中 $I_{i,j}$ 指图像的空间强度分布，I_{avg} 为 $I_{i,j}$ 的平均值，N 为像素总个数。BFC 值越小，表明光场强度分布越均匀。计算结果：相干光照明下 BFC=0.52，部分相干光照明下 BFC=0.11。此外，图 3-5(e) 给出了图 3-5(a) 中不同像素的灰度值的直方图统计结果，并对其进行了高斯拟合。结果表明两者的半高全宽（FWHM）分别为 0.32±0.02 和 0.17±0.01。以上结果均表明采用旋转毛玻璃和多模光纤产生的部分相干光照明具有更均匀的光强分布。

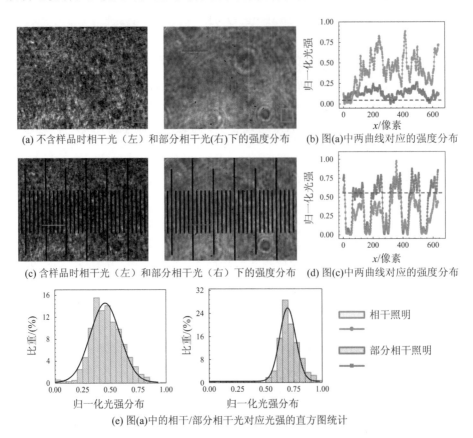

(a) 不含样品时相干光（左）和部分相干光(右)下的强度分布
(b) 图(a)中两曲线对应的强度分布
(c) 含样品时相干光（左）和部分相干光（右）下的强度分布
(d) 图(c)中两曲线对应的强度分布
(e) 图(a)中的相干/部分相干光对应光强的直方图统计

图 3-5 相干光(CI)与部分相干光(PCI)散斑噪声对比

最后，选取猴子肾脏 Cos7-80 细胞（在玻璃器皿里培养的活体细胞）作为被测样品，来验证装置对动态样品的实时成像能力。利用该装置对活体细胞进行了 6 h 的连续拍摄，间隔为 20 s。$t=0$、$t=35$ min、$t=70$ min、$t=105$ min 时拍摄的离轴全息图 $I(x,y)$，如图 3-6(a) 所示。在 $t=0$ 时刻对 IR_D 进行傅里叶变换，获得的频谱分布如图3-6(b)所示；利用公式(3-2)可对这一系列全息图进行数字再现，获得的样品强度和相位图像分别如图3-6(c)、(d)所示。通过比较图3-6(c)、(d)，我们不难发现：对于该透明样品，相位图像比强度图的成像对比度(衬度)更高，更能展现样品的细节结构。在相位图像中，我们可以清晰地看到Cos7-80细胞的细胞结构，并且还可以对细胞的光程差OPD进行定量分析。图3-6(e)、(f)证明了该装置可以对动态样品进行实时跟踪成像。需要说明的是，这里在再现过程中未进行数字再调焦，即利用公式(3-2)中的离焦距离 $d_0 = 0$ mm。事实上，在成像时如被测样品出现离焦，还可以通过在再现过程中改变 d_0 的值，实现样品的数字调焦。

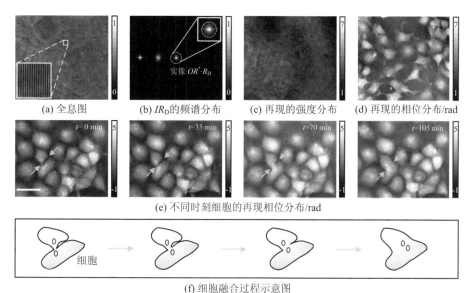

(a) 全息图　　　(b) IR_D 的频谱分布　　　(c) 再现的强度分布　　　(d) 再现的相位分布/rad

(e) 不同时刻细胞的再现相位分布/rad

(f) 细胞融合过程示意图

图3-6　部分相干点衍射数字全息显微对活细胞融合过程的成像结果

3. 同轴点衍射数字全息显微

与传统的离轴数字全息显微(DHM)一样，离轴点衍射 DHM 通过记录单幅全息图来恢复待测样品的相位信息，但却未充分利用 CCD 的空间带宽积(空间分辨能力受到了限制)[16]。为了克服这一缺点，P.Gao 等人[17]提出了同轴相移点衍射 DHM 装置。如图3-7所示，激光器发出的光束经过由两个偏振片组成的光强控制单元后，被光束扩展器(扩束器)扩束准直成平行光。照明光经由透镜1和第一个显微物镜组成的倒置望远镜系统缩束后照射样品。样品放置在第二个显微物镜的前焦面处，经过显微成像系统成像到一个周期为 T 的 Ronchi 光栅上，通过衍射将物光复制成完全相同的几份，并分别沿着各个衍射级方向传播。由于 Ronchi 光栅的 ±1 级各具有 40% 的衍射效率，因此其他衍射级均可以忽略不计[18]。沿 ±1 级方向传播的物光可以分别表示为 O_{+1} 和 O_{-1}，两者同时经过由透镜 3、4 组成的共焦滤波系统，其频谱位于该系统中间的焦面上。偏振方向正交的偏振片分别置于 $+1$ 和 -1 级衍射光的频谱之上。-1 级衍射光保持不变，作为物光；而 $+1$ 级衍射光进行针孔滤波后被透镜 L_4 准直成平面光波，作为参考光。物光和参考光在透镜 4 的后焦面处重合，此处放置一个与光栅 1 完全相同的光栅 2，通过衍射使物光和参考光都沿光轴方向传播。最后经过由透镜 5、6 组成的中继系统将物像呈现到 CCD 靶面进行记录。通过光栅 2 沿光栅矢量方向的移动实现相移。

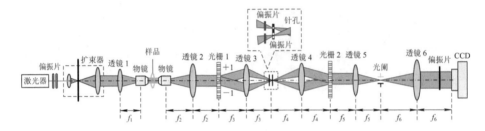

图 3-7　基于衍射光栅的同轴相移物参共路点衍射 DHM 光路[17]

将一石英玻璃上刻蚀的微透镜阵列（折射率 $n=1.457\,04$）作为被测样品，通过四步相移干涉法可以得到被测微透镜阵列的三维厚度分布，如图 3-8 所示。图 3-8(a)～(d) 为相移量依次为 0、$\pi/2$、π、$3\pi/2$ 的四幅相移全息图。利用 2.4 节介绍的再现方法，可获得样品的再现相位分布，如图 3-8(e) 所示。

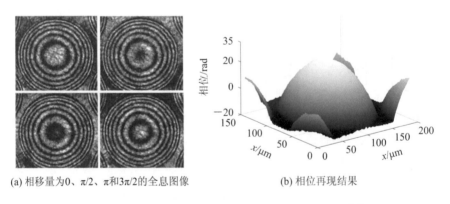

(a) 相移量为0、π/2、π和3π/2的全息图像　　　　(b) 相位再现结果

图 3-8　同轴相移点衍射 DHM 全息图样和再现结果[17]

通过开展与图 3-3(b) 类似的稳定性实验，可测得该装置在 45 min 内的重复测量误差小于 3 nm，说明该装置具有良好的稳定性。综上所述，该物参共路

点衍射 DHM 方案具有以下优点：① 具有物参共路的光学结构，使得装置对环境的扰动不敏感；② 物参共路的光学结构降低了装置对光源相干性（单色性）的要求，因此可采用扩展光源照明；③ 采用同轴光路可以充分利用 CCD 的空间带宽积。

3.1.4 基于双球面照明的数字全息显微

V.Mico 等人[19]提出了一种利用空间光调制器实现分辨率增强的物参共路 DHM 技术。该方法的原理如图 3-9 所示，在空间光调制器上加载球面相位分布，当对照明光进行空间光调制时将产生球面光束；与此同时，一部分照明光被空间光调制器(SLM)的前保护玻璃所反射，产生了另外一平面光。这两个光束同时被具有高 NA 的聚光透镜所聚焦，形成两个在轴向方向分离的激光焦点。其中，球面光的焦点出现在离聚光透镜较近的位置，如图 3-9(a)所示。样品放置于平面光焦点所在的平面上。通过移动样品，平面光的焦点位于样品上的空白区域，其透射光不含样品信息，被作为参考光。样品在球面光的照明下形成物光。物光和参考光在 CCD 靶面上发生干涉，形成包含样品信息的全息图被 CCD 所记录。当在 SLM 上加载的球面相位的中心位于光轴中心时，所形成的全息图为同轴全息图。此时，通过在 SLM 上额外引入不同的相移量，可以得到不同的相移全息图样。利用相移全息的再现方法，可以去除全息图的零级像和孪生像，从而恢复出样品的强度和相位图样。

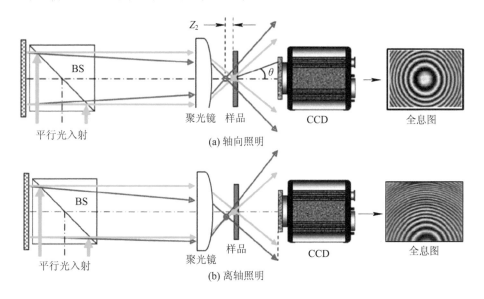

图 3-9 基于 SLM 的共路相移数字全息显微[19]

同时，如图 3-9(b)所示，通过在 SLM 上加载球面光束和不同倾斜角度楔形相位的叠加相位，可产生不同传播方向的球面光束，从而能够以不同的角度照明待测样品。实验上分别在 x 和 y 方向上产生两个相反倾斜方向的照明光束，并在这四个照明方向上依次记录三幅相移全息图样，进而恢复该倾斜照明下的样品的复振幅信息。在再现过程中，将不同倾斜照明下物光的频谱进行拼接，通过合成孔径可提高成像系统的空间分辨率。然而，为了产生不含样品信息的参考光，该方法必须令参考光的焦点正好聚焦在样品上的一个平整/空白区域，这对成像前样品的放置和调节具有一定的要求，增加了实验难度。同时，目前该方法只能用于透射式样品(反射式样品无法实现镜面反射且无法对参考光提供合适的反射率和波前平整度)。此外，由于该方法利用离焦光斑照明样品来形成物光，因此其成像视场比较小。

3.1.5　空间复用数字全息显微

V.Mico 等人[20]在传统显微镜的基础上实现了基于空间复用的数字全息显微(Spatially-Multiplexed Interferometric Microscopy，SMIM)。如图 3-10 所示，该技术采用点光源照明，将样品平面划分为三种不同的区域，分别为参考光

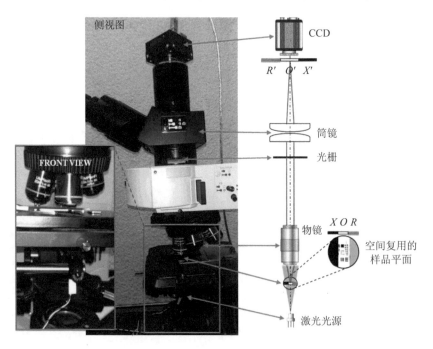

图 3-10　基于空间复用数字全息显微实验装置[20]

区域(R)、样品区域(O)和遮挡区域(X)。参考光区域被空置，经过该区域的光束用作参考光。在样品区域放置待成像的样品，经过该区域的光束用作物光。在 CCD 前一定距离处放置一个衍射光栅，通过光栅的衍射作用，使得物光和参考光发生重叠，产生的离轴干涉图像由 CCD 接收。相比于传统的 DHM，该技术具有较高的相位测量精度。同时，由于物光和参考光经历了相同的光学元件，该光路具有对环境扰动不敏感的优点。另外，使用低相干长度的光源可降低散斑噪声对图像的不利影响。在此基础上，J.A.Picazo-Bueno 等人[21]还将 4π（双向）照明引入空间复用数字全息显微，通过利用透射和反射光波的复振幅分布，对样品中的透明和非透明区域同时进行相位成像。

基于空间复用的 DHM 采用了平行光照明，其空间分辨率会受到物镜数值孔径的限制，因而不能完全满足生物医学对细胞精细结构观测的要求。为提高光学系统的成像能力，V.Mico 等人[22]在空间复用数字全息的基础上，利用一个 2D 的垂直腔面发射激光器（VCSEL）依次产生不同角度的离轴照明光，并通过合成数值孔径提高了光学成像系统的空间分辨率。此外，P.Gao 等人[23]将结构光照明和空间复用（Digital Holographic Microscopy，DHM）相结合，实现了对微小相位物体的超分辨相位成像。该方法在 $NA=0.25$ 的成像物镜下，将横向分辨率从 $1.55\ \mu m$ 提高到了 $0.90\ \mu m$，即平行光照明 DHM 的 1.7 倍。

空间复用数字全息显微中，物光和参考光具有相同的光程差，由此降低了对光源相干性的要求。因此，该方法可以利用低相干照明光源来降低相位成像中的散斑噪声。同时，该方法还可以与离轴照明相结合，通过合成数值孔径来提高该成像系统的空间分辨率。然而，该方法在成像时需要将样品平面进行分割，使其仅具有传统显微镜一半的成像视场。此外，该方法对样品具有以下要求：样品需要足够稀疏；移动样品能够使得视场内一半的区域处于空置状态（作为参考光）。

3.2　单光束相位成像技术

虽然基于光学干涉的相位成像方法具有很高的测量精度，但是它需要额外的参考光，具有对光源相干性要求较高和抗环境干扰性较差等缺点。与之相反，单光束相位成像不需要参考光，具有结构简单、抗干扰能力强等优点，逐渐受到人们的青睐。该技术在研究特殊光束的相位分布、成像系统的畸变测量与补偿以及自适应成像等方面发挥着越来越重要的作用。

目前常用的单光束相位成像技术大致有以下几类：

（1）基于微透镜阵列或棱锥的波前传感技术（Shack-Hartmann）。该传感器主要由二维微透镜阵列和面阵 CCD 组成。传感器上的微透镜阵列将入射光波面分割成许多子波面,通过探测每个子波面引起的微透镜焦点的横向移动量实现对子波前的探测。这些波前探测器都具有结构简单、灵活性好、动态范围大、光学效率高、无运动部件、对环境条件要求低以及适应能力强等优点,被广泛应用于自适应光学和定量相位显微领域[24, 25]。然而,这些波前探测方法的空间分辨率受到微透镜孔径(一般为 $100~\mu m$ 左右)的限制,其分辨率无法满足对生物样品的相位成像要求。

(2) 微分干涉显微[26]。显微放大后的物光被分成平行的两组,两组光在某方向上错开一定的距离,从而发生干涉。干涉图样反映的是被测相位在剪切方向上的导数。该方法通过测量样品在两个正交方向上的相位导数来确定样品相位分布。微分干涉显微能测量连续性相位物体的相位分布,但是不能对阶跃型相位物体进行测量。

(3) 共轴(无透镜)数字全息。共轴(无透镜)数字全息也属于一种单光束相位成像,该光路利用球面光波照明样品,不采用任何透镜(或物镜)对样品进行放大,直接利用全息干板直接记录样品的衍射图像(全息图)。T.Latychevskaia[27]提出利用迭代的方法从单幅同轴全息图中获取待测样品的振幅和相位信息来抑制孪生像的干扰。采用片上相位显微(On-chip Phase Microscopy)技术[28, 29],将待测样品会放置在 CCD/CMOS 芯片前的保护玻璃上(距离成像芯片不大于 1 mm),通过记录样品在不同照明方向下的衍射图样可以实现相位成像。

(4) 基于衍射光斑记录和迭代再现的单光束相位成像技术。通过不同离焦平面的强度图像结合迭代算法可再现出样品的相位分布[30]。P.Bao 等人[31]通过记录样品在不同波长照明下的衍射图样,定量获得了样品的相位分布。此外,通过在样品平面上移动子孔径[32]、翻转样品[33]、对物光波进行不同的相位调制[34]、采用不同照明方向以及结构光照明[35, 36]来记录所得的衍射图样,再结合类似的迭代算法都可以从衍射图像中得到相位信息。此外,傅里叶叠层相位显微(FPM)[37]通过记录不同照明角度下的低分辨率图像,并结合迭代算法可恢复出高分辨率和高空间带宽积的振幅和相位图像。

(5) 相衬成像。相衬成像也是单光束相位成像技术中的重要分支。1942年,F.Zernike[38]提出采用环状光源照明样品,同时采用一个环状相位板对物光波的零频分量进行相位延迟,从而将样品的相位信息转换为强度信息,即实现了相衬显微。因为被测物体的相位和干涉图样的强度之间是非线性的,所以传统的 Zernike 相衬成像(只有单幅干涉图)只能用于对被测物体的定性观测。随着空间光调制器的出现,该技术在高稳定性和定量成像方面得到了进一步的发展。这类定量相衬显微成像技术[39~41]也可以被归为 DHM 技术,因为相衬成像的本质是物光的零频分量(作为参考光)与高频分量(作为物光)之间的干涉。

　　下面将着重介绍单光束相位成像技术的研究进展,具体包括基于压缩感知技术的单光束共轴全息技术,基于平行光照明、偏振调制、超斜照明以及多点离轴照明的定量相衬显微技术。基于衍射光斑记录和迭代再现的单光束相位成像技术(FPM、结构光照明衍射显微显微、片上相位显微)将在5.3节进行详细介绍,这里不再赘述。

3.2.1　共轴(Gabor)数字全息显微

　　D.Gabor 于 1947 年最早提出了无透镜数字全息(Lensless Holography)光路[42]。该方法通过记录样品在平行光或球面光照明下的衍射图样,并结合一定的再现算法可以得到样品的振幅和相位信息。由于该方法不需要独立的参考光,因此不受空气扰动和环境振动的影响。然而,在全息图再现时,零级像与孪生像在空间频谱上难以分开,影响了再现图像的质量。在过去的几十年里,为了消除孪生像的影响,很多数值重建的方法相继被提出[27, 43, 44]。T.Latychevskaia[27]提出利用迭代的方法,从单幅同轴全息图中获取待测样品的振幅和相位信息来抑制孪生像的干扰。L.Rong 等人[45]提出通过 Sobel 边缘检测,在常规重建的基础上建立松散支撑(作为目标平面上的约束)的相位重建方法。C.Gaur 等人[46]提出将标准的混合输入输出方法与图像稀疏性增强相结合,以实现相位重建。C.Cho 等人[47]提出了一种掩膜生成分割的再现方法。近年来,Y.Revenson 等人[44]利用基于神经网络的深度学习方法从全息图中再现待测样品的信息分布,从而抑制了同轴数字全息重建时孪生像对成像的影响。

　　2018 年,W.Zhang 等人[48]将压缩感知(CS)技术用于单光束共轴全息技术,在充分利用探测器空间带宽积的同时消除了孪生像对重建结果的影响。单光束共轴数字全息显微技术的光路如图 3-11 所示,照明光源发出的光束经准直后照射物体,由探测器记录物体的衍射图像。该衍射图像可以看成物光不同频率分量之间的干涉图样,因此仍然被称作全息图。

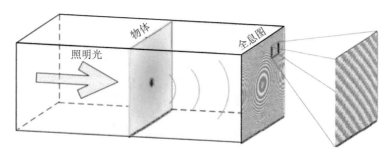

图 3-11　单光束共轴数字全息显微示意图[48]

全息图可以表示为

$$\tilde{H}=U^*(x, y)+U(x, y)+|U(x, y)|^2=2\text{Re}\{U(x, y)\}+|U(x, y)|^2$$

若 G 表示物体强度分布 $\rho(x_1, y_1)$ 向衍射光场 $U(x, y)$ 的正向转换，则该全息图的强度分布可表示为

$$\tilde{H}=2\text{Re}\{G\rho\}+|U(x, y)|^2 \tag{3-3}$$

这里，(x, y) 和 (x_1, y_1) 表示物面和全息图平面的空间坐标。通过已知的 $\tilde{H}$（即已知测量值）和正向转变 G 求解 ρ 是一个典型的求逆问题，而基于稀疏性约束条件的 CS 算法是解决求逆问题的强大方法之一。

W.Zhang 等人[48]利用 CS 技术实现了 Gabor 全息图中的定量相位成像。CS是建立在信号的稀疏性表达和测量的非相干性基础上，通过在已知测量值(Y)和测量矩阵($\boldsymbol{\Phi}$)的基础上，求解压缩感知方程，获得原信号(X)。在共轴全息图的再现中，聚焦的重建图像(实像)具有锐利的边缘，而离焦的孪生像的边缘则是扩散的。该物理上的差异性导致了重建图像和孪生图像在稀疏性方面的差异，这为利用 CS 消除孪生像提供了必要条件。此外，再现中的光波传播是由傅里叶变换完成的，这自然满足了 CS 的非相干条件。因此，同轴全息图的再现可以通过 CS 来实现。

在满足了压缩感知的稀疏性和非相干性的基础上，为求解待测样品的信息，曹良才等人提出了基于两步迭代的再现算法，通过寻求目标函数极小值来求解该逆问题，利用测量值($\tilde{H}$)来估计待测样品的信息分布(ρ)，估计值可表示为

$$\hat{\rho}=\text{argmin}\left(\frac{1}{2}\cdot\|\tilde{H}-K\rho\|_2^2+\tau\|\rho\|_{\text{TV}}\right) \tag{3-4}$$

式中：K 是正向转换 G 与保留实部两部操作的组合算符；τ 是相对权重因子；$\|\cdot\|_{\text{TV}}$ 表示全变差范数算符，其中 TV 表示全变差(Total Variation)。利用以下递推关系进行重复迭代：

$$\rho_{t+1}=(1-\alpha)\rho_{t+1}+(\alpha-\beta)\rho_t+\beta\psi_\tau[\rho_t+K^T(\tilde{H}-K\rho_t)]$$

其中 α 和 β 为迭代系数；ψ_τ 为去噪函数，K^T 为 K 的伴随算符。在迭代过程中，利用判据

$$\text{R}(\rho_{t+1})=\frac{1}{2}\cdot\|\tilde{H}-K\rho_{t+1}\|_2^2+\tau\|\rho_{t+1}\|_{\text{TV}} \tag{3-5}$$

计算残差来确保 $\hat{\rho}$ 单调减少。重复进行迭代过程，直至残差小于预先设定的阈值，此时将最终得到的 ρ 作为样品的再现强度分布。

实验中，以波长为 532 nm 的平面光波作为照明光源，将分辨率板作为待测

样品放置在 xyz 三维平移台上，分辨率板与探测器(像元大小为 $3.8~\mu m$)之间的距离大约为 9 mm。由于待测样品与探测器的距离很近，当利用基于光波衍射传播的传统方法进行图像再现时，恢复结果如图 3-12(a)所示。从图中可发现孪生像对重建结果影响比较大。利用基于公式(3-4)、公式(3-5)的压缩感知算法，经过 500 次迭代后得到的结果如图 3-12(b)所示。通过对比图 3-12(a)、(b)不难发现，利用压缩感知算法得到的重建结果更加平滑，有效抑制了孪生像对再现结果的影响，并且不存在图像模糊等缺陷。同时，基于压缩感知的单光束共轴全息技术还可以应用于样品的三维层析成像。单光束共轴数字全息通过利用压缩感知技术，能够在充分利用 CCD 空间带宽积的同时抑制孪生像的影响。因此，该技术具有结构简单、可实时相位成像(只需单幅强度图样)、环境适用性强等优点。然而，该技术的计算复杂度较高，目前还无法在成像过程中实现相位图像的实时再现。压缩感知理论和算法研究的不断提升，将为共轴全息技术的再现提供更加快捷、有效的重建算法。

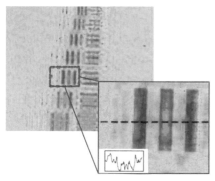 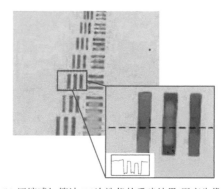

(a) 利用传统反向传播算法重建结果(有孪生像)　(b) 压缩感知算法500次迭代的重建结果(无孪生像)

图 3-12　全息图及重建结果[48]

3.2.2　基于平行光照明的定量相衬显微

美国麻省理工学院的 G.Popescu 等人[49]提出了一种基于平行光照明的相衬干涉显微光路，如图 3-13 所示。波长为 633 nm 且随机偏振的 He-Ne 激光器作为照明光源，出射光的强度由一个连续可调的衰减器进行控制。偏振片放置在连续可调衰减器之后，将照明光变为线偏振光。线偏振光经扩束器扩束成平行光后照射到置于显微物镜前焦面的样品上。经过样品后形成的物光被由显微物镜和透镜1组成的系统放大并成像到透镜2的前焦面处。经过透镜2的傅里叶变换后，该物光的频谱出现在透镜2的后焦平面上。其中，物光的零频分量聚焦在频谱面的中央,高频分量分布在零频分量的周围。在该频谱面上放置一个反射式可编程的空间光调制器,用于改变物光零频分量的相位。被 SLM 调制后的物光沿原路返回。当物光再次经过透镜 2 后,经过分光棱镜的反射成像到 CCD 面上,原来的相位分布转化为强度分布并被 CCD 记录。

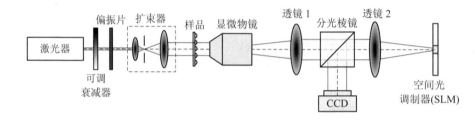

图 3 - 13 基于平行光照明的定量相衬显微[49]

通过调节空间光调制器,依次将物光零频分量的相位延迟 0、$\pi/2$、π、$3\pi/2$,从而可以得到 4 幅相移干涉图样(物光零频和高频分量之间的干涉图样):

$$I_i(x,y) = |E_0|^2 + |E_1|^2 + 2|E_0||E_1|\cos(\Delta\varphi + i\pi/2) \quad i = 0,1,2,3$$

$$(3-6)$$

这里,$E_0(x,y)$ 和 $E_1(x,y)$ 分别为物光的零频分量和高频分量;$\Delta\varphi$ 表示物光零频和高频分量之间的相对相位分布;i 表示相移的次数。当空间光调制器上调制物光零频分量的区域很小时,物光的零频分量可以近似为一平面光,其复振幅可以表示为

$$E_0(x,y) = \mathrm{FT}^{-1}\{\mathrm{FT}[O_1(x,y)] \cdot T_{\mathrm{PH}}\} \qquad (3-7)$$

这里,$O_1(x,y)$ 表示 CCD 面上的物光的复振幅分布;$\mathrm{FT}\{\}$ 和 $\mathrm{FT}^{-1}\{\}$ 分别表示傅里叶变换和逆傅里叶变换。$T_{\mathrm{PH}}(x',y')$ 表示针孔滤波器的传递函数。从公式(3-6)中可以解出物光零频和高频分量相对的相位分布:

$$\tan(\Delta\varphi) = \frac{I_3 - I_1}{I_0 - I_2} \qquad (3-8)$$

利用公式(3-6)表示的 4 个相移干涉图样,抵消掉与相位 $\Delta\varphi$ 有关的因子和物光高频的振幅 $|E_1|$,可以得到

$$16|E_0|^4 - 4(I_0 + I_1 + I_2 + I_3)|E_0|^2 + (I_3 - I_1)^2 + (I_0 - I_2)^2 = 0$$

$$(3-9)$$

从理论上来讲,从公式(3-9)中可以解出物光零频的强度分布 $|E_0|^2$。若把 $|E_0|^2$ 看成一个未知数,上式为一个一元二次方程。由于该方程有两个解,一个为零频分量的强度分布,另一个为高频分量的强度分布,我们需要确定哪一个是零频分量的强度分布。我们知道零频和高频分量的特点:由于零频分量可

以近似为平面光(在整个成像区域内强度和相位变化缓慢),然而高频分量的强度往往在整个成像区域内变化较快。因此,为了确定两个解中哪个解是零频分量的强度分布,我们可以采用低阶的多项式 $|E_0|^2 = ax^2 + bx^2 + cx + dy + e$ 来逼近。将这一多项式带入公式(3-9),利用文献[50]中提到的最优化方法可以确定多项式的系数 a、b、c、d、e。

在解得零频分量的强度分布 $|E_0|^2$ 后,从公式(3-6)中可以解得高频分量的强度分布:

$$|E_1(x,y)|^2 = \frac{I_0 + I_1 + I_2 + I_3 - 4|E_0|^2}{4} \qquad (3-10)$$

此时,被测物光的复振幅分布可以表示为

$$O(x,y) = |E_0| + |E_1|\exp(\mathrm{i}\Delta\varphi) \qquad (3-11)$$

这里忽略了零频分量的相位分布。最后得到被测物光的相位分布为

$$\tan[\varphi(x,y)] = \frac{\mathrm{Im}\{O(x,y)\}}{\mathrm{Re}\{O(x,y)\}} \qquad (3-12)$$

式中,$\mathrm{Re}\{O(x,y)\}$ 和 $\mathrm{Im}\{O(x,y)\}$ 表示被测物光复振幅的实部和虚部。

该相衬显微光路中,物光的零频分量充当参考光,其高频分量充当物光。参考光和物光经历了完全相同的光学元件,即形成了物参共路的光学结构。因此,该光路具有较高的抗振动能力,对环境扰动不敏感。同时,可编程空间光调制器可用来改变物光零频分量的相位,通过对零频分量进行不同相位延迟可实现相移。该相移操作通过计算机向 PPM 加载灰度图像来实现,避免了传统相移操作所带来的机械振动。另外,物参共路的光学结构降低了对光源相干性的要求,因此可以采用低相干光源来减小测量中的相干噪声。

然而,在以上相衬显微成像中,物光的零频和高频分量分别充当了参考光和物光,因此条纹对比度与样品有关。为了解决这一问题,J.J.Zheng 等人[39]提出了一种衬度可调的相衬成像方法,实验光路如图 3-14 所示。He-Ne 激光器发出的光束经过扩束器扩束准直后照射样品,经过样品后的光波被由物镜和透镜1组成的望远镜系统准直放大,被放大的光称作物光。经过透镜2的傅里叶变换后,该物光的频谱出现在透镜2的后焦平面上。将一个空间光调制器(SLM)放在该处,通过对物光波频谱进行调制实现相衬成像。实验中,在 SLM 上依次加载的相位调制图像,如图 3-14 中下方插图所示。每一个空间光调制图像都由一中心光栅和周围光栅组成,分别对物光波的零频分量和高频分量进行调制。通过 SLM 上加载图外围光栅和中心光栅对应的调制图像,可以得到物光的高频和低频分量的强度分布;通过加载图 3-14 中相位调制1~3所示的图像,可以获得相移量分别为 0、$\pi/2$ 和 π 的相衬图像。通过三幅相移干涉图样便

可再现出被测样品的相位分布。此外，通过调节中心区域光栅的调制度，可以改变CCD面上零频分量和高频分量的光强，最终实现条纹对比度的调节。

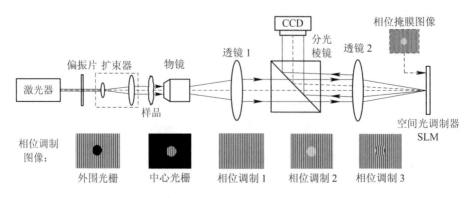

图3-14　基于空间光调制器的相衬显微光路示意图[39]

综上所述，基于平行光照明的定量相衬显微使用SLM调制物光的零频分量的相位，克服了传统相位板存在的相位误差。同时，SLM的使用也带来了很多便捷，人们可以自由地改变对零频分量的相位延迟量，实现快速相移操作。此外，通过在SLM上加载不同灰度的图像可以调节干涉图样的条纹对比度。然而，利用SLM对物光的零频分量进行调节时，对SLM像元尺寸具有较大要求（SLM的像素尺寸应小于物光零频分量的尺寸）。例如，当图3-14中透镜2的焦距为100 mm时，零频分量对应圆形区域的直径仅为几微米，甚至小于一个SLM像元的大小（6.5 μm）。实验上为了克服SLM像元较大的缺点，需要利用焦距较大的透镜来放大物光的频谱分布。这样冗长的实验光路不利于其结构的小型化。然而，随着SLM像元尺寸的逐步减小，该方法将具有更大的发展空间。

除了利用空间光调制器可以实现衬度可调的定量相衬成像外，还可以利用偏振调制来实现相同的目的。4D Technology公司的M. B. North-Morris等人[51]首次提出基于偏振调制的定量相衬显微技术，该方法通过调节入射光偏振态来改善干涉条纹对比度，同时结合同步相移技术实现对动态样品或动态过程的定量测量。

基于偏振调制的定量相衬显微光路如图3-15所示。被测物光经透镜的傅里叶变换后，其频谱出现在透镜的后焦平面上。在该频谱面上放置一个偏振调制器，该偏振调制器的中心区域和外围区域布满了方向互相垂直、周期为亚波长量级的两组金属光栅。该金属光栅对偏振方向平行于光栅刻线的入射光具有很高的吸收率，而对偏振方向垂直于光栅刻线的入射光则具有很高的透过率[52]。调制器的中心针孔区域的光栅矢量与周围区域的光栅矢量相互垂直。为了避免体光栅衍射，偏振调制器上金属的厚度小于 $1.5\lambda/\mathrm{NA}^2$。当物光频谱通过该偏振调制器后，物光的零频和高频分量被调制成相互正交的线偏振光，再结合同步偏振相移理论从单次曝光中获得多幅相移干涉图，从而再现出被测样品的振幅和相位信息。

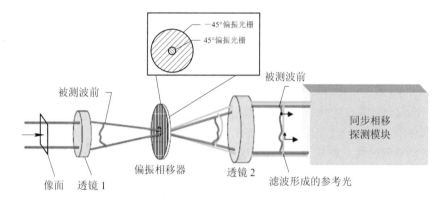

图 3-15 基于偏振调制的定量相衬显微

为了验证基于偏振调制的定量相衬显微光路的可行性，J.E.Millerd 等人[53] 利用基于偏振调制的定量相衬显微对一气流进行了相位成像。实验中，偏振调制器的中心区域直径为 10 μm，外围区域直径为 7.5 mm；两个透镜的焦距为 100 mm。该装置曝光一次可以获得 4 幅相移干涉图样，如图 3-16(a)所示。利用传统相移干涉的再现方法，可以得到该气流场对应的相位分布，如图 3-16(b)所示。

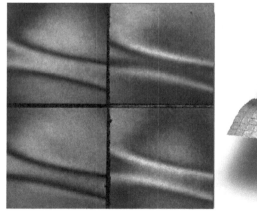 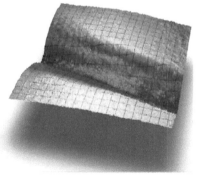

(a) 气流的四步相移干涉图样   (b) 再现相位分布

图 3-16 基于偏振调制的定量相衬显微对气流的测量结果[53]

该方法通过改变物光的偏振方向，可调节物光零频分量和高频分量之间的相对光强。该方法采用同步相移技术，可以对动态样品进行实时、高分辨相位成像。然而，该方法将CCD的靶面分成4份，用于记录不同相移量的干涉图样。因此，该方法的成像视场被相应地减少为原来的1/4。

3.2.3 基于环状照明的定量相衬显微

上述定量相衬成像方法采用平行光照明，其横向分辨率低于光学衍射极限水平。F.Zernike最早提出利用环状光照明样品来得到高分辨率、低噪声的相衬图像。然而，传统Zernike相衬成像只能对样品进行定性观测，无法进行量化相位成像，这限制了其在生物研究领域的应用。Z.Wang等人[54]提出了基于环状光源照明和环形相移器的定量相衬成像技术。然而，环状光源照明的离轴角度较小，该方法的空间分辨率较低。为了解决这一问题，Y.Ma等人[55]提出超斜照明量化显微(UO-QPM)。UO-QPM利用具有一定带宽的环状光源实现了大数值孔径的超斜照明，并且具有高时空分辨率、低相干噪声以及量化相位显微的特点。

UO-QPM装置如图3-17(a)所示，用多个LED排列组成的环状阵列用于实现科勒照明。环状光源由24个中心波长为505 nm、带宽约为20 nm的LED均匀分布组成。每一个LED在组装时均存在一定的倾角，以便让LED发出的光尽可能多地进入系统。此外，每一个LED均配有散热环来加快热量的消散，避免LED工作时产生的热量影响光源的光谱和寿命。环状光源发出的光束以55°的倾角对样品进行超斜照明。照明光束与待测样品相互作用产生的散射光和非散射光均由油浸物镜收集。样品被由物镜和筒镜组成的望远镜系统所放

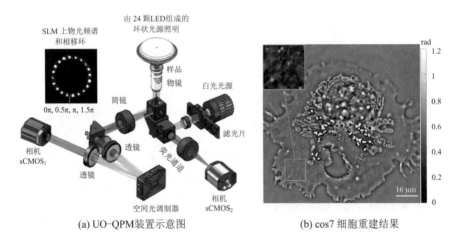

(a) UO-QPM装置示意图　　(b) cos7细胞重建结果

图3-17　UO-QPM装置和恢复结果[55]

大,其实像出现在筒镜的后焦面上,之后被由两个透镜组成的 4f 系统成像到 sCMOS 相机上。在该 4f 系统的中间焦平面上,物光的非散射光频谱依次被空间光调制器所调制,以实现定量相衬成像。放置在成像面处的探测器 $sCMOS_1$ 用于记录散射光与非散射光之间的干涉图像。利用空间光调制器对非散射光进行三次相位调制($0, 0.5\pi, \pi$)得到对应的相衬图像,最终利用相移再现算法可恢复样品定量的相位信息(如图 3-17(b)所示)。

该技术无需荧光标记就能够辨别活细胞内多种细胞器的精细结构,如内质网网络结构、线粒体等。SLM 上相移环的设计,用于同时对物光零频和低频分量进行调制(作为参考光),可以在相衬图像中凸显亚细胞器的结构(不受细胞本身轮廓相位的影响)。这是因为细胞器的结构较小,在频谱中它们将以高频分量来出现。在高稳定成像的同时,利用环状多角度同步照明来收集样品更多的频谱信息,获得了 270 nm 的横向分辨率。此外,该技术的时间分辨率为 250 Hz,能够对活细胞内多种细胞器的复杂运动进行捕捉。通过将 UO-QPM 和荧光显微成像光路组合在一起(如图 3-17(a)所示),可以实现相位/荧光双模式成像,为同一样品提供结构/功能等互补信息。

UO-PQM 可用于对活体细胞内的线粒体进行定量相位成像。通过改变环状相位掩膜板的相位,在物光零频和高频分量之间依次引入相移量 0、$\pi/2$、π、$3\pi/2$,获得的四幅相移干涉图样如图 3-18(a)所示。这里相移量为 0 的强度图像(对应于传统显微镜成像结果)中无法看到线粒体的图像,而在相移量为 $\pi/2$ 和 $3\pi/2$ 的图像中可以清晰地看到线粒体的相衬图像,这是因为线粒体的折射率比周围介质的折射率高,因此在相衬图像中呈现出高衬度。利用公式(3-6)~(3-12)可以获得线粒体的定量的相位分布,如图 3-18(b)所示。此外,Z.Wang 等

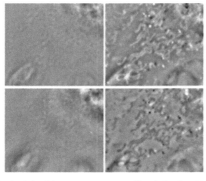
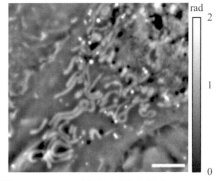

(a) 相移量分别为 0、$\pi/2$、π、$3\pi/2$ 的四幅相移干涉图样　　　(b) 再现的定量相位图像

图 3-18　UO-QPM 对线粒体的显微成像结果

人[54]利用类似技术在无需物理接触或者染色的前提下获得了生物神经细胞结构的定量相位信息。基于扭曲向列液晶(Spatial Light Modulator,SLM)的空间光干涉显微(SLIM)成像技术[56]能够在相位调制和幅值调制之间相互切换,不仅解决了衍射效率低和色散强的问题,而且具有较高的横向分辨率。此外,基于机器学习的SLIM[57]能够根据组织内的光程差分布定量评估细胞癌变的信息,实现对乳腺癌组织的无标记成像。目前,该方法仅应用于二维薄样品的量化相位成像,对三维厚样品的高对比度、高分辨率以及三维层析成像将是该技术未来的重要发展方向。

3.2.4 基于多点离轴照明的定量相衬显微

当采用基于环状光源照明的定量相衬显微技术对一台阶状样品进行成像时,台阶的周围会出现一个环状"光晕"。这是因为采用环状照明光时,物光频谱的低频分量分布在同一个环上,一部分高频分量也分布在同一环上。利用相位板或空间光调制器改变该环状区域的相位时,也错误地改变了高频分量的相位。为了克服这一缺点,P.Gao等人[41]提出了基于多点离轴照明的定量相衬显微技术,实现了对微小物体振幅和相位的定量测量。

如图3-19所示,实验中利用锥镜来产生环状照明光束,该光束在频谱面上对应一个锐利的圆环,同时利用一个旋转散射体使环上的每一点互不相干。利用振幅掩膜板选择该圆环上均匀分布的24个点作为新的照明光源。这些点光源被透镜准直成平行光后以不同的入射方向照明样品。不同照明光对应的物光在频谱面上彼此分开,它们的零频分量均匀分布在一圆环上,高频分量围绕在零频分量周围。为了改变物光零频分量的相位,将相位掩膜板放置于物光的

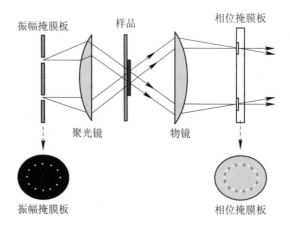

图3-19 改进后的 Zernike 相衬成像光路示意图

频谱面上。掩膜板上分布有不同厚度的三组点状相位台阶，它们交替地分布在环状光源对应的圆环上，每组相位台阶恰好可以覆盖24个零频分量。旋转相位板使这三组相位台阶依次覆盖24个零频分量，从而在零频和高频之间实现不同程度的相移。最后，利用传统相移干涉的再现方法，可以从三组相衬干涉图中再现出被测样品的振幅和相位分布。

实验采用微透镜阵列作为待测样品，每次以5°为间隔旋转相位掩膜板，相移量相应地改变为0、−π/2、π/2，采集到对应的三幅相衬图像如图3−20(a)所示。利用再现方法对这些相衬图像进行再现，得到被测微透镜阵列的相位分布，如图3−20(b)所示。该方法保留了传统Zernike相衬成像相干噪声小、抗振动性好以及横向分辨率高等多个优点。基于多点离轴照明的定量相衬显微通过利用多点源产生的离轴照明和点状相位掩膜板克服了传统Zernike相衬成像（采用环状照明和环状相位延迟器）的光晕效应。然而，该方法利用机械旋转相位板来实现相移操作，不利于动态样品的实时量化相位成像。在今后的研究中，利用SLM代替点状相位掩膜板，将以几十到几百帧/秒的速度实现高分辨、低噪声、动态相位测量。

(a) 相移量分别为0、−π/2、π/2的相衬图样

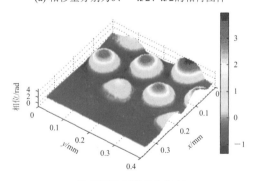

(b) 重建的三维相位分布

图3−20 基于多点离轴照明的定量相衬显微对微透镜阵列的成像结果[41]

本 章 小 结

定量相位显微通过获得物光波的振幅和相位信息，为微观样品的三维形貌或折射率分布提供了一种高分辨、快速、无损测量手段。然而，定量相位显微技术容易受到环境扰动的影响。利用物参共路和单光束相位成像两种光路可以克服环境扰动对相位成像的影响：① 物参共路可改善装置的稳定性，成像过程中物光和参考光经历完全相同的路径到达探测器表面并产生干涉图样，由于环境扰动对物光和参考光具有完全相同的作用，因此不会影响两者之间的光程差；② 单光束相位成像可改善装置稳定性，该成像方法通过记录物光本身（无须引入额外的参考光）的全息图实现相位成像，因此在简化实验光路的同时还增强了装置的抗干扰能力。

整体而言，上述两种定量相位成像技术各有优点和缺点。在相位重建精度方面，相比于单光束定量相位显微技术，物参共路数字全息显微技术具有更高的相位恢复精度。然而，单光束定量相位显微技术具有结构简单、对光源相干性要求低等优点。未来，高稳定性定量相位显微技术将在工业检测、生命科学等研究领域中发挥越来越重要的作用。

参 考 文 献

[1] ZHANG J W, DAI S Q, MA C J, et al. A review of common-path off-axis digital holography: towards high stable optical instrument manufacturing. Light: Advanced Manufacturing, 2021(2):23.

[2] 郜鹏，温凯，孙雪莹,等. 定量相位显微中分辨率增强技术综述(特邀). 红外与激光工程，(2019)48: 0105002.

[3] POPESCU G, IKEDA T, GODA K, et al. Optical measurement of cell membrane tension. Phys. Rev. Lett., 2006 (97):218101.

[4] FIZEAU H. Recherches sur les modifications que subit la vitesse de la lumibre dans le verre sous l'influence de la chaleu. Ann. Chim. Phys., 1862 (66):429 − 482.

[5] GROOT P D. Phase-shift calibration errors in interferometers with spherical Fizeau cavities. Appl. Opt., 1995 (34):2856 − 2863.

[6] ZHU W, CHEN L, YANG Y, et al. Advanced simultaneous phase-shifting Fizeau interferometer. Opt. Laser Technol., 2019 (111):134 − 139.

[7]　ABDELSALAM D G，YAO B L，GAO P，et al. Single-shot parallel four-step phase shifting using on-axis Fizeau interferometry. Appl. Opt.，2012 (51):4891－4895.

[8]　MIRAU A H. Interferometer. US2612074，1952:1959－1930.

[9]　BHUSHAN B，WYANT J C，KOLIOPOULOS C L. Measurement of surface topography of magnetic tapes by Mirau interferometry. Appl. Opt.，1985 (24): 1489－1497.

[10]　MEHTA D S，SHARMA A，DUBEY V. Quantitative phase imaging of biological cells and tissues using singleshot white light interference microscopy and phase subtraction method for extended range of measurement. Proc. SIPE 9718，Conference on Quantitative Phase Imaging II (International Society for Optics and Photonics)，2016:971828.

[11]　POPESCU G，IKEDA T，DASARI R R，et al. Diffraction phase microscopy for quantifying cell structure and dynamics. Opt. Lett.，2006 (31):775－777.

[12]　AKONDI V，JEWEL A R，VOHNSEN B. Digital phase-shifting point diffraction interferometer. Opt. Lett.，2014 (39):1641－1644.

[13]　WANG D，XIE Z，WANG C，et al. Probe misalignment calibration in fiber point-diffraction interferometer. Opt. Express，2019 (27):34312－34322.

[14]　ZHUO K Q，WANG Y，WANG Y，et al. Partially Coherent Illumination Based Point-Diffraction Digital Holographic Microscopy Study Dynamics of Live Cells. Fron. Phys.，2021 (9): 796935.

[15]　ZHANG M，MA Y，WANG Y，et al. Polarization grating based on diffraction phase microscopy for quantitative phase imaging of paramecia. Opt. Express，2020 (28): 29775－29787.

[16]　SHAKED N T，ZHU Y，RINEHART M T，et al. Two-step-only phase-shifting interferometry with optimized detector bandwidth for microscopy of live cells. Opt. Express，2009 (17): 15585－15591.

[17]　GAO P，HARDER I，NERCISSIAN V，et al. Phase-shifting point-diffraction interferometry with common-path and in-line configuration for microscopy. Opt. Lett.，2010 (35): 712－714.

[18]　RONCHI V. On the Phase Grating Interferometer. Appl. Opt.，1965 (4): 1041－1042.

[19]　MICO V，ZALEVSKY Z，GARCIA J. Superresolved common-path phase-shifting digital inline holographic microscopy using a spatial light modulator.

Opt. Lett., 2012 (37):4988 – 4990.

[20] MICO V, FERREIRA C, ZALEVSKY Z, et al. Spatially-multiplexed interferometric microscopy (SMIM): converting a standard microscope into a holographic one. Opt. Express, 2014 (22): 14929 – 14943.

[21] PICAZO-BUENO J A, MICO V. Opposed-view spatially multiplexed interferometric microscopy. J. Opt., 2019 (21):035701,.

[22] MICO V, ZALEVSKY Z, GARCIA J. Superresolution optical system by common-path interferometry," Opt. Express, 2006 (14):5168 – 5177.

[23] GAO P, PEDRINI G, OSTEN W. Structured illumination for resolution enhancement and autofocusing in digital holographic microscopy. Opt. Lett., 2013 (38): 1328 – 1330.

[24] PLATT B C, SHACK R. History and principles of Shack-Hartmann wavefront sensingJ. Refract. Surg., 2001 (17): S573 – S577.

[25] RATIVA D, DE ARAUJO R E, GOMES A S, et al. Hartmann-Shack wavefront sensing for nonlinear materials characterization. Opt. Express, 2009 (17):22047 – 22053.

[26] RIMMER M P, WYANT J C. Evaluation of Large Aberrations Using a Lateral-Shear Interferometer Having Variable Shear. Appl. Opt., 1975 (14):142 – 150.

[27] LATYCHEVSKAIA T, FINK H W. Solution to the Twin Image Problem in Holography. Phys. Rev. Lett., 2007 (98):233901.

[28] ZHANG J, SUN J, CHEN Q, et al. Adaptive pixel-super-resolved lensfree in-line digital holography for wide-field on-chip microscopy. Sci. Rep., 2017 (7): 11777.

[29] WU Y, ZHANG Y, LUO W, et al. Demosaiced pixel super-resolution for multiplexed holographic color imaging. Sci. Rep., 2016 (6):28601.

[30] PEDRINI G, OSTEN W, ZHANG Y. Wave-front reconstruction from a sequence of interferograms recorded at different planes. Opt. Lett., 2005 (30): 833 – 835.

[31] BAO P, SITU G, PEDRINI G, et al. Lensless phase microscopy using phase retrieval with multiple illumination wavelengths. Appl. Opt., 2012 (51):5486 – 5494.

[32] FAULKNER H M L, RODENBURG J M. Movable Aperture Lensless Transmission Microscopy: A Novel Phase Retrieval Algorithm. Phys.

Rev. Lett., 2004 (93): 023903.

[33] RODENBURG J M, FAULKNER H M L. A phase retrieval algorithm for shifting illumination. Appl. Phys. Lett., 2004 (85): 4795 – 4797.

[34] ZHANG F, PEDRINI G, OSTEN W. Phase retrieval of arbitrary complex-valued fields through aperture-plane modulation. Phys. Rev. A, 2007 (75): 043805.

[35] LIU Y J, CHEN B, LI E R, et al. Phase retrieval in x-ray imaging based on using structured illumination. Phys. Rev. A, 2008 (78): 023817.

[36] GAO P, PEDRINI G, ZUO C, et al. Phase retrieval using spatially modulated illumination. Opt. Lett., 2014 (39):3615 – 3618.

[37] OU X, HORSTMEYER R, ZHENG G, et al. High numerical aperture Fourier ptychography: principle, implementation and characterization. Opt. Express, 2015 (23): 3472 – 3491.

[38] ZERNIKE F. Phase contrast, a new method for the microscopic observation of transparent objects part II. Physica, 1942 (9): 974 – 980.

[39] ZHENG J J, YAO B L, GAO P, et al. Phase contrast microscopy with fringe contrast adjustable by using grating-based phase-shifter. Opt. Express, 2012 (20):16077 – 16082.

[40] MAURER C, JESACHER A, BERNET S, et al. Phase contrast microscopy with full numerical aperture illumination. Opt. Express, 2008 (16): 19821 – 19829.

[41] GAO P, YAO B L, HARDER I, et al. Phase-shifting Zernike phase contrast microscopy for quantitative phase measurement. Opt. Lett., 2011 (36): 4305 – 4307.

[42] GABOR D. A new microscopic principle. Nature, 1948 (161): 777.

[43] LU R, YAN L, LIU S, et al. Iterative solution to twin image problem in in-line digital holography. Opt. Lasers Eng., 2013 (51):553 – 559.

[44] REVENSON Y, ZHANG Y B, GNAYDIN H, et al. Phase recovery and holographic image reconstruction using deep learning in neural networks. Light Sci. Appl., 2018 (7).

[45] RONG L, LI Y, LIU S, et al. Iterative solution to twin image problem in in-line digital holography. Opt. Lasers Eng., 2013 (51):553 – 559.

[46] GAUR C, MOHAN B, KHARE K. Sparsity-assisted solution to the twin image problem in phase retrieval. J. Opt. Soc. Am. A, 2015 (32):1922 – 1927.

[47] CHO C, CHOI B, KANG H, et al. Numerical twin image suppression by nonlinear segmentation mask in digital holography. Opt. Express, 2012 (20):22454 - 22464.

[48] ZHANG W, CAO L, BRADY D J, et al. Twin-Image-Free Holography: A Compressive Sensing Approach. Phys. Rev. Lett., 2018 (121):093902.

[49] POPESCU G, DEFLORES L P, VAUGHAN J C, et al. Fourier phase microscopy for investigation of biological structures and dynamics. Opt. Lett., 2004 (29): 2503 - 2505.

[50] WOLFLING S, LANZMANN E, ISRAELI M, et al. Spatial phase-shift interferometry—a wavefront analysis technique for three-dimensional topometry. J. Opt. Soc. Am. A, 2005 (22):2498 - 2509.

[51] NORTH-MORRIS M B, MILLERD J E, BROCK N J, et al. Phase-shifting multiwavelength dynamic interferometer. J Proceedings of SPIE,2004(5531):64 - 75.

[52] JENSEN M A, NORDIN G P. Finite-aperture wire grid polarizers. J. Opt. Soc. Am. A, 2000 17 ():2191 - 2198.

[53] Millerd J E, BROCK N J, HAYES J. Instantaneous phase-shift point-diffraction interferometer. Proc. SPIE 5531, Optical Science and Technology, the SPIE 49th Annual Meeting, the SPIE 49th Annual Meeting, Denver, Colorado, United States, 2004 (5531):264 - 272,.

[54] WANG Z, MILLET L, MIR M, et al. Spatial light interference microscopy (SLIM). Opt. Express, 2011 (19):1016 - 1026.

[55] MA Y, GUO S Y, PAN Y, et al. Quantitative phase microscopy with enhanced contrast and improved resolution through ultra-oblique illumination (UO-QPM). J. Biophotonics, 2019 (12): e201900011.

[56] NGUYEN T H, POPESCU G. Spatial Light Interference Microscopy (SLIM) using twisted-nematic liquid-crystal modulation. Biomed. Opt. Express, 2013 (4):1571 - 1583.

[57] MAJEED H, NGUYEN T H, KANDEL M E, et al. Label-free quantitative evaluation of breast tissue using Spatial Light Interference Microscopy (SLIM). Sci. Rep., 2018 (8):6875.

中国科学院院士 西安电子科技大学教授 郝跃

郝跃，中国科学院院士，在新型宽禁带半导体材料和器件等方面取得了系统性创新成果。郝跃院士提出："搞好科研应具备四个方面的条件：① 科学的氛围；② 民主的气氛；③ 科学的精神；④ 创新的欲望。"

同步相移数字全息显微

  同轴数字全息显微(DHM)中的物光和参考光沿相同方向传播(物光与参考光的夹角为零),充分利用了 CCD 的空间带宽积,可达到更高的空间分辨率。然而,同轴 DHM 需要通过相移操作来实现全息图中原级像、零级像和共轭像的分离。采用同步相移技术,可以通过单次曝光获得多幅相移干涉图样,从而实现实时、高分辨率的相位成像。

  本章首先介绍相移和同步相移的概念,然后着重介绍同步相移技术的实现方法(主要包括基于多 CCD 记录、像素掩膜、平行分光的同步相移技术),最后介绍同步相移数字全息在生物医学、流场测量、表面形貌测量、微纳器件检测等领域的应用。

4.1 同步相移的概念和基础理论

4.1.1 相移的概念和分类

  相移干涉是指在物光与参考光之间引入不同的相移量,从而形成与之对应的干涉图样,并利用相应的相移算法和数字再现算法从相移干涉图样中重构被测样品的振幅及相位分布。

  在数字全息中,假设到达 CCD 记录平面上的物光和参考光的复振幅分布分别为 $O(x,y)$ 和 $R(x,y)$,这里 (x,y) 表示空间坐标。物光和参考光在 CCD 记录平面发生干涉产生的相移全息图由 CCD 记录并存入计算机。其中,在记录过程中通常由参考光引入相移量 δ_n,这里 δ_n 表示第 n 次相移操作引入的相移量。

  第 $n(n=1,2,\cdots,N)$ 次相移全息图的强度分布可以表示为

$$I_n(x,y)=|O|^2+|R|^2+O^*R+OR^*$$

$$= |O|^2 + |R|^2 + OR^* \cdot \exp(\mathrm{i}\delta_n) + O^* R \cdot \exp(-\mathrm{i}\delta_n)$$

$$(4-1)$$

式中，$|O|^2 + |R|^2$ 为直流分量，$\varphi(x, y) = \varphi_0(x, y) - \varphi_{R0}(x, y)$ 表示物光和参考光的相位差。公式(4-1)中前两项为全息图的零级像，第三、四项分别为全息图的原级像和共轭像。

根据相移产生方式的不同，相移数字全息技术可以分为分步 PSDH 和同步 PSDH。

(1) 分步 PSDH：在时间序列上分步记录多幅相移干涉图，因而不适用于动态过程(如活体生物细胞的生长、分裂、死亡等生理过程)的实时测量。

(2) 同步(或瞬时)相移数字全息(Parallel PSDH，P-PSDH)：通过单次曝光便可在同一时间得到多幅具有不同相移量的干涉图样，以实现对样品动态过程的实时、精确测量。

分步相移的优势在于系统结构简单，却无法对快速变化的动态过程进行实时观测。同步相移技术可利用多个 CCD 相机进行同步记录，也可将一个 CCD 相机的靶面分割成多个部分，在单次曝光下对多幅不同相移量的干涉图进行同时记录，其缺点是结构复杂，会损失部分成像视场/空间分辨率。

4.1.2 偏振相移的基础理论

大多数 P-PSDH 系统都需要利用分光器件对物光和参考光进行分光，然后利用偏振相移技术在物光和参考光之间引入相移，最终获取一组不同相移量的干涉图样。

偏振相移是指通过改变光波的偏振态来改变光波相位，从而实现相移。偏振相移的原理如图 4-1 所示，当物光和参考光为正交的圆偏振态时，在物光和参考光上旋转一偏振片，即可达到在两光束之间引入相移的目的[1]。

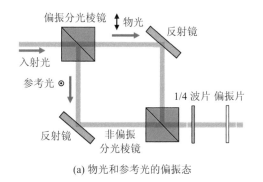

(a) 物光和参考光的偏振态

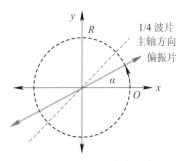

(b) 偏振片和1/4波片的角度关系

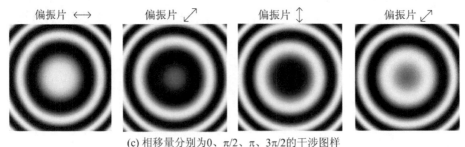

偏振片 ⟷　　　偏振片 ↗　　　偏振片 ↕　　　偏振片 ↗

(c) 相移量分别为0、π/2、π、3π/2的干涉图样

图 4-1　偏振相移原理

当物光和参考光为正交的圆偏振光时，利用琼斯矩阵可表示为

$$O(x, y) = A_O \exp(\mathrm{i}\varphi_O) \begin{bmatrix} \mathrm{i} \\ 1 \end{bmatrix}$$

$$R(x, y) = A_R \exp(\mathrm{i}\varphi_R) \begin{bmatrix} 1 \\ \mathrm{i} \end{bmatrix} \tag{4-2}$$

式中，$A_O(x, y)$、$A_R(x, y)$ 表示物光和参考光在记录平面上的振幅分布，$\varphi_O(x, y)$、$\varphi_R(x, y)$ 表示物光和参考光在记录平面上的相位分布。物光和参考光经过一个透振方向与水平方向成 α 角度的线性偏振片 P 之后变为偏振方向相同的线偏振光，此时的物光和参考光表达式为

$$\begin{cases} O''(x, y) = T_P \cdot O = \dfrac{\sqrt{2}}{2} A_O \exp\left[\mathrm{i}\left(\varphi_O - \alpha + \dfrac{\pi}{4}\right)\right] \begin{bmatrix} \cos\alpha \\ \sin\alpha \end{bmatrix} \\ R''(x, y) = T_P \cdot R = \dfrac{\sqrt{2}}{2} A_R \exp\left[\mathrm{i}\left(\varphi_R + \alpha - \dfrac{\pi}{4}\right)\right] \begin{bmatrix} \cos\alpha \\ \sin\alpha \end{bmatrix} \end{cases} \tag{4-3}$$

其中，$T_P = \begin{bmatrix} \cos^2\alpha & \sin\alpha\cos\alpha \\ \sin\alpha\cos\alpha & \sin^2\alpha \end{bmatrix}$ 是透振方向与水平方向呈 α 角度的偏振片对应的琼斯矩阵。此时，经过偏振片后偏振方向相同的物光和参考光在 CCD 记录平面发生干涉，由 CCD 记录的干涉图样的强度分布为

$$\begin{aligned} I(x, y) &= (O'' + R'')^T \cdot (O'' + R'') \\ &= \frac{1}{2}\left[A_O^2 + A_R^2 - 2A_O A_R \sin(\varphi_O - \varphi_R - 2\alpha)\right] \\ &= \frac{1}{2}\left[A_O^2 + A_R^2 - 2A_O A_R \sin(\varphi - 2\alpha)\right] \end{aligned} \tag{4-4}$$

其中，$\varphi(x, y) = \varphi_O(x, y) - \varphi_R(x, y)$ 表示物光和参考光之间的相位差。由此可见，通过旋转偏振片即改变 α 的值，可以得到不同相移量的干涉图样。

4.2　同步相移技术

如何实现分光和相移是 P-PSDH 系统的关键所在。根据不同的分光和相移策略，P-PSDH 技术可分为基于多 CCD 记录的同步相移技术、基于像素掩膜的同步相移技术、基于平行分光的同步相移技术。

下面分别对三种方法展开介绍。

4.2.1　基于多 CCD 记录的同步相移技术

基于多 CCD 记录的同步相移技术是指将物光和参考光分成沿不同路径传播的多组光束，利用多个 CCD 同时曝光并分别记录具有不同相移量的相移干涉图。该方法以 R.Smythe[2]、C.L.Koliopoulos[3] 和 N.R.Sivakumar[4] 等人的工作为代表。如图 4-2 所示，在基于多 CCD 记录同步相移模块的同步相移干涉装置中，物光和参考光经过三块偏振分光棱镜的反射和透射之后，最终被分为强度相等的四部分光束。分光之后，在每一路光束中都有一个 CCD 用于接收最后的干涉图样，且为了保证四幅干涉图样的相移均满足要求，可在每个 CCD 前

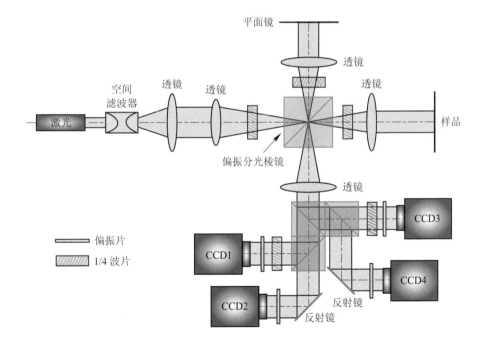

图 4-2　基于多 CCD 记录同步相移模块的同步相移干涉装置[4]

都加入一个由 1/4 波片和偏振片组成的偏振相移单元，通过设置 1/4 波片的主轴方向和偏振片的透振方向进而引入相移，最终四个 CCD 将同时记录具有不同相移量的四幅同步相移干涉图样。

　　N.R.Sivakumar 等人将 CCD 记录的同步相移技术用于泰曼-格林干涉仪。如图 4-2 所示，从波长为 632 nm 的氦氖激光器光源发出的激光束经扩束准直之后被偏振分光棱镜所分光。其中，透射光被样品反射后成为带有样品信息的物光；反射光被一参考镜面反射形成不带有样品信息的参考光。物光和参考光经过偏振分光棱镜合束之后变为传播方向相同但偏振方向相互垂直的光波，经过透镜准直之后进入基于多 CCD 记录的同步相移模块，进而实现同步相移与相移全息图的记录。此外，A.Safrani 等人[5]在基于偏振的 Linnik 干涉仪的基础上构建了一种超高速、实时、高分辨率的相移干涉系统，系统中使用了三个同步 CCD 探测器对干涉图样进行记录，每个 CCD 上都配备有精密的消色差相位掩膜，可以同时获取相移量为 π/2 的干涉图样进而实现实时的三维形貌学测量。因为系统中采用的是非相干光源，所以相移干涉图样不会受到散斑噪声的影响。

　　基于多 CCD 的同步相移模块中使用胶合的分光棱镜作为分光器件，空气扰动和环境振动同时影响三块棱镜，且通过分光结构的出射光之间没有光程差，光强相等。该方法具有无机械相移单元、相移精度高、分辨率高等优势。此外，该方法所得干涉图样的大小与 CCD 靶面相同，因此可以得到较大的观测视场。然而，该方法也存在一些弊端：① 系统结构复杂、体积大、成本高；② 要求各个 CCD 的光电性能具有高度一致性，同时还需要较为复杂的控制系统以实现多个 CCD 的同步曝光，不易普及。

4.2.2　基于像素掩膜的同步相移技术

　　所谓像素掩膜板分隔法[6-8]，是将特殊制作的掩膜板覆盖在 CCD 的记录平面上，从而使其每个像素都记录有不同的相移量，随后对记录的整个干涉图样进行重新抽样和组合，形成多幅相移量不同的干涉图样。该方法的关键在于设计一个像素化的掩膜板，且保证掩膜板上每一个像素点都具有固定的相移值。如图 4-3 所示，掩膜板上四个相邻的小正方形可以看作一个相移单元，这四个相邻的小正方形上被设置了四个不同偏振方向的偏振片。当物光和参考光为正交圆偏振时每个像素上产生不同的相移量，详见 4.1.2 节。由于每个小方格与 CCD 的像素在空间尺度上一一对应，因此可充分利用 CCD 的视场。采集一张图片之后提取图片中具有相同相移量的像素单元，然后通过线性插值等方法对其进行重建，最终可拼接成一张图片。这样由一张采集到的原始图像便可以获得四张具有不同相移量的干涉图样。基于像素掩膜的同步相移技术对于像素掩膜板的设计工艺要求比较高，且由一张原始图像获得了四张拼接图像，因而拼接后的干涉图样的空间分辨率仅为原始图像的四分之一[9]。

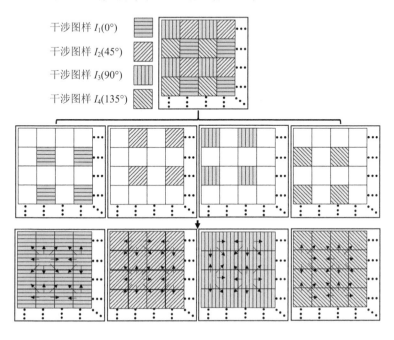

干涉图样 I_1(0°)
干涉图样 I_2(45°)
干涉图样 I_3(90°)
干涉图样 I_4(135°)

图 4-3 基于像素掩膜的同步相移原理[10]

2003 年 J.E.Millerd 等人[12]提出了一种同步相移干涉技术，在该技术中首先将偏振方向相互正交的物光和参考光分成四束，再利用他们所设计的由四个双折射相位延迟器组成的相位掩膜板在每束光中分别产生 0、$\pi/2$、π、$3\pi/2$ 的附加相位差，然后利用一种特殊的全息光学元件对干涉图进行分割并由 CCD 同时接收到了四幅相移干涉图像。随后他们对该技术进行了改进，将系统中的全息相位掩膜板替换为像素级微偏振相移阵列[6,11]，放置于像面前与像面像素一一对应，基于像素掩膜同步相移模块分别构建了 Twyman-Green 动态干涉仪和 Fizeau 动态干涉仪。其中，Twyman-Green 动态干涉仪的实现光路如图 4-4 所示，基于该干涉仪在低温条件下对镜子表面形貌进行了测量，结果显示装置具有极高的稳定性与准确性，且对振动不敏感。S.Yoneyama 等人[13]在此基础上利用另一种微位相延迟阵列实现了对单个像素的相位延迟，同样以四个单元为一组使相应的主轴方向依次改变，从而引入 $\pi/2$ 的相位差，最终实现了单次曝光情况下的四幅全息图的记录。在这种基于像素掩膜的方法中，阵列设备的单元大小必须与图像传感器的像素大小相同，以确保参考波的相位分布在邻近像素上周期性变化。2017 年 S.Jiao 等人[14] 提出了一种基于图像修复技术的同步相移全息图插值方案，通过图像修复技术来恢复相移全息图中缺失的像素，进而允许低分辨率相移阵列设备与高分辨率图像传感器联合使用，突破了图像传感器尺寸和相移阵列设备尺寸必须相同的限制。将同步相移技术应用于非相干数字全息中，可以在不需要衍射光波的情况下获得瞬时的三维物体图像，同时使用非相干光源可以有效地抑制散斑噪声。T.Tahara 等人[15] 提出了一种利用 LED 非相干光照明的基于光波空间复用和偏振掩膜的 P-PSDH 技术，以此分别搭建了透射式和反射式实验光路，并采用紧凑的单光路同步相移装置实现了对非相干全息图的捕获。最近 D.Liang 等人[10] 基于几何相位透镜和偏振成像相机提出了一种简单、紧凑、可实现单次曝光来记录多幅全息图与三维成像的菲涅耳非相干数字全息成像系统。系统中采用 LED 非相干光作为光源，利用与空间光调制器具有相同功能的几何相位透镜将物光分为两束，从而使得装置更加简单与经济；将偏振成像相机与微偏振器阵列直接结合到传感器上，使得整个装置更加紧凑。实验结果表明，在非相干数字全息中应用同步相移技术可以消除零级像和孪生像的干扰，进而实现更加精确的相位重建。

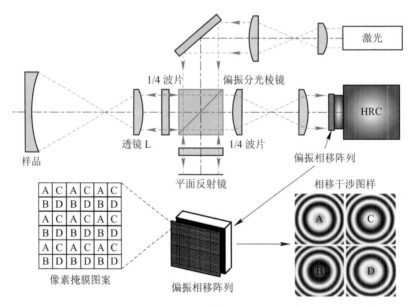

图 4-4　同步相移 Twyman-Green 动态干涉仪[6, 11]

4.2.3　基于平行分光的同步相移技术

　　基于平行分光法的同步相移技术[16, 17] 是指利用分光元件，如分光棱镜[18, 19]、光栅[20-23]及沃拉斯顿棱镜[24]等,将光束分为多份,然后基于偏振相移或衍射相移原理在CCD记录平面的不同位置得到多幅具有不同相移量的相移干涉图样。国内外众多科研单位在基于平行分光的同步相移技术方面开展了大量工作。

1. 基于分光棱镜的同步相移模块

分光棱镜作为一种简单且实用的光学元件在光学各个领域中得到了广泛应用[23, 25, 26]。基于分光棱镜的同步相移模块如图4-5(a)所示,偏振方向相互垂直的物光和参考光同时入射到45°放置的非偏振分光棱镜BS上,BS的分光层与光轴方向相互平行。此时,物光和参考光一起被分光层所反射和折射,分成相互平行的两束光分别从分光棱镜的上半部分和下半部分平行出射。实验中发现物光和参考光在分光棱镜BS的分光层上的反射率和透射率与其偏振方向有关,导致在反射光束中,物光的强度远大于参考光强度,而在透射光束中则相反。因此,为了在反射光束和透射光束中得到两幅高对比度的同步相移干涉图,分别在反射光束和透射光束中放置了一个1/4波片和半波片,然后再经过偏振片实现同步相移,如图4-5(a)(b)所示。其中,1/4波片的两个主轴方向分别与物光偏振方向成0°和90°角,其作用是在反射光束的物光和参考光之间引入$\pi/2$的相位差;HW的两个主轴方向分别与物光偏振方向成±45°角,其作用是将透射光中物光和参考光的偏振方向同时旋转90°。这样在透射光和反射光中,光强大的光束和光强小的光束分别具有相同的偏振方向,进而可以通过调整偏振片的同时调节两幅干涉图样的条纹对比度。基于分光棱镜的同步相移模块具有以下优点:① 结构简单,平行分光仅通过非偏振分光棱镜一个元件即可实现;② 稳定性高,物光和参考光沿相同路径传播,环境振动和空气扰动对其影响相同,装置抗干扰能力强;③ 光能利用率高,可达100%。

P.Gao等人基于上述分光棱镜同步相移模块分别构建了物参分离[18]和物参共路[19]的同轴记录同步相移DHM光路,通过一次曝光获得了两幅同步相移干涉图样,并以相位台阶为实验样品结合改进的两步相移算法进行了相位重建。

H.Bai等人对图4-5(a)所示的原理进行了改进,利用偏振分光棱镜代替图4-5(a)中的非偏振分光棱镜,继而提出了一种如图4-5(c)所示的同步正交同轴相移干涉装置[27]。该干涉仪在迈克尔逊光路结构上进行搭建,两个反射镜尽可能接近BS放置,以实现共光路干涉特性,保持高稳定性。两个透镜紧挨着BS构成一个标准4f系统。在参考光中反射镜M_1前面放置一针孔对物光进行针孔滤波,以形成不带有样品信息的参考光。针孔直径(d_p)满足$d_p < 1.22\lambda f/D$,D为CCD相机的光圈大小。同时,该光路利用一个偏振分光棱镜来实现同步

相移干涉，偏振分光棱镜的使用使得其后不再需要加入由 1/4 波片和偏振片组成的偏振相移模块。45°线性偏振的物光被分成两个分量后没有相移，而圆偏振的参考光的两个分量之间将会产生一个 $\pi/2$ 的相移，因此在 CCD 记录平面上可以同时接收两幅相移量为 $\pi/2$ 的相移干涉图样。最后通过对相位板和酒精滴的相位测量与重建验证了装置的准确性与稳定性，表明该方法可用于动态过程的定量相位成像，具有时间分辨率高、稳定性好、重复性好、设置简单、充分利用相机空间带宽积等优点。

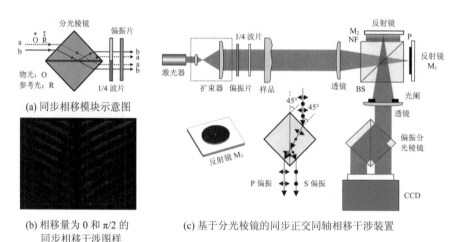

(a) 同步相移模块示意图

(b) 相移量为 0 和 $\pi/2$ 的
同步相移干涉图样

(c) 基于分光棱镜的同步正交同轴相移干涉装置

图 4-5 基于分光棱镜的同步相移模块及成像系统[18, 27]

2. 基于光栅衍射的同步相移模块

光栅对于入射光具有衍射作用，可将入射光沿着不同衍射级的方向分成多个光束。根据光栅所处位置的不同，基于光栅衍射的同步相移模块可以分为两种：基于光栅在频谱面衍射分光的同步相移模块和基于光栅在空间域衍射分光的同步相移模块，分别如图 4-6 所示。

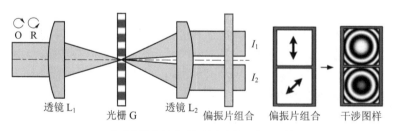

(a) 基于光栅在频谱面衍射分光的同步相移模块

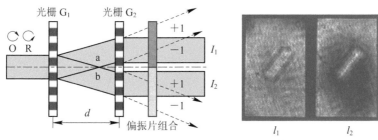

(b) 基于光栅在空间域衍射分光的同步相移模块

图 4-6 基于光栅衍射的同步相移模块[28]

1）基于光栅在频谱面分光的同步相移模块

如图 4-6(a)所示，光栅被放置于由透镜 L_1 和 L_2 组成的共焦系统的频谱面上，当正交圆偏振的物光和参考光合束经过由 L_1 和 L_2 组成的共焦系统时，该光栅将入射光频谱沿着不同的衍射级方向分为两份，再经透镜 L_2 的逆傅里叶变换之后变成沿光轴方向传播的平行光束，两者之间具有一定的横向位移。根据偏振原理，在平行光束上放置由不同偏振方向的偏振片组成的偏振片组合，便可以得到具有不同相移量的同步相移干涉图样。

G.R.Zurita 和 C.M.Fabian 等人[20,21,29]在该同步相移技术方面开展了大量工作，利用相位光栅的衍射特性，在单次曝光条件下实现了多幅相移干涉图样的记录并通过相对应的相移算法进行了相位重建。T.Kiire 等人[30]基于偏振棱镜、衍射光栅以及双波长激光器提出了一种新型的单次曝光双波长正交相移干涉仪，该干涉仪可同时获得四幅相移干涉图，实现对运动物体的实时测量。T.D.Yang 等人[31]将一个二维衍射光栅放置在标准共轴全息相位显微系统检测光路的傅里叶平面上，提出了一种 P-PSDH 装置，如图 4-7 所示，二维光栅

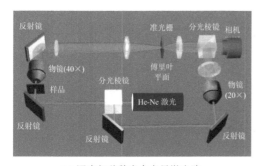

(a) 同步相移数字全息显微光路

(b) 获得的四幅相移干涉图样

图 4-7　基于光栅在频谱面上衍射分光的 P-PSDH[31]

用于在相机记录面上产生多份完全相同的样品图像，根据不同的衍射级次，以不同的整体相移对这些相同的样品图像进行空间分离，使得相机平面上可以同时记录四幅相移干涉图样，通过控制光栅的横向位置可以调整叠加在不同衍射级样品图像上的整体相位，然后通过标准的四步相移算法即可再现出被测样品的相位信息。该技术利用同轴全息较高的采样容量，可以在不影响成像采集速度的前提下，将成像信息密度提高3倍。该装置对聚苯乙烯小球、活的癌细胞等样品进行了定量相位成像与测量，具有较高的准确性，可以在有效利用成像传感器视场的同时促进透明样本快速动力学的精确量化。

2) 基于光栅在空间域衍射分光的同步相移模块[28,32,33]

如图4-6(b)所示，两个完全相同的、光栅矢量方向相互平行的相位光栅 G_1、G_2垂直于光轴方向放置于光路之中。正交圆偏振的物光和参考光经过光栅 G_1之后被分成沿着不同衍射级方向传播的多束衍射光。朗奇光栅的±1级衍射效率均为42.5%，这里仅考虑±1级衍射光（记为 a、b）。a 和 b 的传播方向与光轴之间存在一定夹角，在经过光栅的衍射之后，光束 a 的−1级衍射光和光束 b 的+1级衍射光重新沿光轴方向传播，通过调节两个光栅之间的距离 d 可以进一步调节两平行光束之间的距离。因为光栅衍射不改变入射光的偏振态，所以两平行光束中的物光和参考光仍然是正交圆偏振的。根据偏振原理，两束平行光经过由两个偏振方向与水平方向分别成 α 和 β 角的偏振片组成的偏振片组合后，每束光中的物光和参考光变为具有相同偏振方向的线偏振光，两者之间的相移量为 $2(\alpha-\beta)$。具体而言，当偏振片组合中的两个偏振片的偏振方向成45°角时便可以得到两幅相移量为 $\pi/2$ 的同步相移干涉图样。基于该同步相移模块，P.Gao等人[28]构建了如图4-8所示的同步相移干涉显微装置，并基于

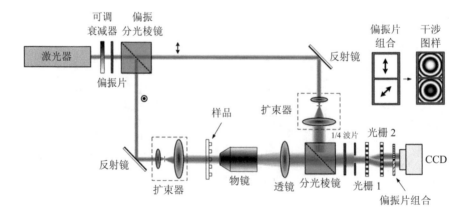

图4-8 基于一对光栅的同步相移干涉显微装置[28]

此实现了轻离轴数字全息显微与同轴数字全息显微。该方法具有装置简单以及相移全息图之间横向距离可调节等优势。

3. 基于迈克尔逊光路的同步相移模块

基于迈克尔逊光路的同步相移模块[34]如图 4-9(a)所示：正交偏振的物光 O 和参考光 R 入射到同步相移模块中，被其中的非偏振分光棱镜反射和透射，且反射光和透射光中均包含正交偏振的物光和参考光。在透镜 1 的焦点 S_1、S_2 处分别放置一个反射镜 1 和反射镜 2，其法线方向与光轴方向存在一定夹角，反射光和透射光分别被反射镜 1 和反射镜 2 反射。如图 4-9(a)所示，S_2 的镜像点 S_2' 与 S_1 重合，所以出射的两束光都可以看作是从点 S_1 发出的，两束光的出射方向取决于反射镜法线与光轴的夹角。假设反射镜 1 和反射镜 2 的法线与光轴间的夹角分别为 $\alpha/2$、$\beta/2$，则在透镜 1 的焦平面上，反射光束和透射光束的频谱函数分别表示为

$$\begin{cases} G_r(\xi,\ \eta)=\text{FT}\{O+R\}\exp\left(-\dfrac{\mathrm{i}2\pi\xi\ \sin\alpha}{\lambda}\right) \\ G_t(\xi,\ \eta)=\text{FT}\{O+R\}\exp\left(\dfrac{\mathrm{i}2\pi\eta\ \sin\beta}{\lambda}\right) \end{cases} \tag{4-5}$$

其中，$G_r(\xi,\ \eta)$、$G_t(\xi,\ \eta)$ 分别表示反射光束和透射光束的频谱函数，$\text{FT}\{O+R\}$ 表示物光和参考光的傅里叶变换，$(\xi,\ \eta)$ 表示频谱面上的坐标。

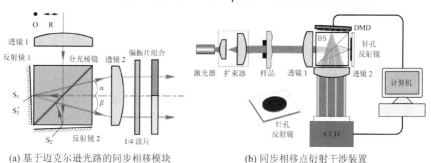

(a) 基于迈克尔逊光路的同步相移模块   (b) 同步相移点衍射干涉装置

图 4-9 基于迈克尔逊结构的同步相移模块及成像系统[35]

透镜 1 和透镜 2 组成共焦系统，这两个透镜的焦点均位于点 S_1 处，当出射光经过透镜 2 的逆傅里叶变换之后其复振幅分布可用如下公式表示：

$$U_r(x,\ y)=O(x+f\sin\alpha,\ y)+R(x+f\sin\alpha,\ y)$$

$$U_t(x,\ y)=O(x-f\sin\beta,\ y)+R(x-f\sin\beta,\ y) \tag{4-6}$$

其中，f 为透镜 2 的焦距。通过公式(4-6)可以得到出射的两束光与光轴间的距离分别为 $d_1=f\sin\alpha$、$d_2=f\sin\beta$，则两出射光束之间的距离为 $d=f(\sin\alpha+$

$\sin\beta$)。可见光束与光轴间的偏移量主要取决于透镜 2 的焦距和反射角 α、β，而通过调节两个反射镜的方向即改变 α、β 便可以调节两出射光束之间的距离，且出射光束中物光和参考光仍然是正交偏振的线偏振光。根据偏振相移原理，当两束光经过透镜 2 后放置的 1/4 波片和 Polarizer-array（由两个透振方向成 45°的偏振片组成的偏振片组合）之后可以得到两幅相移量为 $\pi/2$ 的同步相移干涉图样。

基于迈克尔逊光路的同步相移模块具有如下优点：

（1）干涉图样之间的距离可通过调节反射角进行调节；

（2）成本较低，同步相移装置不需要特殊定制的光学元件。

H.Bai 等人在改进的迈克尔逊光路结构基础上，提出了两种分别基于反射式朗奇光栅[36]和数字微镜器件（Digital Micromirror Device，DMD）[35]的同步相移干涉显微装置。后者采用 DMD 代替反射式朗奇光栅实现了平行分光，构建了同步相移模块，如图 4-9(b)所示。从氦氖激光器出射的激光束经扩束器 BE 扩束准直之后照射样品，经过样品之后的物光波被分光棱镜反射和透射后分成两束并分别被用作物光和参考光，焦距相同的透镜 1 和透镜 2 对物光进行傅里叶变换和逆变换。在透射光和反射光的焦面上分别放置一个直径为 d_p 的针孔反射镜和一个 DMD。透射光经过针孔的低通滤波之后不再含有样品信息，被用作参考光。参考光经针孔反射镜的反射和透镜 2 的傅里叶变换之后到达输出平面。反射光被 DMD 反射并衍射为沿着多个衍射级方向传播的光束，每个衍射级光束都包含着样品全部信息，因此被用作物光。透镜 2 只对 0 级和 ±1 级衍射光做傅里叶变换而阻挡其他衍射级的光，当反射镜上的针孔直径满足 $d_p<1.22\lambda f/D$ 时才能保证参考光完全覆盖 DMD 的三个衍射光束。放置在输出面的 CCD 相机通过一次曝光可同时接收三幅相移干涉图样。值得注意的是，为了实现共光路的几何特性，DMD 和针孔反射镜要尽可能地靠近分光棱镜。此外，N.I.T.Arellano 等人[37,38]提出的基于两个改进的迈克尔逊结构的同步相移干涉装置，不需使用衍射光栅或微偏振器阵列等特殊元件来产生多个干涉图。该装置通过移动和倾斜反射镜来调整干涉图的位置，同时简化了处理光学相位所需步骤，利用该装置可对薄膜、微结构、透明微结构或透明组织的形变等进行定量测量。

4.3 同步相移数字全息技术的应用

如前所述，同步相移技术通过单次曝光便可以在同一时间得到多幅具有不同相移量的干涉图样，可以快速对样品的动态过程进行精确监测。相比于离轴数字全息，该技术具有更高的相位测量精度、更高的空间分辨率、较低的噪声水平等优点。近年来，同步相移数字全息技术被广泛应用于诸多领域，由于篇幅有限,接下来将分别介绍 P‐PSDH 在生物医学、流场测量、表面形貌测量、微纳器件检测等领域的应用。

4.3.1 在生物医学领域的应用

P‐PSDH 作为一种快速、无损非接触、高分辨率的测量手段,在生物医学领域应用广泛,主要用于对细胞动力学及形态学变化等的可视化研究,为探索生命现象的微观机制、促进生命科学及医疗科学等领域的发展提供了技术支撑。例如,红细胞是哺乳动物血液中最多的一种血细胞,也是脊椎动物体内通过血液运送氧气的最主要媒介,同时还具有免疫功能,有利于糖尿病、心血管疾病、帕金森氏病等病理的研究。因此对红细胞形态学和动力学的研究对于揭示生命机制、探索疾病机理等有着非常重要的意义。A.M.Pérez 等人[39] 提出一种基于迈克尔逊结构和分光棱镜的同步相移马赫-曾德尔干涉仪,如图 4‐10(a)所示。利用该装置,相机通过一次曝光可以同时记录相移量依次为 0、$\pi/2$、π、$3\pi/2$ 的四幅相移干涉图样,然后通过四步相移算法即可再现出样品的相位分布。基于该装置对血红细胞、伪蝎腿等样品进行了测量与相位再现,图 4‐10(b)为红细胞样品的干涉图样及光程差(OPD)分布再现结果,经计算得到平均厚度为 $3.2~\mu m$。从图中可以清晰地看到红细胞的形态特征,而形态特征是生物医学领域诊断疾病非常重要的参数,这表明该装置在生物医学领域有着较大的应用潜力。此外,该装置不要求任何数字补偿,亦没有使用微偏振阵列或衍射元件实现光束复制,实现原理相对简单。

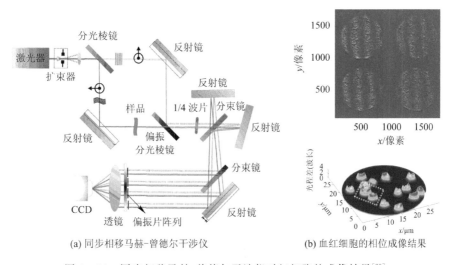

(a) 同步相移马赫-曾德尔干涉仪   (b) 血红细胞的相位成像结果

图 4‐10 同步相移马赫-曾德尔干涉仪对红细胞的成像结果[39]

除此之外，V.H.F.Muñoz 等人[40]提出了一种基于偏振环路干涉仪的测量系统，在输出端通过一个非偏振分光棱镜可同时产生两幅相移量为 π/2 的相移干涉图样，通过计算红细胞产生的光程差来测量其三维相位剖面，从而实现了对其形态的检测。T.Tahara 等人[41]提出了一种基于像素掩膜和高速偏振成像相机的P‐PSDH，并通过对植物鳞毛的成像验证了方法的有效性，此外还对处于水中不同深度的水蚤进行了高速成像(150 000 帧/秒)[42]，实验结果表明 P‐PSDH可以通过提高帧率来实现高速三维结构的测量，显示出该方法对动态样品的三维跟踪成像能力。

4.3.2　在流场测量领域的应用

样品中分子密度分布会影响其折射率分布，反言之，通过测量样品的折射率可以对样品中的分子密度进行预测。当一光波穿过样品时，样品中折射率分布的不均匀性会引起光程差的变化。因此，通过 P‐PSDH 对样品的折射率分布进行定量测量，可以测定流场或粒子场的密度分布。J.Millerd 等人[6, 11]利用数字全息技术，并通过在 CCD 前加入图 4‐11(a)所示的像素化偏振掩膜板构建了同步相移干涉显微装置，利用该装置对一束热气流的密度分布进行了测量[43]。在 CCD 一次曝光的情况下得到的四幅同步相移干涉图样如图 4‐11(b)所示，然后通过公式(4‐7)便可再现得到热气流的相位分布(见图 4‐11(c))。

$$\varphi(x, y) = \arctan\left(\frac{I_{0°} - I_{180°}}{I_{90°} - I_{270°}}\right) \qquad (4-7)$$

其中，$I_{0°}$、$I_{90°}$、$I_{180°}$、$I_{270°}$分别表示四幅具有不同相移量的干涉图样。通过该相位分布可以计算得到该热气流的气体密度分布，进而实现定量测量。

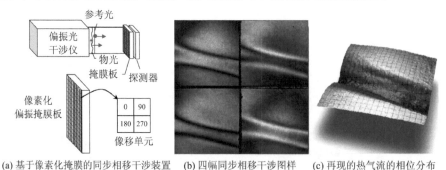

(a) 基于像素化掩膜的同步相移干涉装置　(b) 四幅同步相移干涉图样　(c) 再现的热气流的相位分布

图 4‐11　同步相移干涉术测量热气流折射率分布[11, 43]

K.Ishikawa 等人[44]利用同步相移干涉技术及高速偏振相机对气流和声波同时进行了成像与测量。该装置基于一个斐索偏振干涉仪构建，如图 4‐12(a)

所示。实验中，选用波长为 532 nm 的连续波 YAG 激光器作为光源，一种具有共振结构的哨子作为实验样本容器。诱导气体选择摩尔质量为 66 g/mol 的 1，1-二氟乙烷，因为它可以引起较大的光学相位调制度，在相位图像中具有较大的成像对比度，所以可以相对容易地看到气体流动。向原空气流中注入不同密度的气体，可以在声波的驱动下引起气体折射率的变化。此时，利用基于高速偏振相机的同步相移干涉技术可以得到四幅相移干涉图样，从再现出的光学相位图像可测定气体的流动及声波信息。由于采用物参共路光路结构，因此该装置十分稳定，有利于得到更加准确的测量结果，可以减小由于随机噪声和光学元件缺陷引起的相移误差。

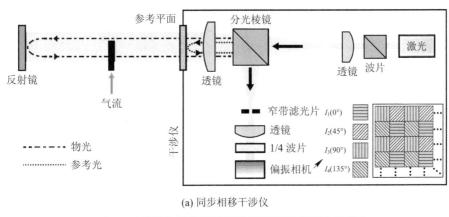

(a) 同步相移干涉仪

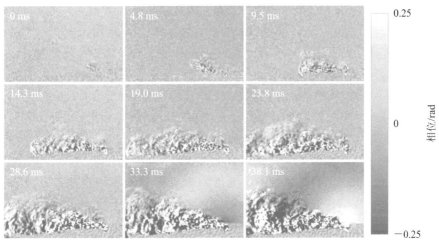

(b) 从相位图像中获得的气流和声音的差分图像

图 4-12　同步相移数字全息技术对气流和声音的同时测量[44]

为了得到解包裹相位图像，可对获得的相移干涉图中的每个像素进行一维展开，然后用下一帧的像素值减去当前帧的像素值，进而得到差分图像。相比于二维相位解包裹操作，这种方法可以消除背景相位并节省时间；同时由于差分操作可以看作是时间方向的高通滤波，因而抑制了气流图像中包含的低频成分。图 4-12(b) 所示的 9 幅依次间隔 200 帧的相位差分图像展现了气流随时间的演化过程。具体来讲，随着时间推移，气流向左上方迅速推进并逐渐下降；声波在图中表示为一个球形波，在气流发射开始后大约 30 ms 出现，且声音的振幅是逐渐增大的。由此可见该方法可以较好地对气流和声音同时进行成像与测量，有利于对其进行更加深入的研究。

最近，R.Tanigawa 等人[45]利用同样的同步相移干涉装置对气动噪声进行了定量测量与二维可视化，该方法可以通过光波的相位变化来检测所测量区域内的压力，进而对声场和流场的压力场进行可视化并探究二者之间的联系。此外，利用 P-PSDH 对流场[46, 47]和声场[48, 49]的定量测量也相继被研究，实验结果表明该技术在流场及声场测量领域具有极高的应用价值。

4.3.3　在表面形貌测量领域的应用

相移干涉是一种纵向测量精度可达纳米级的形貌测量技术，具有非接触、测量精度高等优点，已成为一种重要的三维表面形貌测量方法。L.C.Chen 等人[50]利用图 4-13(a) 所示的同步相移数字全息成像系统对一个平面镜和 Mitutoyo 精密量块的表面形貌进行了测量，测量结果分别如图 4-13(c)、(d) 所示。系统中，从 He-Ne 激光器出射的波长为 632.8 nm 的激光束首先经过一个扩束器被扩束，然后照射到平板分束镜前表面的位置 1 处并实现分光。其中一束光穿过玻璃板到达后表面的位置 2 处，进而又被分成两束光，一束形成光束 D，另一束反射后到达前表面的位置 3 处。位置 3 处的光进而又分成光束 B 和光束 C；另外一束在位置 1 处反射形成光束 A。系统中有两个光阑，第一个用于参考光路中，第二个用于物光光路中，用于阻挡不需要的激光束。例如，在参考光路中，光束 A 被阻挡而光束 B 允许通过；在物光光路中，光束 C 被阻挡而光束 D 允许通过。所以最终只有光束 B 和光束 D 可以分别被参考镜和被测样品反射回到玻璃板并在位置 2 处合束，进而产生光束 E 和光束 F 两束干涉光束。其中光束 E 是由光束 B 经由前表面的反射光和光束 D 经由后表面的透射光结合生成的；而光束 F 是由光束 D 的反射光和光束 E 的透射光生成的。假设光束 E 中物光和参考光之间的相位差为 0°，则光束 D 的反射光束有 180°的相位变化，而光束 B 的反射光束没有相位变化，所以光束 D 中参考光和物光间的相位差为 180°。利用 1/8 波片将光束 D 的 S 偏振和 P 偏振分量的相位差调整为 90°，因此，在光束 E 和光束 F 中将同时产生 4 个分量干涉场并分别产生 0°、90°、180° 和 270° 的相移。图 4-13(b)所示的分光模块用于实现两光束的分离，该分光模块由两个偏振分光棱镜和一个三棱镜组成，将光束 E 和光束 F 的 S 偏振和 P 偏振分量光束分离，最终形成相移分别为 0°、90°、180° 和 270° 的四束干涉光，进而实现同步相移。该装置通过对平面镜和 Mitutoyo 精密量块的表面形貌测量验证了测量的准确性和可重复性，可以有效地对样品表面形貌进行测量，具有单次曝光成像的能力，从而大大避免了不必要的环境干扰。

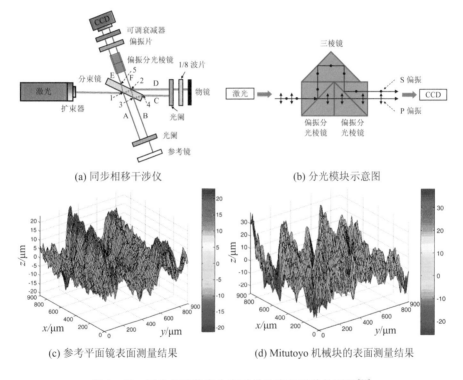

(a) 同步相移干涉仪　　　　　　　　　(b) 分光模块示意图

(c) 参考平面镜表面测量结果　　　　　(d) Mitutoyo 机械块的表面测量结果

图 4-13　同步相移数字全息对样品表面形貌的测量[50]

此外，M.Lin 等人[51]利用基于相位模式空间光调制器的 P-PSDH 对一透射型二维物体的表面形貌进行了测量，结果表明该方法在实现同步相移数字全息显微测量的同时还可以动态补偿分光棱镜、透镜、空气波动等引起的相位畸变。T.Tahara 等人[52]利用四通道偏振成像相机对 P-PSDH 的空间带宽进行了扩展，并以 USAF 分辨率板作为实验样品进行了实验验证，结果表明该方法有助于三维形貌测量、动态过程成像以及其他三维动态成像应用的研究。

4.3.4 在微纳器件检测领域的应用

一些高级材料或微纳器件产生的形变会影响其性能或工作状态,因此微表面形变测量是制备高质量微纳器件的重要一环和必经之路。P–PSDH 具有快速、无损、高精度测量等优势,因而被广泛用于微纳器件检测领域。

D.Zheng 等人[53] 提出了同步相移泰曼-格林干涉仪,如图 4 – 14(a)所示。在该装置中,从点光源 PS 出射的波长为 632.8 nm 的光经透镜 1 准直后被棋盘式相位光栅 G(周期为 50 μm)衍射,在透镜的后焦平面上放置四个相同的小孔可以用来选择光栅的四个衍射级(±1 级),形成四个点光源,并且每个点光源相对于光轴都有一个偏移量以产生相移,通过控制每个点光源相对于光轴的偏移量可以在干涉仪中引入不同的相移。经过准直透镜后,四束有着不同倾斜角度的照明光束被分光棱镜所分光,再经参考平面和测试平面反射,产生四对具有

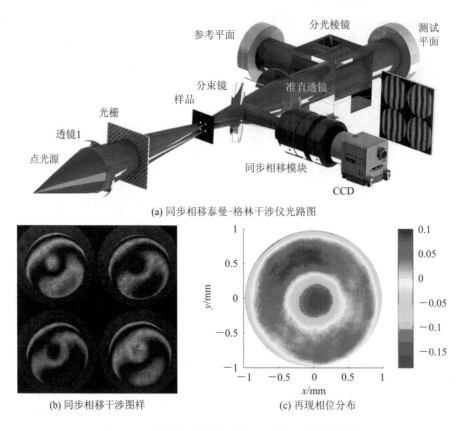

(a) 同步相移泰曼-格林干涉仪光路图

(b) 同步相移干涉图样

(c) 再现相位分布

图 4 –14 同步相移泰曼-格林干涉仪及实验结果[53]

不同相移量的相干光束。物光和参考光被分束镜反射后，一同经过专门设计的同步相移模块，将被一个CCD同时捕获相移量依次相差$\pi/2$的四幅相移干涉图样。基于该系统，对孔径为80 mm、曲率半径为220 mm的球面镜进行了检测，由CCD捕获的四幅相移干涉图样如图4-14(b)所示，最终再现得到的相位分布如图4-14(c)所示，经过计算得到相位峰谷差为0.2832λ，均方根为0.0579λ，说明装置具有较高的测量精度。与其他动态干涉仪相比，该装置中没有偏振元件，因此可以有效消除偏振元件产生的误差、相移误差、方位角误差等。此外，该课题组还提出点源异位式动态斐索型干涉仪并对其进行了改进[54, 55]，该干涉仪具有较高的测量精度且适用于普通孔径情况下的动态测量。

近年来，随着光学技术的发展，干涉显微测量的应用领域不断扩大。P.Sun等人[56]利用基于泰曼-格林干涉仪的双通道P-PSDH对液滴蒸发过程进行了可视化测量，该系统可用于理想型液滴和自然环境下的非理想型液滴形貌测量，还可用于细胞培养、材料表面张力等动态测量。Y.Zhou等人[57]将基于全内反射的双通道同步相移干涉术成功用于不同动态过程中的折射率分布测量，对深入研究液滴蒸发、不同液滴的互溶、扩散、细胞培养、胶体固化等多个领域提供了有力测量手段。最近，M.Kumar课题组[58, 59]提出了双模态同步相移共光路数字全息装置，可以进行实时定量相位成像和荧光成像。与传统的双光束马赫-曾德尔干涉仪相比，该装置具有长时间的稳定性。通过对荧光小球等样品进行测试，实验结果表明：该双模态显微装置可以为生物样本提供结构和功能信息，有利于加深对生理机制和各种生物疾病的理解。2020年，J.Inamoto等人[60]构建了模块化的同步相移数字全息显微成像系统，并利用该系统以1000帧/秒的速率实现了对运动团藻的3D追踪。为提高非球面测量的准确性和灵活性，2021年Q.Hao等人[61]提出了基于空间光调制器的同步相移干涉仪，通过采用两个共径干涉系统和两个同步相移偏振相机，实现了直径为8 mm的亚克力平面镜的高精度、实时面型检测。除上述应用之外，P-PSDH还被应用于压力-位移传感测量[62]、激光烧蚀[63]、机械振动[64, 65]、微观形变[66, 67]等动态过程研究。

本 章 小 结

相比于离轴数字全息技术，相移数字全息技术采用同轴光路，利用不同的相移算法计算获得原始物光波，可充分利用CCD相机的分辨率及视场，具有空间分辨率高、噪声低、测量精度高等优点。传统的相移数字全息是在时间序列上依次得到多幅相移全息图，不能对动态过程进行观测。为了实现动态测量，采用同步相移数字全息技术(P-PSDH)进行一次曝光便可获得多幅相移干涉图样,进而实现动态样品的实时观测。近年来该技术得到了广泛的研究与应用。目前,实现同步相移的方法主要有以下三种:

(1)基于多 CCD 记录的同步相移技术利用多个 CCD 相机同时记录多幅具有一定相移量的相移全息图,具有相移精度高、分辨率高等优势,但是存在结构复杂、成本高、同步性难以保证等缺点。

(2)基于像素掩膜法的同步相移技术利用偏振掩膜板或偏振掩膜阵列等元件实现不同相移干涉点的记录,然后从记录的一幅全息图中对每个像素的相位进行提取,重新组合,最终得到多幅相移干涉图样。该技术可以充分利用 CCD 的视场,但缺点是导致拼接后的干涉图样分辨率低于原始图像。

(3)基于平行分光的同步相移技术可以利用分光元件对物光和参考光实现分光,并结合偏振相移在 CCD 相机的不同位置接收多幅相移干涉图样,但是存在成像视场小的缺点。

由此可见,不同的同步相移技术各有优劣,因此,研究能够兼顾上述问题的同步相移数字全息技术将是一个大的发展趋势。此外,P-PSDH 的重建算法与人工智能(Artificial Intelligence,AI)相结合也将是一个新的研究方向。目前已有很多研究人员将数字全息技术与机器学习或深度学习技术相结合,成功实现了对光诱导细胞坏死过程的监测、活细胞与坏死细胞的自动区分、不同种类细胞的自动识别与分类、数字全息重建以及自动相位像差补偿等。基于 P-PSDH 和 AI 优势的技术将进一步促进生物医学、流场测量、表面形貌测量以及微纳器件检测等领域的应用与发展。

参 考 文 献

[1] 郜鹏. 物参共路干涉显微理论和实验研究:[博士学位论文]. 西安:中国科学院研究生院西安光学精密机械研究所,2011.

[2] SMYTHE R, MOORE R. Instantaneous phase measuring interferometry. Opt. Eng., 1984 (23):361-364.

[3] KOLIOPOULOS C L. Simultaneous phase-shift interferometer. Proc. SPIE 1531, Advanced Optical Manufacturing and Testing II, 1992 :119-127.

[4] SIVAKUMAR N R, HUI W K, VENKATAKRISHNAN K, et al. Large surface profile measurement with instantaneous phase-shifting interferometry. Opt. Eng., 2003 (42):367-372.

[5] SAFRANI A, ABDULHALIM I. Real-time phase shift interference

microscopy. Opt. Lett., 2014 (39):5220 - 5223.

[6]　NOVAK M, MILLERD J, BROCK N, et al. Analysis of a micropolarizer array-based simultaneous phase-shifting interferometer. Appl. Opt., 2005 (44):6861 - 6868.

[7]　AWATSUJI Y, TAHARA T, KANEKO A, et al. Parallel two-step phase-shifting digital holography. Appl. Opt., 2008 (47):D183 - D189.

[8]　KAKUE T, MORITANI Y, ITO K, et al. Image quality improvement of parallel four-step phase-shifting digital holography by using the algorithm of parallel two-step phase-shifting digital holography. Opt. Express, 2010 (18):9555 - 9560.

[9]　TAHARA T, AWATSUJI Y, KANEKO A, et al. Parallel two-step phase-shifting digital holography using polarization. Opt. Rev., 2010 (17):108 - 113.

[10]　LIANG D, ZHANG Q, WANG J, et al. Single-shot Fresnel incoherent digital holography based on geometric phase lens. J. Mod. Opt. 2020 (67): 92 - 98.

[11]　MILLERD J, BROCK N, HAYES J, et al. Pixelated phase-mask dynamic interferometer. Proc. SPIE 5531, Interferometry XII: Techniques and Analysis, 2004:304 - 314.

[12]　MILLERD J E, BROCK N J, BAER J W, et al. Vibration insensitive, interferometric measurements of mirror surface figures under cryogenic conditions. Proc. SPIE 4842, The International Society for Optical Engineering, 2003 (4842):242 - 249.

[13]　YONEYAMA S, KIKUTA H, MORIWAKI K. Simultaneous observation of phase-stepped photoelastic fringes using a pixelated microretarder array. Opt. Eng., 2006 (45):083604.

[14]　JIAO S , ZOU W. High-resolution parallel phase-shifting digital holography using a low-resolution phase-shifting array device based on image inpainting. Opt. Lett., 2017 (42):482 - 485.

[15]　TAHARA T, KANNO T, ARAI Y, et al. Single-shot phase-shifting incoherent digital holography. J. Opt., 2017 (19):065705.

[16]　ZUO F, CHEN L, XU C. Simultaneous phase-shifting interferometry based on two-dimension grating. Acta. Optica. Sinica. 2007 (27): 663 - 667.

[17]　ARELLANO N I T, ZURITA G R, FABIAN C M, et al. Phase shifts in the Fourier spectra of phase gratings and phase grids: an application

for one-shot phase-shifting interferometry. Opt. Express, 2008 (16):
19330 – 19341.

[18] GAO P, YAO B, MIN J, et al. Parallel two-step phase-shifting microscopic
      interferometry based on a cube beamsplitter. Opt. Commun., 2011 (284):
      4136 – 4140.

[19] GAO P, YAO B, MIN J, et al. Parallel two-step phase-shifting point-
      diffraction interferometry for microscopy based on a pair of cube
      beamsplitters. Opt. Express, 2011 (19):1930 – 1935.

[20] ZURITA G R, ARELLANO N I T, FABIAN C M, et al. One-shot phase-
      shifting interferometry: five, seven, and nine interferograms. Opt. Lett.,
      2008 (33):2788 – 2790.

[21] FABIAN C M, ZURITA G R, GUTIERREZ M C E, et al. Phase-shifting
      interferometry with four interferograms using linear polarization modulation
      and a Ronchi grating displaced by only a small unknown amount. Opt.
      Commun., 2009 (282): 3063 – 3068.

[22] 闵俊伟. 相移数字全息显微的理论与实验研究:[博士学位论文]. 西安:
      中国科学院研究生院西安光学精密机械研究所,2013.

[23] SANTARSIERO M, BORGHI R. Measuring spatial coherence by using a
      reversed-wavefront Young interferometer. Opt. Lett., 2006 (31):861 – 863.

[24] SHAKED N T, RINEHART M T, WAX A. Dual-interference-channel
      quantitative-phase microscopy of live cell dynamics. Opt. Lett., 2009
      (34):767 – 769.

[25] RIBAK E, LIPSON S G. Complex spatial coherence function: its
      measurement by means of a phase-modulated shearing interferometer.
      Appl. Opt., 1981 (20):1102 – 1106.

[26] QU W, YU Y, CHOO C O, et al. Digital holographic microscopy with
      physical phase compensation. Opt. Lett., 2009 (34): 1276 – 1278.

[27] BAI H, SHAN M, ZHONG Z, et al. Parallel-quadrature on-axis phase-
      shifting common-path interferometer using a polarizing beam splitter.
      Appl. Opt., 2015 (54):9513 – 9517.

[28] GAO P, YAO B, HARDER I, et al. Parallel two-step phase-shifting
      digital holograph microscopy based on a grating pair. J. Opt. Soc. Am.
      A, 2011 (28), 434 – 440.

[29] ZURITA G R, FABIAN C M, ARELLANO N I T, et al. One-shot phase-

shifting phase-grating interferometry with modulation of polarization: case of four interferograms. Opt. Express, 2008 (16): 9806 – 9817.

[30] KIIRE T, NAKADATE S, SHIBUYA M. Simultaneous formation of four fringes by using a polarization quadrature phase-shifting interferometer with wave plates and a diffraction grating. Appl. Opt., 47, 4787 – 4792 (2008).

[31] YANG T D, KIM H J, LEE K J, et al. Single-shot and phase-shifting digital holographic microscopy using a 2-D grating. Opt. Express, 2016 (24):9480 – 9488.

[32] KUJAWINSKA M, ROBINSON D W. Multichannel phase-stepped holographic interferometry. Appl. Opt., 1988 (27):312 – 320.

[33] GARCIA B B, MOORE A J, LOPEZ C P, et al. Transient deformation measurement with electronic speckle pattern interferometry by use of a holographic optical element for spatial phase stepping. Appl. Opt., 1999 (38):5944 – 5947.

[34] MIN J, YAO B, GAO P, et al. Parallel phase-shifting interferometry based on Michelson-like architecture. Appl. Opt., 2010 (49):6612 – 6616.

[35] BAI H, SHAN M, ZHONG Z, et al. Parallel common path phase-shifting interferometer with a digital reflective grating. Proc. SPIE 9903, Seventh International Symposium on Precision Mechanical Measurements, 2015 (9903):181 – 186.

[36] BAI H, SHAN M, ZHONG Z, et al. Common path interferometer based on the modified Michelson configuration using a reflective grating. Opt. Lasers Eng., 2015 (75):1 – 4.

[37] ARELLANO N I T, GARCIA D I S, ZURITA G R. Optical path difference measurements with a two-step parallel phase shifting interferometer based on a modified Michelson configuration. Opt. Eng., 2017 (56):094107.

[38] LECHUGA L G, ZURITA G R, GARCIA D S, et al. Parallel phase-shifting interferometer with four interferograms using a modified Michelson configuration. 3D Image Acquisition & Display: Technology, Perception & Applications, JM4A. 2018 (36).

[39] PÉREZ A M, ZURITA G R, MUNOZ V H F, et al. Dynamic Mach-Zehnder interferometer based on a Michelson configuration and a cube beam splitter system. Opt. Rev., 2019 (26):231 – 240.

[40] MUNOZ V H F, ARELLANO N I T, ORTIZ B L, et al. Measurement of

red blood cell characteristic using parallel phase shifting interferometry. Optik, 2015 (126):5307 – 5309.

[41] TAHARA T, ITO K, KAKUE T, et al. Parallel phase-shifting digital holographic microscopy. Biomed. Opt. Express, 2010 (1):610 – 616.

[42] TAHARA T, YONESAKA R, YAMAMOTO S, et al. High-speed three-dimensional microscope for dynamically moving biological objects based on parallel phase-shifting digital holographic microscopy. IEEE J. Sel. Top. Quantum Electron., 2012 (18):1387 – 1393.

[43] MILLERD J E, BROCK N J, HAYES J B, et al. Instantaneous phase-shift, point-diffraction interferometer. Proc. SPIE 5531, Conference on Interferometry XII-Techniques and Analysis, 2004 (5531):264 – 272.

[44] ISHIKAWA K, TANIGAWA R, YATABE K, et al. Simultaneous imaging of flow and sound using high-speed parallel phase-shifting interferometry. Opt. Lett., 2018 (43): 991 – 994.

[45] TANIGAWA R, YATABE K, OIKAWA Y. Experimental visualization of aerodynamic sound sources using parallel phase-shifting interferometry. Exp. Fluids, 2020 (61): 206.

[46] KAKUE T, YONESAKA R, TAHARA T, et al. High-speed phase imaging by parallel phase-shifting digital holography. Opt. Lett., 2011 (36): 4131 – 4133.

[47] FUKUDA T, WANG Y, XIA P, et al. Three-dimensional imaging of distribution of refractive index by parallel phase-shifting digital holography using Abel inversion. Opt. Express, 25, 18066 – 18071 (2017).

[48] TANIGAWA R, ISHIKAWA K, YATABE K, et al. Extracting sound from flow measured by parallel phase-shifting interferometry using spatio-temporal filter. Proc. SPIE 10997, Three-Dimensional Imaging, Visualization, and Display, 2019 (10997):133 – 138.

[49] ISHIKAWA K, YATABE K, IKEDA Y, et al. Interferometric imaging of acoustical phenomena using high-speed polarization camera and 4-step parallel phase-shifting technique. Proc. SPIE 10328, International Congress on High-Speed Imaging and Photonics, 2017 (103280):93 – 99.

[50] CHEN L C, YEH S L, TAPILOUW A M, et al. 3-D surface profilometry using simultaneous phase-shifting interferometry. Opt. Commun., 2010 (283): 3376 – 3382.

[51] LIN M, NITTA K, MATOBA O, et al. Parallel phase-shifting digital holography with adaptive function using phase-mode spatial light modulator. Appl. Opt., 2012 (51): 2633 – 2637.

[52] TAHARA T, ITO Y, XIA P, et al. Space-bandwidth extension in parallel phase-shifting digital holography using a four-channel polarization-imaging camera. Opt. Lett., 2013 (38):2463 – 2465.

[53] ZHENG D, CHEN L, DING Y, et al. Simultaneous phase-shifting Twyman interferometer with a point source array. Opt. Eng., 2017 (56):115103.

[54] ZHU W, CHEN L, YANG Y, et al. 600-mm aperture simultaneous phase-shifting Fizeau interferometer. Opt. Laser Technol., 2018 (104): 26 – 32.

[55] ZHU W, CHEN L, YANG Y, et al. Advanced simultaneous phase-shifting Fizeau interferometer. Opt. Laser Technol., 2019 (111): 134 – 139.

[56] SUN P, ZHONG L, LUO C, et al. Visual measurement of the evaporation process of a sessile droplet by dual-channel simultaneous phase-shifting interferometry. Sci. Rep., 2015 (5):12053.

[57] ZHOU Y, ZOU H, ZHONG L, et al. Dynamic refractive index distribution measurement of dynamic process by combining dual-channel simultaneous phase-shifting interferometry and total internal reflection. Sci. Rep., 2018 (8):15231.

[58] KUMAR M, QUAN X, AWATSUJI Y, et al. Common-path multimodal three-dimensional fluorescence and phase imaging system. J. Biomed. Opt., 2020 (25):032010.

[59] KUMAR M, QUAN X, AWATSUJI Y, et al. Digital holographic multimodal cross-sectional fluorescence and quantitative phase imaging system. Sci. Rep., 2020(10): 7580.

[60] INAMOTO J, FUKUDA T, INOUE T, et al. Modularized microscope based on parallel phase-shifting digital holography for imaging of living biospecimens. J. Biomed. Opt., 2020 (25):123706.

[61] HAO Q, NING Y, HU Y, et al. Simultaneous phase-shifting interferometer with amonitored spatial light modulator flexible referencemirror. Appl. Opt., 2021 (60):1550 – 1557.

[62] YEH H Y, HSU Y K, LEE J Y, et al. Force-displacement measurement using simultaneous phase-shifting technique. Jpn. J. Appl. Phys., 2019 (58): SJJD02.

[63] YASUDA K, TAKAGI R, ISHII K, et al. High-speed imaging of a laser ablation process using parallel phase-shifting interferometry. J. Laser Micro. Nanoen., 2019 (14):220-225.

[64] NEY M, SAFRANI A, ABDULHLAIM I. Instantaneous high-resolution focus tracking and a vibrometery system using parallel phase shift interferometry. J. Opt., 2016 (18):09LT02.

[65] NEY M, SAFRANI A, ABDULHALIM I. Three wavelengths parallel phase-shift interferometry for real-time focus tracking and vibration measurement. Opt. Lett., 2017 (42): 719-722.

[66] HAYASHI T, MICHIHATA M, TAKAYA Y. Evaluation of optical heterogeneity using phase-shift digital holography. Int. J. Nanomanuf., 2012 (8): 508-521.

[67] XIE X, XU N, SUN J, et al. Simultaneous measurement of deformation and the first derivative with spatial phase-shift digital shearography. Opt. Commun., 2013 (286):277-281.

Wolfgang Osten，教授，德国斯图加特大学技术光学研究所所长，在干涉计量和光学检测方面取得了杰出成就，一直倡导"光学检测的首要使命是为工业制造提供有效检测手段"。Osten 教授还为中国全息光学发展培养了很多人才（王大勇、司徒国海、彭翔、张福才、原操今、左超、郜鹏、张岩、马骏等都在他负责的小组里学习过）。

定量相位成像分辨率增强技术

定量相位显微(Quantitative Phase Microscopy，QPM)将相位成像和光学显微技术相结合，为获取微观物体的三维形貌、透明物体的厚度/折射率分布提供了一种快速、无损、高分辨率的测量手段。然而，传统 QPM 成像系统是一种衍射受限系统，其空间分辨率受到系统数值孔径的约束，不能满足观测样品微细结构的需求；同时，高分辨率与大视场难以同时兼顾。因此，如何在保持大视场的前提下提高成像空间分辨率是构建高性能、实用化 QPM 亟须解决的问题之一。近年来，国内外学者采用调制照明(离轴照明、结构照明、散斑照明)、合成全息图、亚像元技术以及深度学习重建方法，实现了大视场、高分辨 QPM 成像。本章将介绍 DHM 和单光束相位显微中的分辨率增强技术，并对不同方法的优缺点进行分析。

5.1 空间分辨率

光学显微系统是一个衍射受限系统，该系统仅能在有限角度内接收来自样品的衍射光。这样一个无限小的点源被成像到像平面时会变成一个弥散斑(被称作艾里斑)，如图 5-1 所示。当两个物点相距较远时，形成的两个艾里斑是分开的，此时两个物点是可以分辨的；当两个物点相距很近时，两个艾里斑的强度几乎完全重叠，如图 5-1 右侧第三个图所示，此时两个物点就不能再被分辨了。因此，艾里斑的大小直接决定了样品平面相邻两点可分辨的最小距离——显微镜的空间分辨率。艾里斑的大小与成像光波的波长有关，也与成像系统能接收到样品衍射光的角度直接相关。

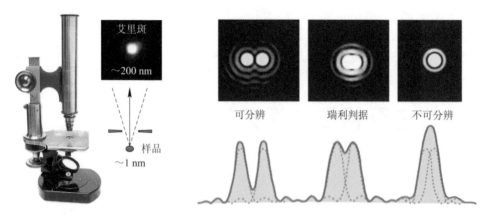

图 5-1　相干成像和非相干成像中的空间分辨率

5.1.1　非相干成像空间分辨率

假设样品上有距离较近的两点 1 和 2，它们经过衍射受限系统成像后形成两个艾里斑。两个艾里斑的复振幅分布分别为[1]

$$
\begin{cases}
O_1(w) = \dfrac{2J_1(kaw_1)}{kaw_1} \\
O_2(w) = \dfrac{2J_1(kaw - kaw_1)}{k(w - w_1)w}
\end{cases}
\tag{5-1}
$$

式中，kaw 表示无量纲的距离坐标(其大小等于空间位置坐标除以系统空间分辨率)，$J_1\{\}$ 表示一阶贝塞尔函数。O_1 表示中心在坐标轴中心的艾里斑复振幅分布，O_2 表示与 O_1 距离为 $ka(w - w_1)$ 的另一艾里斑复振幅分布。

对于非相干成像，成像系统是关于强度的线性不变系统，两个物点所得图像为两个艾里斑的强度之和：

$$
I_{in}(w) = \left[\frac{2J_1(kaw)}{kaw}\right]^2 + \left[\frac{2J_1(kaw_1 - kaw)}{k(w_1 - w)w}\right]^2
\tag{5-2}
$$

瑞利判据认为，当一个艾里斑的中央极大值与另一个艾里斑的第一级暗环相重合时，两像点刚好能被分辨。在这种情况下，两个艾里斑强度曲线的交点处强度相对于两个艾里斑中心极大值下降了 26.5%(如图 5-2(b)所示)。当两个物点恰能分辨时，两个艾里斑中心对透镜中心的张角为最小分辨角，它正好与艾里斑暗环对透镜中心的张角($\theta_{min} = 1.22\lambda/D$)相等，此时为最小分辨角，这里 D 表示物镜的有效通光孔径。当物镜的焦距为 f，显微镜在非相干成像时的最小可分辨距离为

$$\sigma = f \cdot \theta_{\min} = \frac{0.61\lambda}{\text{NA}}$$

式中，$\text{NA} = \dfrac{D}{2f}$，定义为物镜的数值孔径（Numerical Aperture），用于表征物镜对大角度光线的收集能力。

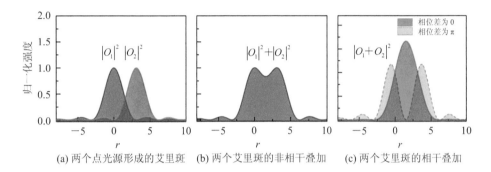

(a) 两个点光源形成的艾里斑　(b) 两个艾里斑的非相干叠加　(c) 两个艾里斑的相干叠加

图 5-2　相干和非相干成像中的空间分辨率（当相位差为 0 时，相邻 $0.61\lambda/\text{NA}$ 的两个点（红色曲线）无法分辨；当相位差为 π 时，两个点（绿色曲线）可以被清晰分辨）

5.1.2　相干成像空间分辨率

对于相干成像，成像系统是关于复振幅的线性不变系统，两个物点的强度分布是两个艾里斑强度相干叠加的结果：

$$I_{\text{co}}(w) = \left[\frac{2\text{J}_1(kaw)}{kaw} + \frac{2\text{J}_1[ka(w_1 - w)]}{k(w_1 - w)w} \cdot \exp(\text{i}\varphi_{\text{diff}}) \right]^2 \tag{5-3}$$

式中，φ_{diff} 表示 O_1 和 O_2 之间的相位差。在图 5-2(c) 中，图中红色和绿色曲线分别表示距离为 $0.61\lambda/\text{NA}$ 的两个点在相位差为 0 和 π 时的光强分布。由此可见：在相干成像下，当两点之间的相位差为 0 时，相距 $0.61\lambda/\text{NA}$ 的两个点无法被分辨；但是当两者的相位差为 p 时，则可以被清晰分辨。因此，相干成像系统的分辨能力还与样品的相位分布密切相关。为了能方便地描述相干成像系统的空间分辨率，在相位差为 0 的两个点产生的艾里斑相干叠加时，其交叠区域中心点强度下降到峰值 26.5% 处所对应的距离被定义为最小可分辨距离。在该定义下，相干成像系统的空间分辨率（最小可分辨距离）为 $0.82\lambda/\text{NA}$。

相干成像与非相干成像的成像系统的空间分辨率是不同的。方便起见，我们统一将显微镜的空间分辨率表示为

$$\sigma = \frac{\kappa_1 \lambda}{\text{NA}} = \frac{\kappa_1 \lambda}{\text{NA}_{\text{imag}} + \text{NA}_{\text{illum}}} \tag{5-4}$$

式中，λ 为照明光的波长，NA_{imag} 和 NA_{illum} 分别为成像物镜和照明光的数值孔径。对于非相干成像系统，κ_1 一般取值为 0.61；对于相干成像系统（如数字全息显微光学系统），κ_1 一般取值为 0.82[2]。此外，κ_1 的取值还与成像场景中的其他参数（如相干噪声水平、探测器灵敏度、成像信噪比等）有关。

公式（5-4）也预示着有三种方法可以从物理角度来提高显微镜的空间分辨率：① 采用更短的照明光波长，如 193 nm 的深紫外照明光[3]；② 提高照明系统数值孔径 NA_{illum}；③ 提高成像系统的数值孔径 NA_{imag}。此外，随着人工智能和深度学习技术的快速发展，基于训练数据和物理模型的神经网络为提升 DHM 空间分辨率提供了全新的途径。

5.2 数字全息显微中的分辨率增强技术

20 世纪 90 年代以来，光学超分辨显微成像技术得到了快速的发展，该领域的领航者 S. W. Hell、E. Betzig 和 W. E. Moerner 被授予 2014 年诺贝尔化学奖。光学超分辨显微成像技术均采用了荧光标记，利用荧光的"光切换"特性来实现超分辨成像。在过去的几十年中，科学家们在提高 DHM（无标记显微技术）空间分辨率方面也做出了许多努力。

根据是否采用物镜对样品进行放大，DHM 可以分为有透镜 DHM 和无透镜 DHM。对于有透镜 DHM，其空间分辨率取决于成像物镜和照明光的数值孔径，因此采用调制照明技术（包括离轴照明、结构光照明、散斑照明）可以提高其空间分辨率。对于无透镜 DHM，其空间分辨率主要由全息图的大小所决定，因此通过合成全息图法可以提高其空间分辨率。以下我们分别对上面提到的 DHM 分辨率提高方法进行介绍。

5.2.1 离轴照明

如图 5-3(a)上侧部分所示，有透镜 DHM 一般采用平行光照明样品，利用物镜对物光进行放大成像，DHM 系统能接收到的最大空间频率受到物镜数值孔径（NA）的限制；超出物镜有限数值孔径的高空间频率成分不能被物镜所接收。若使用离轴照明方式，物光的部分高频分量会被平移至低频分量位置，从而通过成像系统的有限孔径。因此，通过采用不同的照明方向，可以得到一系列互补的空间频率"增量"，即添加 4 个额外的孔径，获得一个较大的"合成频谱"，如图 5-3(a)下侧部分所示。最后，通过对该合成频谱进行逆傅里叶变换，可得到分辨率增强的再现像。

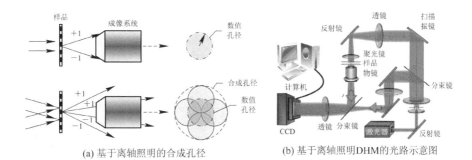

(a) 基于离轴照明的合成孔径   (b) 基于离轴照明DHM的光路示意图

图 5-3　离轴照明和合成孔径原理示意图

实验中，可以采用多种方式来产生离轴照明。图 5-3(b)采用扫描振镜来产生不同方向的离轴照明光，利用 CCD/CMOS 依次记录样品在不同照明方向下的离轴全息图，再对其进行数字再现可以获得不同照明方向下物光的频谱。

首先将不同照明方向对应的频谱平移到它们在物光频谱中原有的位置进行拼接，形成大于物镜固有孔径的"合成频谱"，如图 5-4(a)所示，再对拼接的"合成频谱"进行傅里叶逆变换即可得到超分辨的再现图像。

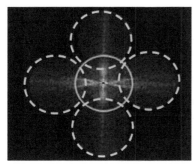
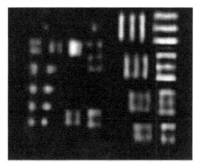

(a) 不同方向照明下形成的"合成频谱"(实线圆圈为   (b) 轴向照明下的低分辨率图像
采用轴向照明对应的物光波的频谱分布；4个虚线
圆圈为不同离轴照明下物光波的频谱分布)

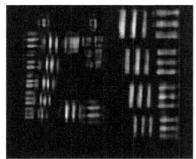
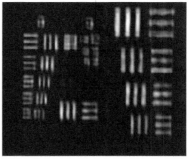

(c) 未进行相位补偿的"合成孔径"再现像   (d) 相位补偿后的"合成孔径"再现像

图 5-4　基于离轴照明 DHM 的合成孔径和数字再现

需要注意的是，不同照明方向下物光的频谱合成是一个相干叠加的过程，这要求不同照明方向下的物光之间不能存在因相位畸变或空气扰动引起的额外相位差。因此，在合成孔径之前，有必要采取以下步骤对获得的物光进行畸变补偿：首先，计算每次离轴照明相对于沿轴向照明物光波之间的相位差，对其进行低阶多项式拟合，产生 $\varphi_{\text{fit}}(x, y)$；然后，将该物光波的复振幅乘以 $\exp(-i\varphi_{\text{fit}})$ 来补偿该照明方向上的相位畸变。图 5-4（b）为传统平行光照明 DHM 再现的低分辨率图像；图 5-4（c）为未进行相位补偿情况下合成孔径后得到的结果；图 5-4（d）为进行相位补偿后合成孔径得到的结果。通过对比发现：只有消除了不同照明方向下物光波之间的相位偏移才可以得到高质量图像。

事实上，离轴照明并未改变成像系统本身的数值孔径 NA_{imag}，而是通过倾斜照明使得物镜数值孔径之外的空间频率能够被物镜所接收，达到提高系统分辨率的目的。基于平行光照明的 DHM 分辨率极限为 $0.82\lambda/\text{NA}_{\text{imag}}$，当离轴照明对应的数值孔径为 NA_{illum} 时，最终的分辨率可提高到 $\text{NA}_{\text{syn}}=0.82\lambda/(\text{NA}_{\text{imag}}+\text{NA}_{\text{illum}})$。图 5-5 展示了采用离轴照明提高相位成像空间分辨率的结果[4]：实验

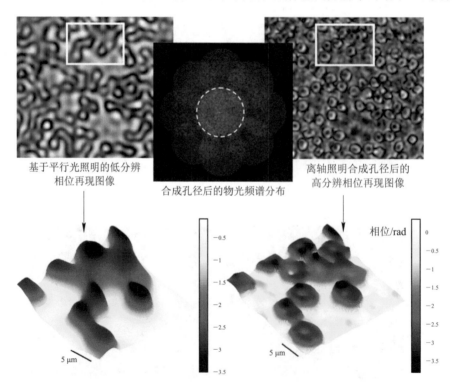

图 5-5　基于离轴照明 DHM 对人类红细胞的成像结果[4]

中，采用数值孔径 $NA_{imag}=0.1$ 的显微物镜对样品进行成像，通过利用 $NA_{illum}=0.17$ 的离轴照明最终得到的合成孔径 $NA_{syn}=0.27$。平行光照明下，DHM 空间分辨率为 $6.97\ \mu m$，采用离轴照明后空间分辨率被提升到 $2.58\ \mu m$。可以看出离轴照明下红细胞的相位图像比在传统平行光照明下的图像更加清晰，具有更多细节。

目前，离轴照明被广泛应用于提高 DHM 的分辨率[5-8]。C.J.Schwarz 等人[6]利用离轴照明将物光高频频谱转化为低频频谱，并在全息图再现时引入具有相同倾斜角度的数字参考光束，将图像的频谱移动至原有位置，利用"合成孔径"效应实现了分辨率的提高。南京师范大学袁操今等人[7]采用偏振复用的方法实现了两个离轴方向的同时照明和成像。V.Mico 等人[8]提出利用垂直腔面发射激光器阵列作为照明光源，产生不同方向的照明光，通过将不同发光元对应的再现像进行频谱拼接，将 DHM 的空间分辨率提高了 5 倍。此外，相继报道了通过照明光束扫描旋转样品来实现离轴照明的方法[9]。

5.2.2　结构光照明

结构光照明显微(Structured Illumination Microscopy，SIM)技术是将具有周期性分布的条纹投射到被测样品上，通过记录和处理样品与照明条纹之间形成的摩尔条纹，以获得超越衍射极限的显微图像。为了提高各个方向上的空间分辨率，SIM 需要在样品上投影不同方向和相移量的条纹来实现[10, 11]。美中不足的是，传统 SIM 只能提高强度型物体(荧光样品或对照明光有散射作用的样品)的空间分辨率，对于透明相位型物体的成像则无能为力。

为了提高对透明样品的成像分辨率，P.Gao 等人率先将结构照明和 DHM 相结合，增强了对微小透明物体相位成像的空间分辨率[12]。该方法利用空间光调制器(Spatial Light Modulator，SLM)产生结构光照明，在该结构光照明下的物光和参考光发生干涉，形成的全息图样被 CCD 所记录；再对不同照明方向下的全息图进行数字再现，并将不同照明下的物光频谱进行合成，即可实现对微小物体的相位和振幅的超分辨成像。

基于结构光照明的 DHM 可以采用如图 5-6 所示的实验装置。空间光调制器(SLM)或数字微镜器件(DMD)对 532 nm 的平行照明光进行调制，从而产生条纹结构光。该结构照明光经望远镜系统缩束后成像到样品表面。在由透镜 2 和透镜 3 组成的 4f 系统中间频谱面上的孔径光阑仅让 0 级、±1 级衍射光频谱通过(遮挡了其他级次的衍射光)，使得照射到样品平面的结构光具有正弦分布。样品在条纹结构光照明下形成的物光被由物镜 2 和透镜 5 组成的望远镜系统放大，其像面出现在透镜 5 的后焦平面上。在离轴数字全息的过程中，物光与参考光在分光棱镜的合束作用下，以一定的夹角在全息面上发生干涉并被 CCD/CMOS 所记录。因此，我们可以控制 SLM/DMD 来产生不同方向和相移量的条纹结构光，通过 CCD 依次记录在这些结构光照明下的样品，从而获取全息图样。

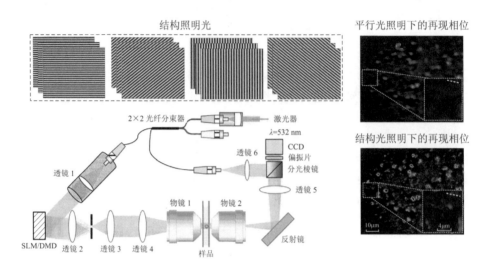

图 5-6　基于结构光照明的 DHM 光路[13]

　　方便起见，我们使用 Φ_{mn} 表示在 DMD/SLM 上加载方位角为 $m \cdot \pi/4$、相移量为 $n\alpha$ 的条纹产生的结构照明光，这里 $m=0,1,2,3$ 表示四个条纹方向；$n=0,1,2$ 表示三步相移，α 表示相移量。Ψ_{mn} 表示样品在 Φ_{mn} 照明光下形成的物光。Ψ_{mn} 和参考光波 R 干涉形成的离轴全息图记为 $I_{mn}=|R+\Psi_{mn}|^2$。对 I_{mn} 进行傅里叶变换，其频谱分布如图 5-7(b) 所示。由于物光和参考光之间具有一

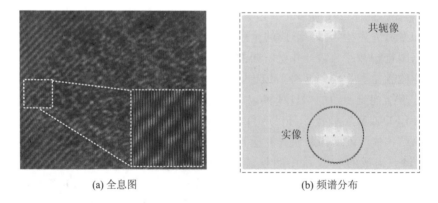

(a) 全息图　　　　　　　　　　(b) 频谱分布

图 5-7　基于结构光照明的 DHM 的离轴全息图和频谱分布[12]

定的夹角，I_{mn} 频谱中出现包含零级像（中心部分）、原级像和共轭像频谱（上下两个旁瓣）的三组频谱，如图 5-7(b)所示。

通过分析原级像/实像（Primary）中心的位置，可以获得物光与参考光之间的夹角，形成数字参考光 $R_D = \exp[i(k_x x + k_y y)]$，详见第 2.3.1 和第 2.3.2 节。再现过程中，我们首先对 $I_{mn}R_D$ 进行傅里叶变换，将所得频谱中实像的频谱平移到频谱的中心位置。通过使用窗口函数 $W_f(\xi, \eta)$ 选取全息图原级像的频谱，并利用角谱理论再现出与 CCD 之间距离为 Δz 处的物光复振幅分布：

$$\psi_{mn}(x, y, \Delta z) = \mathrm{IFT}\{\mathrm{FT}\{I_{mn} \cdot R_D\} \cdot W_f \cdot H\} \tag{5-5}$$

其中，ξ 和 η 为频域中的空间坐标，$\mathrm{FT}[\cdot]$ 和 $\mathrm{IFT}[\cdot]$ 分别对应傅里叶变换和逆傅里叶变换[14]。$H = \exp\{ik\Delta z[1 - (\lambda\xi)^2 - (\lambda\eta)^2]^{1/2}\}$ 为传播因子。窗口函数 $W_f(\xi, \eta)$ 在频谱面上，满足条件 $(k_x^2 + k_y^2)^{1/2} < k_0$ 的圆域内取值为 1，其他区域取值为 0。半径 k_0 的大小一般要考虑成像系统的空间分辨率，如可选取 $k_0 = \mathrm{NA}/\lambda$，此时不会损失通过成像系统的高频分量。

事实上，Ψ_{mn} 可以被分解为三个光波 $A_{m,0}$、$A_{m,1}$、$A_{m,-1}$，它们分别为沿着照明光 0、± 1 级衍射级的方向传播。当我们假设条纹结构光每次移动的相位增量为 α 时，Ψ_{mn} 可以写成

$$\Psi_{mn} = \gamma_{-1}\exp(-in\alpha)A_{m,-1} + \gamma_0 A_{m,0} + \gamma_1\exp(in\alpha)A_{m,1} \tag{5-6}$$

式中，γ_{-1}、γ_0 和 γ_1 表示不同衍射级的权重（或调制度）。通过记录方位角为 $m \cdot \pi/4$ 和相移量分别为 α、2α、3α 的全息图并再现出对应的 $\Psi_{mn}(n=0, 1, 2)$，我们可从公式(5-6)中计算出：

$$\begin{bmatrix} A_{m,-1} \\ A_{m,0} \\ A_{m,1} \end{bmatrix} = \begin{bmatrix} \gamma_{-1}\exp(-i\alpha) & \gamma_0 & \gamma_1\exp(i\alpha) \\ \gamma_{-1}\exp(-i2\alpha) & \gamma_0 & \gamma_1\exp(i2\alpha) \\ \gamma_{-1}\exp(-i3\alpha) & \gamma_0 & \gamma_1\exp(i3\alpha) \end{bmatrix}^{-1} \cdot \begin{bmatrix} \Psi_{m1} \\ \Psi_{m2} \\ \Psi_{m3} \end{bmatrix} \tag{5-7}$$

通过补偿倾斜相位因子，可获得沿不同衍射级传播的物光波，并由下式给出：

$$\begin{cases} O_{m,-1} = \dfrac{A_{m,-1}}{\exp\{-iK[\cos(m\pi/4)x + \sin(m\pi/4)y]\}} \\ O_{m,0} = A_{m,0} \\ O_{m,1} = \dfrac{A_{m,1}}{\exp\{iK[\cos(m\pi/4)x + \sin(m\pi/4)y]\}} \end{cases} \tag{5-8}$$

其中，$K = 2\pi\sin\theta_{\mathrm{illum}}/\lambda$；$\theta_{\mathrm{illum}}$ 是被用作照明物体照明光的 ± 1 级衍射级之间的夹角。如图 5-8 所示，将 $O_{m,-1}$、$O_{m,0}$ 和 $O_{m,1}$ 的频谱组合，可以获得合成孔径的频谱分布。实际上，对于每一个照明方向 $m \cdot \pi/4(m=\{1, 2, 3, 4\})$，仅选取 $O_{m,1}$ 和 $O_{m,-1}$ 的频谱中与照明方向（如图 5-8 中箭头所示）相反的 1/8 频谱用于合成频谱。首先，选取的频谱被照明光平移到低频部分从而通过了物镜的

入瞳，它们是超越物镜 NA 约束的高频分量；然后，对不同照明方向下的 $O_{m,1}$ 和 $O_{m,-1}$ 的频谱进行拼接，并将所得光谱的中心部分进一步替换为所有照明光下 $O_{m,0}$ 的平均分布，形成了如图 5-8 中的合成频谱（Synthesized Spectrum）；最后，对合成频谱进行逆傅里叶变换，得到分辨率更高的样品复振幅分布。

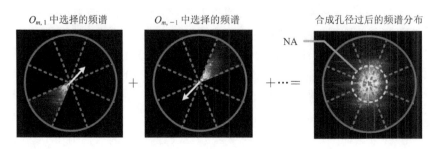

图 5-8 基于结构光照明的 DHM 的合成孔径[12]

衍射级数为 ±1 级之间的夹角 θ_{illum} 提高了结构光照明数字全息显微的空间分辨率。假设成像系统的数值孔径 $NA = \sin\Theta$，利用结构光照明得到的空间分辨率为

$$\delta = \frac{\kappa_1 \lambda}{\sin\Theta + \sin\theta_{\text{illum}}} \qquad (5-9)$$

公式中的参数 κ_1 由实验参数确定，如相干噪声水平和探测器的信噪比。

实验中，将载玻片上沉积的纳米颗粒（振幅和相位物体）作为样品，用于验证上述方法可实现分辨率的增强。数字全息显微在平行光照明和结构光照明下再现的样品相位分布分别如图 5-9(a)、(b) 所示，对比结果可以发现，结构光照明下的成像分辨率明显提高。通过定量分析得知，基于平行光照明和基于结构光照明的 DHM 的空间分辨率分别为 1.55 μm 和 0.90 μm，如图 5-9(c) 所示。实际上，结构光可以看成是两个沿不同方向传播的平行光的组合（分别沿结构光的 ±1 级衍射方向），对不同照明方向下物光的频谱进行拼接形成"合成

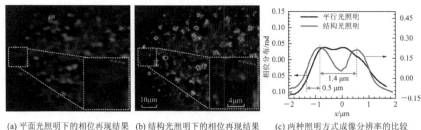

(a) 平面光照明下的相位再现结果 　 (b) 结构光照明下的相位再现结果 　 (c) 两种照明方式成像分辨率的比较

图 5-9 基于结构光照明的 DHM 成像结果[12]

数值孔径"。因此,结构光照明显微技术和离轴照明显微技术异曲同工。这里空间光调制器(SLM)的刷新速度为 60 帧/秒,可以快速产生并切换不同方向和相移量的结构光照明,同时避免了传统切换带来的机械运动。

此外,利用基于结构光照明的 DHM 装置,在提高空间分辨率的同时还可以确定像平面的位置,实现自动调焦功能[15]。众所周知,当物体被两个离轴平面波照明时,形成的两个物光波仅在聚焦平面(物体的像面)重叠。结构光可以被视为多个平面波的叠加,这些平面波沿着不同的路径(传播方向)将物体的信息传递到像面。不同传播方向下的物光波只有在像面上,彼此的差异达到最小值(否则出现横向剪切)。因此,我们引入一下判据,通过确定不同传播距离 Δz 下判据函数的最小值来确定像平面:

$$\mathrm{Cri}(\Delta z) = \frac{\sum_{m=1}^{4}\mathrm{RMS}\{|O_{m,+1}| + |O_{m,-1}| - 2|O_{m,0}|\}}{M_O} +$$

$$\frac{\sum_{m=1}^{4}\mathrm{RMS}\{\varphi_{m,+1} + \varphi_{m,-1} - 2\varphi_{m,0}\}}{M_\varphi} \quad (5-10)$$

式中,RMS 表示均方根运算[14]。$\varphi_{m,0}$、$\varphi_{m,-1}$、$\varphi_{m,+1}$分别为 $O_{m,0}(\Delta z, x, y)$、$O_{m,-1}(\Delta z, x, y)$、$O_{m,+1}(\Delta z, x, y)$的相位分布。M_O 和 M_φ 是加权因子,被定义为不同 Δz 的两个 RMS 的平均值。物体聚焦面的距离 Dz_0 由 $\mathrm{Cri}(\Delta z)$ 的最小值处对应的 Δz 决定。由于该方法没有对物体类型进行特定的假设,因此可用于振幅和相位物体。在第二个实验中,使用一个透明的结构平板(仅是相位物体)对自动聚焦方法进行展示。使用公式(5-10)计算 Δz 在 $-15\sim20$ cm 范围内 $\mathrm{Cri}(\Delta z)$ 的分布曲线,结果如图 5-10 所示。图 5-10(a)中绘制的曲线显示

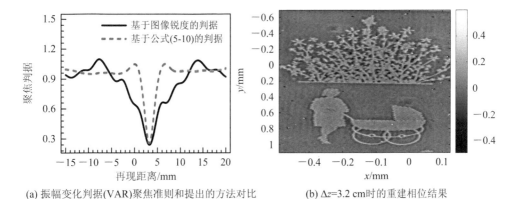

(a) 振幅变化判据(VAR)聚焦准则和提出的方法对比   (b) Δz=3.2 cm时的重建相位结果

图 5-10　自动聚焦实验结果

了 $\Delta z = 3.2$ cm 处的最小值,这与使用振幅变化判据(VAR)获得的值相同。当使用 $\Delta z = 3.2$ cm 再现全息图时,可以获得清晰的图像(见图 5-10(b)),这表明该方法可正确确定像面。

5.2.3 散斑照明

自 1960 年激光出现以后,散斑现象就普遍存在于光学成像的过程中[16]。散斑照明技术(包括散斑摄影术、数字散斑相关方法和电子散斑干涉测量等)可以用于样品位移和变形研究、振动和应力分析等方面[17]。在相干成像中,散斑会引起图像信噪比的下降。尽管通过对不同散斑照明下得到的图像进行平均可以减少相干噪声,但是这种方式会造成相位信息的丢失。

近年来,学者们利用散斑照明提高 DHM 的空间分辨率、降低 DHM 的相干噪声[18,19]。基于散斑照明的 DHM 实验装置如图 5-11(a)所示,在该装置中,一个全息散射板被放置在物光光路中,用于产生散斑照明。在该散射板之前放置一个压电扫描振镜(GM),用来控制/改变激光束入射到散射板上的角度。利用声光调制器(AMO$_1$ 和 AMO$_2$)在物光与参考光之间引入相位。实验中,对含有和未含有样品两种情况均进行了相同散斑照明的全息记录。方便起见,我们将第 i 次散斑照明下无样品和有样品两种情况的物光分别记为 $O_{0i}(x, y)$ 和 $O_{si}(x, y)$。然后,将这两个复振幅相除得到样品的复透过率分布 $O_i(x, y) = O_{si}/O_{0i}$。然而,由于散斑照明中存在强度为零的区域,因此导致每次重构的 O_i 的振幅和相位图中都存在一些噪点。为了解决这个问题,需要记录数百幅散

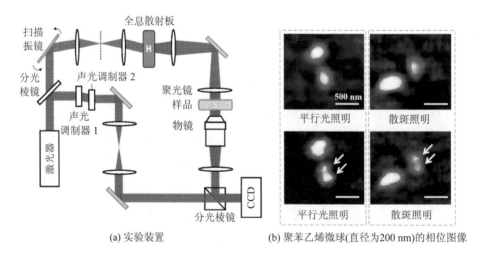

(a) 实验装置   (b) 聚苯乙烯微球(直径为200 nm)的相位图像

图 5-11 基于散斑照明的数字全息成像示意图[19]

斑图像,通过平均散斑照明下重建的 O_i 来达到抑制噪声的目的。这种方法不仅具有非相干成像的高空间分辨和高信噪比的特点,同时还具有可再现相位分布的优点。图 5-11(b)为基于平行光照明和散斑照明 DHM 对聚苯乙烯微球相位成像的结果。对比这两张图,可以看出散斑照明明显提高了相位成像的空间分辨能力。同时,通过对分辨率进行定量分析,基于平行光照明的点扩展函数和基于散斑照明 DHM 的分辨率(以点扩散函数的半高全宽为衡量标准)分别为 516 nm 和 305 nm,与理论预期值非常接近。

需要注意的是,该方法在重建过程中需采用平均的方法来获得分辨率增强的再现像。然而,该平均算法要求散斑照明光不同频谱之间具有相同的权重。由于传统散射板产生的散斑照明光在低频部分具有高的权重,因此在平均操作中物光的低频分量将得到较高的比重,削弱了分辨率增强的效果。为了解决这一弊端,学者们提出了一种迭代的重建方法[20]。如图 5-12 所示,该方法利用 SLM 来产生散斑照明,实现了相位成像的高速度和高重复性。利用迭代算法,使得照明光中低频和高频分量的比重对再现结果没有影响。

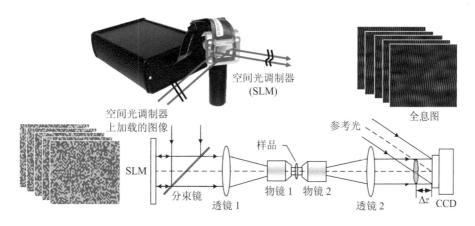

图 5-12 基于散斑照明的数字全息装置示意图[20]

事实上,散斑光场可以认为是不同方向平行光照射的组合。不同角度的倾斜照明会使物光在共轭面的频谱产生位移,进而获得额外的空间频率,如图 5-13(a)所示,这些额外的信息通过迭代积分,可以合成一个更大的频谱分布。图 5-13(b)展示了该迭代方法的再现过程:该方法利用离轴全息的再现方法获得样品在不同散斑照明下 CCD 平面上的复振幅分布,利用角谱理论将其传播到像面,计算出不同物光在像平面上的频谱分布(Measured Spectrum)。然后通过傅里叶变换使物光不断在像平面和频率域之间变换,在像平面上逐次改变照明光,在频谱平面上利用实验再现的频谱分布更换傅里叶变换得到频谱中的中心部分(不大于 NA/λ 的部分)。通过以上迭代过程可以获得分辨率增强的复振幅分布。需要说明的是,通过将不同迭代次序得到的物光复振幅进行平均还可以提高再现像的信噪比(SNR)。

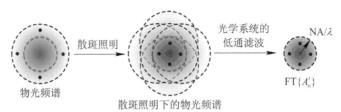

(a) 在成像过程中物光频谱的演化(虚线圆框表示由光学系统 NA 约束的频谱范围)

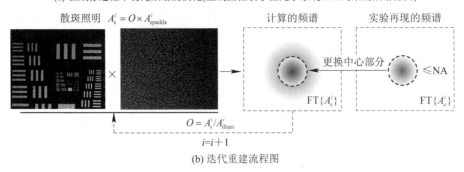

(b) 迭代重建流程图

图 5-13　基于散斑照明的 DHM 成像过程和迭代再现重建过程[20]

5.2.4　全息图扩增技术

以上介绍了基于照明调制的空间分辨率增强方法,它们主要用于有透镜 DHM(采用物镜对样品放大的 DHM 系统)。本节将介绍无透镜 DHM 的分辨率提高方法。

最早的无透镜数字全息(Lensless Holography)由 D. Gabor 于 1947 年提出[21]。该方法通过球面光波照明样品,利用全息干板直接记录样品的衍射图像(全息图),其间不采用任何透镜(或物镜)对样品进行放大。通过对该全息图进行数值再现,可以获得样品的原级再现像(实像)。然而,直接再现所获得的实像往往会受到全息图直流分量和共轭像的串扰,信噪比较低。随着激光器的出现,光源的相干性得到了提高,人们发现通过记录物光波和一倾斜参考光的离轴全息图(如图 5-14(a)、(b)所示),可有效解决以上的串扰问题。

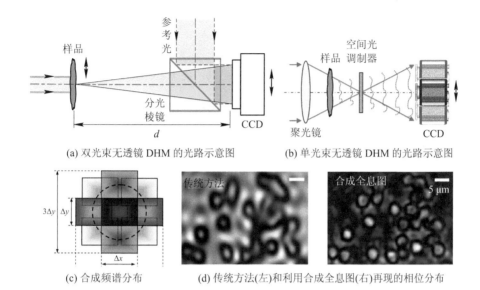

(a) 双光束无透镜 DHM 的光路示意图　　　(b) 单光束无透镜 DHM 的光路示意图

(c) 合成频谱分布　　　(d) 传统方法(左)和利用合成全息图(右)再现的相位分布

图 5 - 14　无透镜 DHM 的分辨率提高[25, 26]

对于无透镜 DHM，无论是否采用独立的参考光，CCD/CMOS 记录的均为样品的菲涅耳衍射图像(记录距离远远大于样品的横向尺寸)，此时的空间分辨率取决于

$$\sigma = \frac{\lambda z}{N\Delta_S} \tag{5-11}$$

式中，z 表示样品到全息图之间的距离，N 和 Δ_S 表示相机的像素个数和像素大小。从公式(5-11)可以看出，无透镜 DHM 的成像分辨率与所记录全息图的大小成反比，全息图越大，再现像的空间分辨率越高。

2013 年，瑞士苏黎世大学 T. Latychevskaia 教授提出采用全息图外推(Extrapolation)法来提高再现像的空间分辨率。该方法利用一迭代过程，对记录的全息图进行了数字外延，将 300×300 像素扩展到了 1000×1000 像素，最终将空间分辨率由 5.9 μm 提高到了 1.8 μm[22]。

此外，众多学者通过横向移动样品或 CCD 来记录不同的子全息图，并通过合成一个更大的全息图(接收更多样品高频分量)，最终提高了再现像的空间分辨率。图 5-14(d)分别展示了血细胞样品在无透镜 DHM 下的直接再现相位图样(左图)和通过平移样品合成全息图后的再现相位图样(右图)。通过比较可知，后者的空间分辨率明显增强，等效数值孔径 NA=0.13 提高到了 $NA_{syn}=0.75$。除了移动样品/CCD 来合成全息图外，通过在样品和 CCD 之间引入—衍射光栅[23,24]，也可以记录样品的更多高频分量，最终达到提高空间分辨率的目的。

5.3　单光束相位显微中的分辨率增强技术

传统的 DHM 具有很高的相位测量精度，但是它需要使用参考光，故成像装置较为复杂，且抗环境干扰性差。近年来，单光束相位成像技术异军突起，逐渐成为 QPM 的重要技术之一。单光束相位成像技术在研究特殊光束本身的相位分布、成像系统畸变补偿、自适应成像等方面发挥着越来越重要的作用，下面将着重介绍单光束相位显微成像中的分辨率增强技术。

5.3.1　傅里叶叠层显微

傅里叶叠层显微(Fourier Ptychography Microscopy，FPM)[27]成像是以空域叠层成像(Ptychography)技术[28]为基础发展起来的单光束相位成像技术。Ptychography 这个单词最早是由 W.Hoppe 等人[29]在 1969 年通过卷积定理实现相位恢复时所提出的。Ptychography[30]通过移动一聚焦光束照射样品的不同部位，同时记录所得的衍射图像，最终利用迭代算法从这一系列衍射图像中恢复样品的复振幅信息(相位信息)。与 Ptychography 相比，FPM 引入了"角度复用"的概念(与离轴照明 DHM 类似)，不同角度的照明光束可以扩大成像系统对物光频谱的收集能力[30,31]。因此，FPM 可以通过记录不同照明角度下的低分辨率图像，并与迭代算法结合恢复出高分辨率和高空间带宽积的振幅和相位图像。

FPM 成像装置[27]如图 5－15(a)所示，样品被放置于物镜的前焦平面处，通过控制 LED 阵列中不同位置处 LED 的"开"与"关"来实现不同方向的照明，如图 5－15(b)所示，中央红色圆域是垂直照明时的频谱分布，白色圆域是单次离轴照明时的频谱分布，绿色圆域是最终合成的频谱范围。每两个相邻光源之间的距离需要设置得足够接近，以保证两次相邻照明所得的衍射图像具有60％的覆盖率。使用不同位置处的 LED 照射样品，所产生的一系列低分辨率的衍射图像由 CCD 记录，如图 5－15(d)所示。随后，利用一迭代算法最终可以获得高分辨率图像，如图 5－15(e)所示。对比图 5－15(c)和(e)，可以清晰地看出 FPM 显著提高了相位成像的空间分辨率。

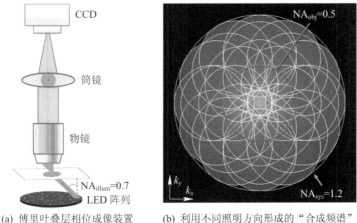

(a) 傅里叶叠层相位成像装置 　　　 (b) 利用不同照明方向形成的"合成频谱"

(c) 样品实物图　　(d) 不同方向平行光照明下的低分辨图像　　(e) FPM 重建图像

图 5-15　傅里叶叠层显微成像(FPM)原理[27]

　　需要注意的是,FPM 通过记录一系列低分辨率的衍射图样来实现空间带宽积的增加,获取时间通常是以分钟为单位,因此在此过程中牺牲了时间分辨率。若要研究动态样品,则需要更快的捕获时间[32]。为了达到这个目标,国外学者利用声控/电控光栅[33]、数字编码 LED 阵列来提高图像的获取速度;同时,利用一种改进的迭代算法[32,34]来提高图像重构速度。为了进一步提高成像分辨率,还可以采用浸油聚光镜来增大照明角度[35]。除了使用 LED 阵列外,也可以通过固定光束照射横向平移的样品来提高相位成像的分辨率[36]。与不同位置 LED 产生的离轴照明类似,汇聚光束在不同位置具有相同的相位梯度,可以将样品的高频分量移向低频分量,最终产生合成数值孔径。近年来,人们还将 FPM 与荧光显微相结合来实现多模式显微成像[37]。

　　与 FPM 较为类似,相干衍射成像(Coherent Diffraction Imaging,CDI)[38-40]也是一种利用迭代算法直接从所记录的物体衍射图像中恢复物体强度和相位的成像技术。不同的是,CDI 不使用物镜,而是直接利用一发散或聚焦的光束照明样品的局部位置,通过移动样品得到不同的衍射强度图像,再利用迭代算法再现出样品的相位分布。此外,CDI 和 X 射线相结合的技术在材料学和生物学方面也得到了广泛应用。

5.3.2 结构照明单光束相位显微

基于结构照明的单光束相位显微技术[41]利用 SLM/DMD 产生不同振幅或相位分布的光波作为照明光(或称作结构光),该结构光的复振幅分布可以被事先测得;通过记录样品在不同散斑(结构光)照明下的衍射图像,不但可以再现出样品的复振幅分布,还可以提高分辨率。

结构照明单光束相位显微的光路如图 5-16 所示:从半导体激光器发出的激光经由透镜 1 和透镜 2 组成的望远镜系统扩束准直成平面波,然后通过偏振片变为水平线偏振光。水平线偏振的平面波经过分光棱镜后入射在一个纯相位空间光调制器(SLM)上。通过在空间光调制器上加载不同的灰度图样(条纹结构图样、随机结构图样)可以调制入射光场生成相应的结构照明光,结构照明光经望远镜系统(由透镜 3 和物镜 1 组成)缩束后成像到样品表面。在该结构光照明下,样品被由物镜 2 和透镜 4 组成的望远镜系统放大成像。CCD 在偏离像平面的位置记录样品在不同结构照明条件下的衍射光斑,然后使用再现方法,从这些衍射光斑中恢复出被测样品的相位分布。该技术不仅再现出被测样品的相位分布,也提高了相位成像的空间分辨率。

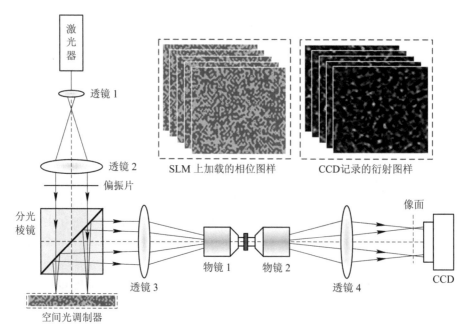

图 5-16　基于结构照明的单光束相位成像光路[41]

在再现方法上,该方法首先假定样品具有随机的相位分布(初始化),通过模拟样品在不同结构照明下的成像过程,不断将模拟的不同结构照明下物光强度更换为实验所记录衍射图样的强度(强度约束)。在迭代过程中通过不断实施这一强度约束,从而逐步逼近物光的实际相位分布。具体实施如下:采用不同的结构照明光 A_{illum}^{i} 来照明样品,并记录该照明光下样品离焦图样的强度分布 I_{CCD}^{m},然后通过以下的迭代过程再现出物光的相位分布:

(1)对物光进行初始化。将第一次结构照明下的物光复振幅写为

$$A_{\text{CCD}}^{1} = \sqrt{I_{\text{CCD}}^{1}} \exp(\mathrm{i}\varphi_{\text{rand}})$$

这里 φ_{rand} 表示具有随机分布的初始相位。

(2)利用菲涅耳衍射或角谱传输方法,将 A_{CCD}^{1} 传播到样品像平面上,并将像平面上的物光复振幅记为 A_{Obj}^{1}。

(3)得到样品的复透过率分布:

$$O_{1} = \frac{A_{\text{Obj}}^{1}}{A_{\text{illum}}^{1}}$$

(4)模拟第二次结构照明过程:

$$A_{\text{Obj}}^{2} = A_{\text{illum}}^{1} \cdot O_{1}$$

(5)利用菲涅耳衍射或角谱传输方法,将 A_{Obj}^{2} 传播到CCD面上。将所得物光的振幅更换为实验所测得的振幅 $\sqrt{I_{\text{CCD}}^{2}}$。

(6)利用 k 和 $k+1$ 分别代替上述过程中的 1 和 2,重复步骤(2)~(5)。

通过多次迭代计算,使得计算得到的物光复振幅分布不断逼近实际物光复振幅,从而求得物体实际的相位分布。此外,还可以将采用不同迭代次序再现出的物光进行平均,以降低相干噪声。

实验采用蚊子翅膀作为相位物体,利用随机结构照明光(如图 5-17(a)所示)照射样品,并记录产生的 8 幅衍射图样,其中 5 幅图样如图 5-17(b)所示。利用迭代方法,再现出蚊子翅膀的相位分布,如图 5-17(c)所示。实验结果表

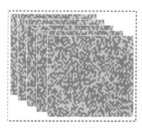 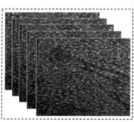 

(a) 在SLM上加载的　　　(b) 在不同随机结构照明　　(c) 再现相位分布
　　随机结构图样　　　　　　下的衍射图样

图 5-17　基于迭代算法的单光束相位显微成像结果[41]

明,该方法不仅可以对连续相位物体成像,还可以对跃变相位物体(如相位台阶)成像。此外,在随机结构照明下,不同方向的平面波将物光的高频分量向零频方向平移,并通过系统的有效数值孔径。因此,基于结构照明的单光束相位成像技术可以提高相位成像的空间分辨率。

采用上述基于结构照明的迭代算法还可以提高相位成像的横向分辨率。这里以随机结构光(如散斑)照明为例来说明结构照明提高成像空间分辨率的原理。由于随机结构照明光可以看作是无数个不同方向的平面波的相干叠加,因此,在散斑照明下,不同方向的平面波将物光的高频分量移向零频方向,并通过系统的孔径光阑(如图 5-18(a)所示)。在迭代过程中,记录在衍射图样中的样品的高频分量被还原到原始位置,提高了相位成像的横向分辨率。我们对此也进行了初步的模拟验证,图 5-18(b)~(d)中的再现结果表明该方法具有可行性。需要说明的是,该成像方法的分辨率提高程度与样品平面上的条纹结构光的周期(或散斑的颗粒直径)有关。条纹结构光的周期(或散斑的颗粒直径)越小,成像分辨率的提高程度越大。我们不妨采用数值孔径 NA 来讨论成像分辨率 σ 的提高,基于结构光照明相位成像的等效数值孔径可以表示为

$$NA_{eff} = NA_{illum} + NA_{imag}$$

其中,NA_{illum} 和 NA_{imag} 分别表示照明光的数值孔径和成像物镜 MO_2 的数值孔径。

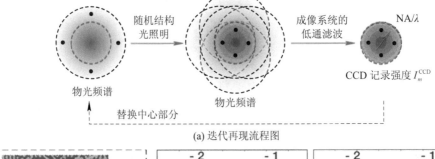

(a) 迭代再现流程图

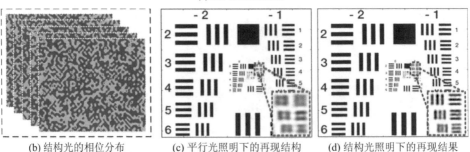

(b) 结构光的相位分布   (c) 平行光照明下的再现结构   (d) 结构光照明下的再现结果

图 5-18 基于结构光照明的超分辨相位再现

NA_{illum} 的最大值受限于物镜 MO_1 的数值孔径($NA_{illum} \leqslant NA_{MO1}$)。因此，当 MO_1 和 MO_2 的数值孔径相同时，基于结构光照明单光束相位成像的空间分辨率相对于传统的相位成像方法($NA_{illum} = 0$)将提高一倍。

5.3.3　片上相位显微的亚像元技术

片上相位显微(On-chip Phase Microscopy)技术就是将待测样品放置在 CCD/CMOS 芯片前的保护玻璃上(样品与成像芯片之间的距离 $\leqslant 1$ mm)，通过记录样品在不同照明方向下的衍射图样来实现定量相位成像。由于不存在额外的成像系统，片上相位显微的空间分辨率直接取决于 CCD/CMOS 的像素大小，一般为一个或几个微米，与数值孔径 NA 为 0.25 物镜对应的空间分辨率接近。虽然通过减小像素尺寸可以提高空间分辨率，但是目前制作像素小于 1 μm 的芯片具有一定的难度，同时像素尺寸过小也会降低图像的信噪比。为了解决分辨率和信噪比之间的矛盾，海内外学者提出了亚像元成像技术，并被成功地应用到片上相位显微技术中[42, 43]。

亚像元成像技术是通过将样品或 CCD 沿水平和垂直方向移动(每次横向移动量小于一个像素的大小，如 1/2 像元)，以记录每次横向移动样品/CCD 时样品的衍射图像，并将全部所得图形组合起来获得一幅具有亚像素分辨率的图像。值得注意的是，在基于卷积的重建算法中，除了移动待测样品和相机以外，还可以通过移动照明来减少有效像素的大小[44, 45]。

合成孔径片上的相位显微成像装置如图 5-19 所示[46]。该装置利用声光可调谐滤波器对宽频带光源进行滤波，然后耦合到单模光纤中，从光纤发出的光的光谱带宽约为 2.5 nm。光纤的另一端被安装在旋转臂上，其旋转轴与数字传感器芯片的平面严格对准，用来提供像素超分辨的横向光源位移。同时，CMOS 也安装在旋转座上，用来实现在横向平面内旋转。光纤与 CMOS 之间的距离约为 7~11 cm，且样品放置在图像传感器上方 100~500 μm 处。通过使用电动装置控制机械臂可使光源依次发生 0.1~0.2 mm 的横向位移量，同时记录每个光源位置所对应的衍射图像。通过以 10° 为增量不断重复这一过程，使得光纤照明在两个正交方向上具有 $-50° \sim 50°$ 的视场角。最终，通过迭代恢复被测样品的相位分布。

实验中，利用片上相位显微技术对苏木精和伊红染色的乳腺癌细胞进行成像，所用图像传感器的整个可探测区域为 20.5 mm^2(视场范围)。在实验中，通常使用 22 个不同的光照角度(以 10° 为增量，沿着两个正交的方向覆盖 $-50° \sim 50°$)和 5~10 个迭代过程来实现相位检索，恢复出来的振幅和相位分

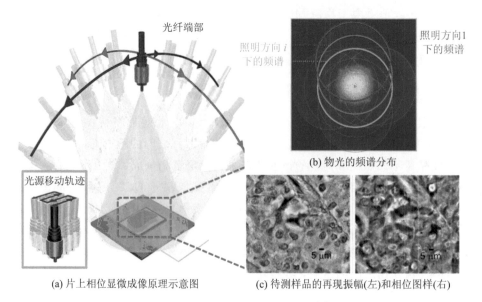

(a) 片上相位显微成像原理示意图   (c) 待测样品的再现振幅(左)和相位图样(右)

图 5-19   片上相位显微成像原理[46]

布如图 5-19(c)所示。与之前提到的数字全息显微结构相似,片上相位显微也采用了合成孔径的方法来提高分辨率。通过改变照明角度记录 16~64 幅衍射图样(x 和 y 方向上各有 11 个角度)实现合成孔径,最终达到片上相位成像分辨率增强的目的。由于片上相位显微成像技术具有结构简单、实用性强等优点,因此在多个领域被广泛应用。该技术分别与荧光成像[47]、结构光照明成像[48]、彩色全息成像[43]、结合深度学习相结合,可为活体细胞、微生物提供观察和三维轨迹跟踪工具[49,50]。

5.3.4   基于深度学习的分辨率增强

近年来,人工智能(AI)技术发展迅猛,尤其是深度学习技术在光学成像领域被广泛应用,其解决成像逆问题的潜力也不断被研究人员发掘,如在全息重建、自动聚焦与相位恢复、全息去噪和分辨率提高等方面都有着显著的研究进展。在 DHM 分辨率提高方面,深度学习通过一神经网络来建模 DHM 的成像系统,分别利用低分辨的全息图和高倍物镜获得的高分辨相位图像作为网络的输入和输出来训练网络,如图 5-20 所示。通过以上训练,该网络便具有"超分辨"重建能力,能够利用低分辨的全息图获得高分辨的再现图像[49,51,52]。

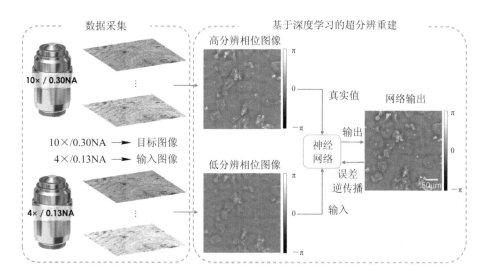

图 5 - 20　基于深度学习的 DHM 分辨率提高技术[53]

在具体操作中，深度学习通过定义以下损失函数，将低分辨的输入图像 x_n 和 y_n 联系起来：

$$R_{\text{learn}}(\theta) = \underset{R_\theta, \theta \in \Theta}{\arg\min} \sum_{n=1}^{N} F[x_n, R_\theta(y_n)] + g(\theta) \qquad (5-12)$$

式中，F 为损失函数，$g(\theta)$ 是为了避免过度拟合而引入的规则项（正则项），R_{learn} 是由众多参数 θ 表征的神经网络。通过利用大量的输入和输出数据对网络进行训练，使损失函数 F 达到最小值，此时神经网络 R_{learn} 的参数 θ 达到最优化。之后，该网络便可以将一未知的低分辨输入图像，根据前期训练获得的"经验"，输出对应的高分辨图像。

2018 年，Y.Rivenson 等人将 GAN 神经网络用于片上相位显微[53]：首先，通过移动 CCD/CMOS 相机将记录的一系列低分辨离焦图像作为输入，并利用传统方法（Shift-and-add 算法）将获得的高分辨图像作为输出；然后，通过该"输入-输出"图像组合对网络进行训练；最后，利用该网络从记录的低分辨图像中获得高分辨的定量相位图像。因此，基于深度学习的片上相位显微技术不仅可以实现定量相位成像，而且可以提高相位成像的空间分辨率，具有很好的应用前景[53]。

事实上，基于深度学习的分辨率增强方法，是通过"记忆"学习大量样品在输入和输出之间的映射特征，模拟成像中点扩散函数所起的作用，对待重建输入图像中的微细结构进行合理预测，从而提高其空间分辨率。目前，深度学习需要上千组"输入-输出对"对网络进行训练，因此数据采集和网络训练极为耗时。基于深度学习的 QPM 分辨率提高方法还存在的另一个潜在缺点：该"超分辨"重建能力严重依赖于训练数据，当训练数据不充分或者待测样品与训练集差别较大时，网络会给出错误输出[54]。然而，随着网络结构的不断优化，深度学习的性能和应用将会得到不断的提高，尤其是将定量相位成像的实际物理模型融入到神经网络后，可有效减少所需的训练集数量，并提高神经网络的通用性和可靠性[55]。

本 章 小 结

本章介绍了定量相位显微的分辨率增强技术，并解决了如何在保持大视场的前提下提高相位成像空间分辨率的问题。定量相位显微技术一般包括：① 基于干涉的数字全息显微(DHM)；② 基于衍射的单光束相位显微。相比于单光束相位显微技术，DHM 具有更高的相位精度，与此同时也付出了光路复杂、对环境要求高等代价；而单光束相位显微无需参考光，具有结构简单、环境适用性好的优点，但重建速度较慢。

以上介绍的两种定量相位显微技术，均通过采用调制照明(离轴照明、结构照明、散斑照明)、扩增全息图、亚像元等技术合成一个超越成像系统 NA 约束的"合成频谱"，或者借助深度学习重建方法，实现了广域高分辨 QPM 成像。表 5-1 比较了不同相位成像方法中分辨率提高技术的特点：对于有透镜DHM，离轴照明、结构光、散斑照明可以通过合成孔径，得到超越 NA 限制的振幅和相位成像；无透镜 DHM 的分辨率主要取决于全息图的大小，通过移动样品/CCD 或改变照明合成一个较大的全息图(或对全息图进行数值扩增)，从而实现其空间分辨率的增强。片上相位显微技术通过相对移动 CCD/样品、采用多角度照明，可完成大视场下的高分辨相位显微成像。

表 5-1　不同 DHM 成像中分辨率提高方法的横向比较[56]

方法/技术		特点/性能	参考文献
采用物镜的数字全息显微	离轴照明 结构光照明 散斑照明	采用物镜对样品进行放大，显微镜结构较为复杂。 可获得的分辨率为：$\sigma = 0.82\lambda/(NA_{imag} + NA_{illum})$，最高分辨率可达光学衍射极限。 成像视场由物镜所决定，10× 物镜下成像视场为 1 mm×1 mm	[13, 19, 57]

续表

方法/技术		特点/性能	参考文献
无透镜数字全息显微	全息图数字外推法	无需物镜，相位成像光路简单。通过将全息图的大小由 $N_0\Delta_s$ 数字扩增到 $N\Delta_s$，可将空间分辨率由 $\lambda z/(N_0\Delta_s)$ 提高到 $\lambda z/(N\Delta_s)$。	[22，58－60]
	通过物理方法合成较大的全息图	分辨率可提高至 $\sigma=\lambda z/L_{\text{hologram}}$，$L_{\text{hologram}}$ 为合成全息的大小。合成全息图后 NA 可达 0.3，成像视场为 20 mm×16 mm	[26，61，62]
单光束相位显微	亚像元成像技术	通过将 CCD 横向移动 6×6 次，每次移动量小于一个像素，可将片上相位显微镜的 NA 提高至 0.9。通过改变照明方向，NA 可以进一步提高至 1.4。典型的成像视场为 20 mm^2。	[46，63－67]
	傅里叶叠层显微	通过记录上百个不同方向的平行光照明样品的衍射图像，利用迭代再现，可获得大视场、高分辨的定量相位图像。NA 可提高至 1.6，成像视场可达 2.34 mm^2	[27，35]
基于人工智能的重建方法	深度学习	依赖于大量的训练集，耗时较长。当被测样品远离训练集时，再现容易出错。通过将成像的物理模型与网络相结合，可克服以上缺陷	[53，68]

不同相位显微分辨率增强技术的共同点在于：大视场下提高分辨率确实增加了成像系统的空间带宽积，但是，这是以牺牲其时间分辨率为代价实现的。随着光场调制技术（强度和相位调制）、成像设备（CMOS/CCD）以及多路复用技术的发展，时间分辨率将会得到显著的提高。此外，基于训练数据和物理模型的神经网络为提升 DHM 空间分辨率提供了全新的途径。通过将定量相位显微的真实物理模型融入到神经网络中，可使神经网络的通用性和可靠性得到进一步提高。

参 考 文 献

[1] BORN M, WOLF E. Principles of Optics. 7th ed. Cambridge : Cambridge University Press, 1999.

[2] DEN DEKKER A J, VAN DEN BOS A. Resolution: a survey. J. Opt. Soc. Am. A, 1997 (14):547 – 557.

[3] FARIDIAN A, HOPP D, PEDRINI G, et al. Nanoscale imaging using deep ultraviolet digital holographic microscopy. Opt. Express, 2010 (18):14159 – 14164.

[4] MICO V, ZALEVSKY Z, GARCÍA J. Common-path phase-shifting digital holographic microscopy: A way to quantitative phase imaging and superresolution. Opt. Commun., 2008 (281):4273 – 4281.

[5] HONGZHEN J, JIANLIN Z, JIANGLEI D, et al. Numerically correcting the joint misplacement of the sub-holograms in spatial synthetic aperture digital Fresnel holography. Opt. Express, 2009 (17):18836 – 18842.

[6] SCHWARZ C J, KUZNETSOVA Y, BRUECK S R J. Imaging interferometric microscopy. Opt. Lett., 2003 (28):1424 – 1426.

[7] YUAN C J, SITU G, PEDRINI G, et al. Resolution improvement in digital holography by angular and polarization multiplexing. Appl. Opt., 2011 (50): B6 – B11.

[8] MICO V, ZALEVSKY Z, GARCIA-MARTINEZ P, et al. Single-step superresolution by interferometric imaging. Opt. Express, 2004 (12): 2589 – 2596.

[9] HILLMAN T R, GUTZLER T, ALEXANDROV S A, et al. High-resolution, wide-field object reconstruction with synthetic aperture Fourier holographic optical microscopy. Opt. Express, 2009 (17):7873 – 7892.

[10] MICÓ V, ZALEVSKY Z, FERREIRA C, et al. Superresolution digital holographic microscopy for three-dimensional samples. Opt. Express, 2008 (16):9260 – 19270.

[11] CHOWDHURY S, IZATT J. Structured illumination quantitative phase microscopy for enhanced resolution amplitude and phase imaging. Biomed. Opt. Express, 2013 (4):1795 – 1805.

[12] GAO P, PEDRINI G, OSTEN W. Structured illumination for resolution

enhancement and autofocusing in digital holographic microscopy. Opt. Lett.，2013 (38):1328 - 1330.

[13] CHOWDHURY S, ELDRIDGE W J, WAX A, et al. Refractive index tomography with structured illumination. Optica , 2017 (4): 537 - 545.

[14] BHATTACHARYAN G K. Cube beam-splitter interferometer for phase shifting interferometry. J. Opt.，2009 (38):191 - 198.

[15] GAO P, YAO B, MIN J, et al. Autofocusing of digital holographic microscopy based on off-axis illuminations. Opt. Lett.，2012 (37):3630 - 3632.

[16] GOODMAN J. Speckle Phenomena in Optics: Theory and Applications. Greenwoood Village:Roberts and Company Publishers,2007.

[17] TIZIANI H J, PEDRINI G. From speckle pattern photography to digital holographic interferometry [Invited]. Appl. Opt.，2013 (52):30 - 44.

[18] GARCÍA J, ZALEVSKY Z, FIXLER D. Synthetic aperture superresolution by speckle pattern projection. Opt. Express，2005 (13):6073 - 6078.

[19] PARK Y, CHOI W, YAQOOB Z, et al. Speckle-field digital holographic microscopy. Opt. Express，2009 (17):12285 - 12292.

[20] ZHENG J, GAO P, YAO B, et al. Digital holographic microscopy with phase-shift-free structured illumination. Photon. Res.，2014 (2):87 - 91.

[21] GABOR D. A new microscopic principle. Nature，1948 (161): 777 - 778.

[22] LATYCHEVSKAIA T , FINK H W. Resolution enhancement in digital holography by self-extrapolation of holograms. Opt. Express，2013 (21): 7726 - 7733.

[23] PATURZO M, MEROLA F, GRILLI S, et al. Super-resolution in digital holography by a two-dimensional dynamic phase grating. Opt. Express，2008 (16):17107 - 17118.

[24] LIU C. Super-resolution digital holographic imaging method. Appl. Phys. Lett.，2002 (81): 3143 - 3143.

[25] MICO V, GRANERO L, ZALEVSKY Z, et al. Superresolved phase-shifting Gabor holography by CCD shift. J. Opt. A: Pure Appl. Opt.，2009 (11): 1 - 8.

[26] GRANERO L, MICÓ V, ZALEVSKY Z, et al. Synthetic aperture superresolved microscopy in digital lensless Fourier holography by time and angular multiplexing of the object information. Appl. Opt.，2010 (49): 845 - 857.

[27] OU X, HORSTMEYER R, ZHENG G, et al. High numerical aperture Fourier ptychography: principle, implementation and characterization. Opt. Express, 2015 (23):3472 - 3491.

[28] FAULKNER H M L, RODENBURG J. Movable Aperture Lensless Transmission Microscopy: A Novel Phase Retrieval Algorithm. Phys. Rev., Lett., 2004 (93):023903.

[29] HOPPE W. Beugung im inhomogenen Primärstrahlwellenfeld. I. Prinzip einer Phasenmessung von Elektronenbeungungsinterferenzen. Acta Crystallographica Section A, 1969 (25): 495 - 501.

[30] OU X, HORSTMEYER R, YANG C, et al. Quantitative phase imaging via Fourier ptychographic microscopy. Opt. Lett., 2013 (38): 4845 - 4848.

[31] ZHENG G, HORSTMEYER R, YANG C. Wide-field, high-resolution Fourier ptychographic microscopy. Nat. Photon., 2013 (7): 739 - 745.

[32] TIAN L, LIU Z, YEH L H, et al. Computational illumination for high-speed in vitro Fourier ptychographic microscopy. Optica, 2015 (2):904 - 911.

[33] HE X, LIU C, ZHU J. Single-shot Fourier ptychography based on diffractive beam splitting Opt. Lett., 2018 (43): 214 - 217.

[34] TIAN L, LI X, RAMCHANDRAN K, et al. Multiplexed coded illumination for Fourier Ptychography with an LED array microscope. Biomed. Opt. Express, 2014 (5):2376 - 2389.

[35] SUN J, ZUO C, ZHANG L, et al. Resolution-enhanced Fourier ptychographic microscopy based on high-numerical-aperture illuminations. Sci. Rep., 2017 (7): 1187.

[36] MAIDEN A M, HUMPHRY M J, ZHANG F, et al. Superresolution imaging via ptychography. J. Opt. Soc. Am. A, 2011 (28):604 - 612.

[37] THIBAULT P, MENZEL A. Reconstructing state mixtures from diffraction measurements. Nature, 2013 (494):68.

[38] FIENUP J R. Reconstruction of an object from the modulus of its Fourier transform. Opt. Lett., 1978 (3):27 - 29.

[39] 刘诚，潘兴臣，朱健强. 基于光栅分光法的相干衍射成像. 物理学报，2013 (62): 184204.

[40] 范家东，江怀东. 相干 X 射线衍射成像技术及在材料学和生物学中的应用. 物理学报，2012 (61): 218702.

[41] GAO P, PEDRINI G, ZUO C, et al. Phase retrieval using spatially

modulated illumination. Opt. Lett., 2014 (39):3615 – 3618.

[42] ZHANG J, SUN J, CHEN Q, et al. Adaptive pixel-super-resolved lensfree in-line digital holography for wide-field on-chip microscopy. Sci. Rep., 2017 (7): 11777.

[43] WU Y, ZHANG Y, LUO W, et al. Demosaiced pixel super-resolution for multiplexed holographic color imaging. Sci. Rep., 2016 (6):28601.

[44] STOCKMAR M, CLOETENS P, ZANETTE I, et al. Near-field ptychography: phase retrieval for inline holography using a structured illumination. Sci. Rep., 2013 (3):1927.

[45] CLAUS D, RODENBURG J M. Pixel size adjustment in coherent diffractive imaging within the Rayleigh-Sommerfeld regime. Appl. Opt., 2015 (54):1936 – 1944.

[46] LUO W, GREENBAUM A, ZHANG Y, et al. Synthetic aperture-based on-chip microscopy. Light Sci. Appl., 2015 (4): e261.

[47] BISHARA W, SU T W, COSKUN A F, et al. Lensfree on-chip microscopy over a wide field-of-view using pixel super-resolution. Opt. Express, 2010 (18): 11181 – 11191.

[48] GREENBAUM A, LUO W, KHADEMHOSSEINIEH B, et al. Increased space-bandwidth product in pixel super-resolved lensfree on-chip microscopy. Sci. Rep., 2013 (3):1717.

[49] RIVENSON Y, GÖRÖCS Z, GÜNAYDIN H, et al. Deep learning microscopy. Optica , 2017 (4):1437 – 1443.

[50] SU T, XUE L, OZCAN A. High-throughput lensfree 3D tracking of human sperms reveals rare statistics of helical trajectories. PNAS, 2012 (40):16018 – 16022.

[51] BARBASTATHIS G, OZCAN A, SITU G. On the use of deep learning for computational imaging. Optica, 2019 (6):921 – 943.

[52] NEHME E, WEISS L E, MICHAELI T, et al. Deep-STORM: super-resolution single-molecule microscopy by deep learning. Optica, 2018 (5):458 – 464.

[53] LIU T, DE HAAK N, RIVENSON Y, et al. Deep learning-based super-resolution in coherent imaging systems. Sci. Rep., 2019 (9): 3926.

[54] BELTHANGADY C, ROYER L A. Applications, promises, and pitfalls of deep learning for fluorescence image reconstruction. Nat. Meth., 2019 (16):

1215 - 1225.

[55] WANG F, BIAN Y, WANG H, et al. Phase imaging with an untrained neural network. Light Sci. Appl., 2020 (9):77.

[56] GAO P, YUAN C J. Resolution enhancement of digital holographic microscopy via synthetic aperture: a review. Light: Advanced Manufacturing, 2022 (3): 6.

[57] CHENG C J, LAI X, LIN Y C, et al. Superresolution imaging in synthetic aperture digital holographic microscopy. IEEE 4th International Conference on Photonics, 2013:215 - 217.

[58] RONG L, LATYCHEVSKAIA T, WANG D Y, et al. Terahertz in-line digital holography of dragonfly hindwing: amplitude and phase reconstruction at enhanced resolution by extrapolation. Opt. Express, 2014 (22):17236 - 17245.

[59] RONG L, LATYCHEVSKAIA T, CHEN C H, et al. Terahertz in-line digital holography of human hepatocellular carcinoma tissue. Sci. Rep., 2015 (5): 1 - 6.

[60] LATYCHEVSKAIA T, FINK H W. Coherent microscopy at resolution beyond diffraction limit using post-experimental data extrapolation. Appl. Phys. Lett., 2013 (103):204105.

[61] MICÓV, FERREIRA C, GARCÍA J. Surpassing digital holography limits by lensless object scanning holography. Opt. Express, 2012 (20):9382 - 9395.

[62] BIANCO V, PATURZO M, FERRARO P. Spatio-temporal scanning modality for synthesizing interferograms and digital holograms. Opt. Express, 2014 (22):22328 - 22339.

[63] WU Y C, OZCAN A. Lensless digital holographic microscopy and its applications in biomedicine and environmental monitoring. Methods, 2018 (136):4 - 16.

[64] BISHARA W, SIKORA U, MUDANYALI O, et al. Holographic pixel super-resolution in portable lensless on-chip microscopy using a fiber-optic array. Lab Chip, 2011 (11):1276 - 1279.

[65] BISHARA W, ZHU H Y, OZCAN A. Holographic opto-fluidic microscopy. Opt. Express, 2010 (18):27499 - 27510.

[66] BISHARA W, SU T W, COSKUN A F, et al. Lensfree on-chip microscopy over a wide field-of-view using pixel super-resolution. Opt. Express, 2010

(18)：11181 – 11191.

[67] GREENBAUM A，LUO W，SU T W，et al. Imaging without lenses：achievements and remaining challenges of wide-field on-chip microscopy. Nat. Meth.，2012 (9)：889 – 895.

[68] BYEON H，GO T，LEE S J. Deep learning-based digital in-line holographic microscopy for high resolution with extended field of view. Opt. Laser Technol.，2019 (113)：77 – 86.

Stefan Hell，德国马普生物物理化学研究所所长，2014 年诺贝尔化学奖获得者："It's childish，but it still gives me great pleasure to see high-res pictures everyone told me would be impossible."

数字全息显微中的自动调焦技术

相比于传统的光学显微，数字全息显微（DHM）能够利用计算机完成对物光波传播过程的数值计算，实现数字调焦，从而为运动物体或动态过程的跟踪观测和实时干预提供了有力手段。传统做法是通过测量来确定离焦距离，或通过逐渐改变离焦距离来寻找准确的像面。若能自动获得准确的再现距离，则不仅大大节约了调焦时间，也为 DHM 实现三维实时观测和及时干预提供了有效途径。如何定量获取全息图中样品的离焦距离是实现自动调焦的关键。

本章主要介绍 DHM 中全息图离焦量的数字获取方法（包括基于图像锐度、能量集中度、振幅模量、稀疏度）和不同照明调制方式的离焦量获取方法，以及 DHM 自动调焦在多个领域（包括单细胞成像/识别/跟踪、生物组织三维成像、粒子追踪）中的应用。

6.1 全息图离焦量的数字获取方法

DHM 自动调焦就是以连续步进的方式改变数值重建算法中离焦距离 d 的大小，计算出一系列重建图像，再利用自动调焦评价函数确定最佳聚焦距离，进而获得高质量的重建图像。自动调焦评价函数是用来评价图像清晰度的依据标准，评价函数曲线应当满足单峰性（在自动调焦范围区间内的全局极值点对应最佳聚焦位置）和收敛性（曲线在全局极值点两侧的斜率绝对值越大或半高宽越小，则收敛性越高）。因而选择合适的自动调焦评价算法来精确获得离焦距离，是 DHM 中数值重建的关键。

下面将分别介绍基于锐度度量、能量集中度分析、振幅模量分析、稀疏度测量，以及不同照明调制的离焦量获取法。

6.1.1 基于锐度度量的离焦量获取方法

1974 年 R.A.Muller 和 A.Buffington[1] 首次提出了基于再现像锐度的调焦

评价函数，通过计算不同距离处调焦评价函数的全局极值可确定最佳离焦距离。常用的锐度度量函数可以分为以下几类[2]：

（1）基于梯度函数的锐度度量：通过计算图像灰度的梯度函数并对其进行分析，可以获得样品的像平面。由于在焦图像比较锐利，其强度分布的相对变化较大，此时图像的梯度值最大。因此，利用该特征可以对图像离焦程度进行评价，用以寻找最佳调焦距离。常用的梯度函数有：平方梯度函数（Gradient-squared）[3]、Brenner 梯度函数（Brenner Gradient）[4]、Tenengrad 梯度函数（Tenenbaum Gradient）[5]等。

（2）基于频谱分析的锐度度量[6]：对图像进行傅里叶变换，在频域中利用不同评价函数评判其频谱中高频信息的含量来量化图像的聚焦程度。频谱中的高频信息含量越多，图像中的细节信息便越多，边缘也越清晰，图像的聚焦程度则越高。

（3）基于图像灰度直方图的锐度度量[7]：利用图像的灰度分布形成灰度统计直方图，通过分析不同灰度值出现次数的变化来判断图像的聚焦程度。

（4）基于不同统计关系的锐度度量：利用自相关（Auto Correlation）[8]、相关偏差（Deviation-based Correlation）[8]、方差（Variance）[9]等统计关系作为评价函数对图像的聚焦程度进行评价，从而确定最佳调焦距离。这类方法的依据是：相邻像素间灰度值相关性的差异越大，图像的聚焦程度就越高。

在以上几类评价函数中，最常用的锐度度量评价函数有四种[10]：加权光谱分析（Weighted Spectral Analysis，SPEC）、灰度值分布方差（Variance of Gray Value Distribution，VAR）、梯度计算累积边缘检测（Cumulated Edge Detection by Gradient Calculation，GRA）和基于拉普拉斯滤波的累积边缘检测（Cumulated Edge Detection by Laplace Filtering，LAP）。它们的计算公式如下：

$$
\begin{cases}
\text{SPEC} = \sum_{\mu,\nu} \log\{1 + [\Im_F(g)(\mu,\nu)]\} \\
\text{VAR} = \dfrac{1}{N_x N_y} \sum_{x,y} [g(x,y) - \bar{g}]^2 \\
\text{GRA} = \sum_{x=1}^{N_x-1} \sum_{y=1}^{N_y-1} \sqrt{[g(x,y) - g(x-1,y)]^2 + [g(x,y) - g(x,y-1)]^2} \\
\text{LAP} = \sum_{x=1}^{N_x-1} \sum_{y=1}^{N_y-1} [g(x+1,y) + g(x-1,y) + g(x,y+1) + g(x,y-1) - 4g(x,y)]^2
\end{cases}
$$

$$(6-1)$$

式中，$g(x，y)$ 为重建的振幅分布，$\mathfrak{F}_{F}(g)(\mu，\nu)$ 表示振幅分布频谱的带通滤波，$\bar{g}$ 表示重建振幅分布的平均值；SPEC[7,11] 通过度量图像中空间高频分量的占比来量化再现像的清晰度；VAR[9,12,13] 通过计算再现像的灰度起伏度来判断像面：聚焦图像中的强度起伏（清晰结构）比离焦图像大；GRA[9,14,15] 和 LAP[9,12] 分别利用图像的一阶和二阶导数来判定图像的锐度。以上不同的锐度度量方法利用单幅全息图像便可获得样品的离焦距离。

在具体操作中，利用以上评价函数计算样品在不同离焦距离处的锐度曲线，再将曲线中全局极值处相对应的离焦距离作为最优调焦距离。通常根据样品特性的不同选择合适的度量函数以获得最佳的评价效果。具体而言，对于纯振幅样品，在聚焦平面上再现振幅图像的锐度判据函数可达到最大值；而对于纯相位样品则相反。

以 USAF 分辨率板作为纯振幅样品，对四种常用的评价函数（SPEC、VAR、GRA、LAP）进行验证。实验中以 1 cm 为间隔计算了离焦距离 d 在[−20 cm，20 cm]范围内的样品再现像。图 6-1(a) 为样品在离焦距离 $d=-4$ cm、$d=0$ cm、$d=4$ cm 时的再现振幅分布；图 6-1(b) 为样品在离焦距离 $d=-4$ cm、$d=0$ cm、$d=4$ cm 时的再现相位分布。可以看出，在离焦情况下，振幅图像及相位图像中的样品边缘结构模糊；在聚焦情况下，样品振幅图像和相位图像中的样品边缘结构锐利。与此相对应，图 6-1(c)中四种评价函数对应的归一化曲线在 $d=0$ cm（聚焦距离）处达到最大值。值得注意的是：VAR、SPEC、GRA 和 LAP 这四种函数在调焦范围[−20 cm，20 cm]内均表现出单峰性和收敛性，证明它们适用于纯振幅物体的自动调焦。

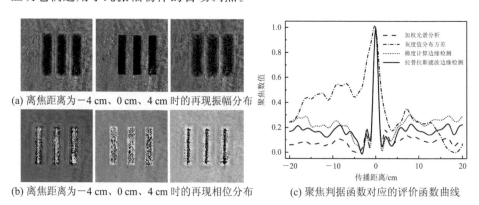

(a) 离焦距离为−4 cm、0 cm、4 cm 时的再现振幅分布

(b) 离焦距离为−4 cm、0 cm、4 cm 时的再现相位分布

(c) 聚焦判据函数对应的评价函数曲线

图 6-1　振幅型样品的自动调焦

2008 年 P.Langehanenberg 等人[10]利用透明胰腺肿瘤细胞 PaTu 8988S[16]作为纯相位样品对四种常用的评价函数（SPEC、VAR、GRA、LAP）进行了验证。实

验中样品略微离焦后在 CCD 上成像，并以 0.1 cm 为间隔在[-15 cm，15 cm]范围内进行自动调焦。实验结果如图 6-2 所示，图 6-2(a)、(b)显示了离焦和聚焦对重建结果的影响。图 6-2(a)为不同再现距离处获得重建的振幅图像，图 6-2(b)为相对应的解包裹相位图像。可以看出，透镜样品（相位物体）在聚焦情况下，重建振幅图像中的表面结构几乎消失，其对应的相位图像（见图 6-2(b)）中则包含锐利的边缘结构。在离焦情况下，振幅分布中（见图 6-2(a)中第 1、3 个子图）都出现了衍射条纹，并且相对应的相位图像锐度较低，样品边缘结构模糊（见图 6-2(b)中第 1、3 个子图）。同时，相比于振幅成像，相位成像能够更好地展现样品的细节信息，也更有利于对样品的观测与研究。由此可以看出，自动调焦技术在 DHM 对相位物体成像中具有较大的应用价值及意义。图 6-2(c)为实验中四种评价函数对应的归一化曲线分布趋势，原理上在全局极值处为最佳调焦距离。可以看出，在[-15 cm，15 cm]的调焦范围内，四种评价函数都在相同的传播距离处达到最小值。相比之下，VAR 在调焦范围内未满足单峰性准则；LAP 在最佳聚焦距离处半高宽最窄，但该评价函数曲线中包含了多处局部极小值；SPEC 和 GRA 在整个传播范围内均表现出单峰性，更适用于对纯相位样品的 DHM 成像的相关研究。

(a) 再现距离为 -4.1 cm、0.1 cm、
4.3 cm 时的再现振幅图样

(b) 再现距离为 -4.1 cm、0.1 cm、
4.3 cm 时的再现相位图样

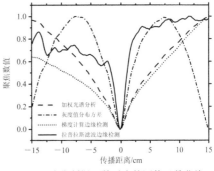

(c) 聚焦判据函数对应的评价函数曲线

图 6-2　相位型样品的自动调焦[10]

6.1.2　基于能量集中度的离焦量获取方法

2014 年，C.A.Trujillo 等人[17]提出了一种基于能量集中度的无透镜 DHM自动调焦方法，该方法利用稀疏样品在像面时其能量（强度）分布最为集中（目标物体所占区域面积最小）这一特性来获得最佳聚焦距离。该方法的具体操作

步骤如图 6-3 所示：首先，将不同离焦距离下所得到的再现像（振幅图像）沿轴向进行累加，从获得的二维图像中选定样品质心（如图 6-3(a)所示）；然后，计算样品在不同离焦距离 d 下的再现像，并对以质心为中心的不同圆形区域内的能量（强度）进行积分，当能量（强度）积分不再随着圆形区域的直径增加而增加时，此时的圆域即为样品的"有效区域"；最后，通过搜寻不同 d 下"有效区域"面积的最小值（区域中能量最为集中）确定聚焦平面，这时的 d 即为最优聚焦距离，如图 6-3(b)所示。

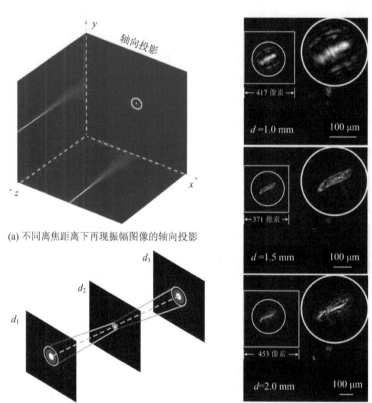

(a) 不同离焦距离下再现振幅图像的轴向投影

(b) 不同离焦距离下的"有效区域"

(c) 不同距离处草履虫再现图像

图 6-3 基于能量集中度的 DHM 自动调焦方法[17, 18]

C.A.Trujillo 等人[17]等人利用波长为 532 nm 的球面波作为照明光，对草履虫进行了同轴数字全息成像，图 6-3(c)展示了不同离焦距离处样品的振幅再现像，图中正方形区域表示样品对应的"有效区域"。可以看出，当重建距离 $d=1.5$ mm 时，样品的"有效区域"达到最小值（371 pixel），此时草履虫的再现图像更为清晰。需要说明的是，该方法在对不同区域进行能量（强度）积分时，考虑了距离点光源不同位置处所选封闭区域能量的变化遵循 $1/r^2$ 定律；同时，该自动调焦技术适用于尺寸范围在几十到几百微米的生物样品。不足之处在于，该技术会提高计算成本、降低计算速度且不适用于内部结构过于复杂的样品。

6.1.3　基于振幅模量分析的离焦量获取方法

2006 年，F.Dubois 等人[19]提出了一种基于振幅模量分析的自动调焦评价函数，用于判断再现像所在平面是否为最佳聚焦平面。该评价函数的理论依据是：在最佳聚焦平面上，纯振幅物体的再现像振幅模量积分达到了最小值，而纯相位物体的振幅模量积分达到了最大值。对应每一离焦距离 d，再现像的振幅模量积分为

$$M_d = \int_{-\infty}^{\infty}\int_{-\infty}^{\infty} | u_d(x, y) | \mathrm{d}x\mathrm{d}y \tag{6-2}$$

式中，M_d 是离焦距离为 d 时聚焦评价函数的标准值，$u_d(x, y)$ 为重建平面的复振幅。

实验中采用直径为 5 μm 的粒子和体外活细胞分别作为纯振幅样品和纯相位样品对上述理论进行验证。图 6-4(a)为纯振幅样品的离焦强度图像和自动调焦($d=55$ μm)后再现的强度图像，该离焦距离 d 是通过图 6-4(b)中评价函数达到最小值来确定的；而对于纯相位样品，在像面上时其强度分布的调制最低，如图 6-4(c)所示，因此，其像面所对应的离焦距离由图 6-4(d)中评价函数的最大值来确定。

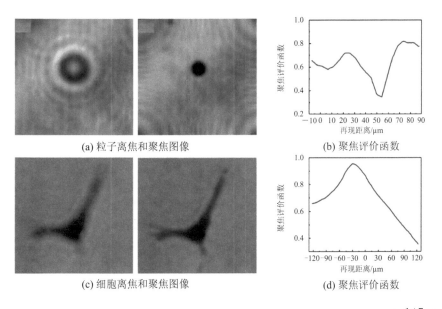

(a) 粒子离焦和聚焦图像　(b) 聚焦评价函数

(c) 细胞离焦和聚焦图像　(d) 聚焦评价函数

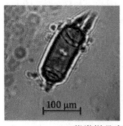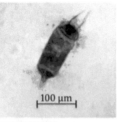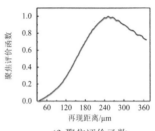

(e) 藻类样品离焦和聚焦图像 　　　　　　　 (f) 聚焦评价函数

图 6-4　基于振幅模量分析的单色/彩色 DHM 自动调焦结果[19, 20]

　　一般在利用自动调焦技术确定离焦距离时需要依次计算全息图在不同离焦距离处的再现像，重建过程非常耗时[21, 22]。若在重建图像之前就能够有效获得最佳聚焦距离，则会节省大量计算量并最终提高重建速度。为此，2007 年 W.Li 等人[23]提出了基于频域分析的振幅模量评价函数（频域 L_1 范数），该函数无须完全对全息图进行重建，而是对样品复振幅傅里叶变换后在频域中对图像频谱进行计算，通过利用与实部和虚部相关联的重构对象频谱分量的 L_1 范数来获得最佳聚焦距离。尤其是当采用极坐标系来计算频域 L_1 范数时，可以将自动调焦速度提高两个数量级。

　　此外，2014 年 J.Dohet-Eraly 等人[20]将基于振幅模量的离焦量获取方法推广到彩色 DHM。彩色 DHM[24-27]采用多个波长的激光作为照明光，利用多个波长形成较长的"合成波长"，从而可以扩大对诸如台阶状物体等样品的测量范围，同时也有利于解决连续性物体的相位解包裹问题。

　　为了能使基于振幅模量的评价函数适用于彩色 DHM，J.Dohet-Eraly 等人利用红绿蓝三通道上 M_d 的乘积作为评价函数：$M_d^{RGB} = M_d^R M_d^G M_d^B$。其中，$M_d^{RGB}$ 的曲线形状只是被拉伸而不受任何颜色平衡校正的影响，因而具有一定的鲁棒性。利用齿状藻细胞作为相位物体，使用文献[24]中所介绍的 DHM 装置对基于彩色 DHM 振幅模量分析的自动调焦技术进行验证，实验结果如图 6-4(e)、(f)所示。通过傅里叶变换方法从 RGB 全息图中提取每种颜色的复振幅，其离焦强度分布如图 6-4(e)中左图所示，同时利用数值重建的方式沿光轴在一定范围内对不同聚焦平面进行重建，进而确定每个平面的评价标准 M_d^{RGB} 的数值，其结果如图 6-4(f)所示。从图中可以看出，该曲线在 $d = 253~\mu m$ 处达到最大值，与基于振幅模量分析的自动调焦技术类似，对于相位物体，该评价函数在最大值处获得最佳重建距离，利用该距离对全息图进行数值重建后的相位图像如图 6-4(e)中右图所示，可以看出在样品区域齿状藻细胞具有锐利边缘和平坦背景，并且重建后的相位图像还包含了样品的颜色信息。因此，基于振幅模量的自动调焦技术可以应用于彩色 DHM，同时相较于单色 DHM，该技术不仅扩展了其应用范围，还提高了评价函数的测量精度。

将基于振幅模量分析的评价函数应用于振幅型/相位型样品中，其评价函数曲线具有不同的变化趋势，这不利于对同时具有振幅和相位特性样品进行观测与分析。为了解决以上问题，2014 年 F.Dubois 等人[28]对其进行了改进：在评价函数中利用样品再现像复振幅与高通滤波函数的卷积代替原来的再现像复振幅，之后对所得分布进行振幅模量积分：

$$M_{\mathrm{H},d} = \int \mathrm{d}\boldsymbol{r}' \, |\, (h \otimes u_d)(\boldsymbol{r}')\, | \qquad (6-3)$$

式中，u_d 为离焦距离 d 处对应的再现像复振幅分布，h 为高通滤波函数。改进之后，无论对振幅物体还是相位物体，当评价函数曲线达到全局最小值时，离焦距离对应的再现平面即为样品的最佳聚焦平面。

为了验证改进方法的可行性，实验中分别将藻类样品（相位型样品）和不透明小球颗粒（振幅型样品）注入内部尺寸为 $400~\mu m \times 400~\mu m$ 的方形玻璃毛细管流通池中，利用离轴 DHM[29]对其进行成像，并将得到的基于振幅模量分析的评价函数 M_d 曲线分布与经过高通滤波后的改进评价函数 $M_{\mathrm{H},d}$ 曲线分布进行对比，结果如图 6-5 所示。从图中可以看出，对于藻类样品（相位型样品），评价函数 M_d[19]和 $M_{\mathrm{H},d}$ 随离焦距离 d 的变化呈现相反趋势，在聚焦平面上 $M_{\mathrm{H},d}$ 达到最小值，M_d 达到最大值；而对于不透明球形颗粒样品（振幅型样品），评价

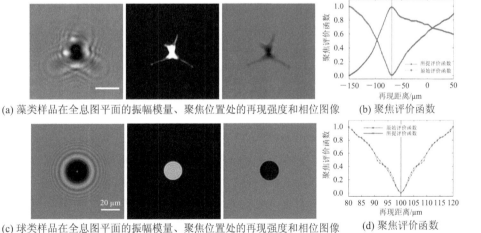

(a) 藻类样品在全息图平面的振幅模量、聚焦位置处的再现强度和相位图像   (b) 聚焦评价函数

(c) 球类样品在全息图平面的振幅模量、聚焦位置处的再现强度和相位图像   (d) 聚焦评价函数

图 6-5　DHM 对藻类样品和不透明球形颗粒样品的自动调焦结果[28]

函数 M_d 和 $M_{H,d}$ 随离焦距离 d 的变化趋势相同，均在聚焦范围上存在全局最小值且最小值位置一致。值得注意的是，对于纯振幅样品，两种评价函数的曲线在最小值附近的收敛速率相近，这说明评价函数 $M_{H,d}$ 适用于纯振幅物体，并且比评价函数 M_d 鲁棒性更高。综上所述，基于高通滤波的振幅模量分析的评价函数可以适用于同时具备振幅和相位特性的物体，并且拥有相同趋势的评价函数曲线，是一种简洁且易于观测的自动调焦方式。

6.1.4　基于稀疏度测量的离焦量获取方法

大多数自动调焦方法对目标物体焦平面所对应的距离进行预判时，都通过寻找评价函数曲线的全局极值来获得最佳聚焦距离，但是当评价函数曲线中出现多个局部极值点时会对重建结果造成干扰[30]。基于此，为了同时实现对振幅/相位样品的评价函数曲线取全局唯一极值点来确定离焦距离，可采用第6.1.3 小节中提到的改进方法。此外，2014 年 P.Memmolo 等人[31] 提出了菲涅耳衍射传播积分可用稀疏信号来表示，通过计算在不同离焦距离处再现像的稀疏度测量系数，也可实现自动调焦。该方法中的稀疏度测量系数称为基尼系数（Gini's Index，GI）：

$$\mathrm{GI}\{c(d)\} = 1 - 2\sum_{k=1}^{N} \frac{a_{[k]}(d)}{\|c(d)\|_1}\left(\frac{N-k+0.5}{N}\right) \tag{6-4}$$

式中，d 为离焦距离，$a = \mathrm{vec}\{A\}$，$c = \mathrm{vec}\{C\}$，$\mathrm{vec}\{\cdot\}$ 为矩阵列向量；A 和 C 分别为振幅分布和复振幅分布；$\|\cdot\|_1$ 为 L1 范数，当 $k=1, \cdots, N$ 时，$a_{[k]}$ 为向量 a 的升序排序项，取值范围为 $[0,1]$。与 TC（Tamura Coefficient）系数[30] 类似，GI 系数满足自动调焦单峰性标准，即 GI 系数在整个离焦距离范围内只有一个极值点（例如，对于相位物体最佳重建距离在曲线极小值处），且该极值点对应的距离为最佳重建距离。

实验以小鼠细胞作为样品对该技术进行验证，利用波长为 532 nm 的激光对小鼠进行全息成像，再现结果和评价函数曲线如图 6-6 所示。采用离轴 DHM 的数值再现方法对样品振幅和相位图像进行再现。同时，分别通过基于 GI 系数[31]、TC 系数[30] 和能量（振幅模量）[19] 的自动调焦方法来确定离焦距离。前两种评价函数曲线在 $d=22.7\ \mu m$ 处达到最小值，而基于能量（振幅模量）的评价函数在该处达到最大值。在此离焦距离下，恢复的振幅和相位图像如图 6-6（a）所示，可以看出再现相位图像具有锐利边缘结构。三种方法对应的评价函数曲线如图 6-6（b）所示。由此可见，利用数字全息图的稀疏度作为评价标准，不仅可以得到准确的离焦距离，还将提高对全息样本的重建恢复性能。

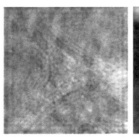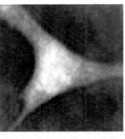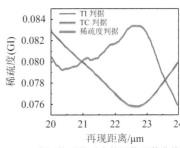

(a) 再现距离 d=22.7 μm的重建振幅(左)和相位(右)图像 　　(b) 三个评价函数对应的评价函数曲线

图 6 - 6　　DHM 对小鼠细胞的自动调焦成像[31]

6.1.5　基于不同照明调制的离焦量获取方法

以上介绍的离焦量获取方法均基于传统的离轴 DHM 光路。下面将介绍基于特种照明光的 DHM 离焦量数字获取方法，包括离轴照明、双波长照明、4π照明、结构光照明。这些方法的共同特征是：利用物光在多元照明下的差异性作为判据来寻找像面，并消除传统自动调焦方法对样品类型的依赖性。

1. 基于离轴照明 DHM 的离焦量获取方法

2012 年，P.Gao 等人[33]提出了一种基于双光束离轴照明的自动调焦方法：利用基于偏振复用的双光束进行离轴照明，并记录双照明光和参考光干涉形成的正交载频的全息图样。该方法通过单次曝光就能获得两个不同照明方向下的物光复振幅分布，并利用两者在不同再现平面的差异性确定离焦距离。

基于离轴照明的自动调焦 DHM 的实验光路如图 6 - 7 所示：采用波长为 632.8 nm 的非偏振 He - Ne 激光器作为照明光源，通过偏振片后出射激光的偏振方向相对于 x 方向呈 45°。出射光束经过非偏振分光棱镜后分成两束。在物光路中，光束经过扩束准直后进入由两个分光棱镜和反射镜 2、3 组成的马赫-泽德式结构中，位于结构两臂的偏振片 1、2 的偏振方向相互垂直，分别平行于 x 和 y 方向。通过调节反射镜 1、2 将两束光的照明角设置为 $\pm\theta_1$(θ_1=0.1 rad) 来形成离轴照明光束，两束光经过样品后被由显微物镜和筒镜组成的望远镜系统所放大。参考光经过扩束准直后，在分光棱镜的作用下与物光重合。通过调节 CCD 前的分光棱镜，使得参考光与两物光 O_1 和 O_2 满足图 6 - 7 中的关系，所形成的两组条纹方向正交的干涉图样被 CCD 所接收。

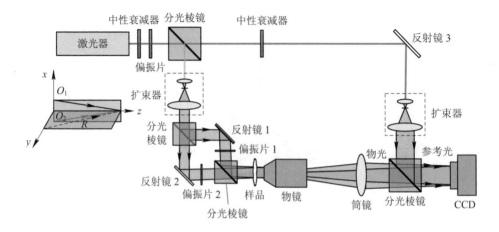

图 6 - 7　基于离轴照明的自动调焦 DHM 装置[33]

如图 6 - 8(a)所示,在两束离轴光照明下,当重建平面为样品的聚焦像平面时,样品的两个像面相互重叠;当重建平面远离像平面时,两个像面彼此分离,随着距离的增加,其横向距离也在不断增大。利用此种性质可以作为确定样品像平面的聚焦标准,定义评价函数如下:

$$\mathrm{Cri}(d) = \frac{\mathrm{RMS}\{A_2 - A_1\}}{M_1} + \frac{\mathrm{RMS}\{\varphi_2 - \varphi_1\}}{M_2} \qquad (6-5)$$

式中,A_1 和 A_2 分别为两束物光的重建振幅,φ_1 和 φ_2 分别为两束物光的重建相位;RMS{}表示均方根运算;M_1 和 M_2 表示加权因子。由评价函数可知,可通过寻找 $\mathrm{Cri}(d)$ 的最小值来确定聚焦平面的离焦距离。

利用相位台阶作为样品进行实验验证,结果如图 6 - 8(b)所示。图 6 - 8(c)为当 d 为 0 cm、-5 cm、-10 cm、-15 cm 时重构得到的 $A_1 - A_2$ 结果,图 6 - 8(d)为当 d 为 0 cm、-5 cm、-10 cm、-15 cm 时重构得到的 $\varphi_1 - \varphi_2$ 结果。从中可以看出,当离焦距离 d 接近 -15 cm 时,$A_1 - A_2$ 和 $\varphi_1 - \varphi_2$ 的强度起伏最小。图 6 - 8(e)是 d 在[-40 cm,30 cm]范围内利用评价函数计算所得的曲线,评价函数曲线最小值对应的 $d = -15$ cm,与 VAR 方法得出的结果一致。用该距离重建得到的清晰、聚焦的样品相位图像如图 6 - 8(f)所示。基于离轴照明的自动调焦方法可适用于同时具有振幅和相位特性的样品,只需单次测量便可得到最佳重建距离。此外,通过将不同照明方向下的两个重建图像进行平均,可以抑制相干噪声。需要说明的是,由于该方法采用正交偏振的照明光,双折射现象也会导致两个不同照明方向的物光具有不同的相位分布,因此该方法不适用于双折射样品。

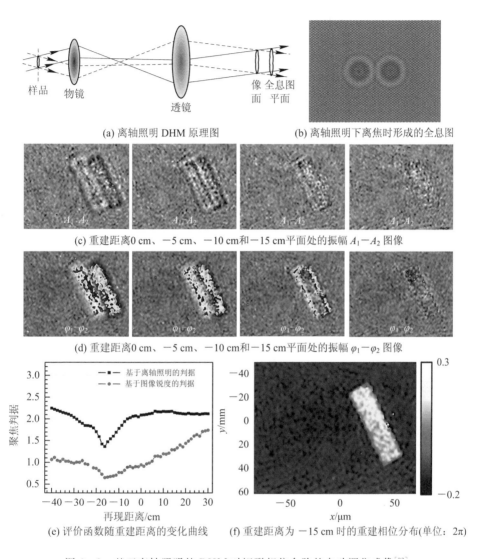

(a) 离轴照明 DHM 原理图　　　　　　(b) 离轴照明下离焦时形成的全息图

(c) 重建距离0 cm、−5 cm、−10 cm和−15 cm平面处的振幅 A_1-A_2 图像

(d) 重建距离0 cm、−5 cm、−10 cm和−15 cm平面处的振幅 $\varphi_1-\varphi_2$ 图像

(e) 评价函数随重建距离的变化曲线　　(f) 重建距离为 −15 cm 时的重建相位分布(单位：2π)

图 6-8　基于离轴照明的 DHM 对矩形相位台阶的自动调焦成像[33]

2. 基于双波长照明 DHM 的离焦量获取方法

　　光波的衍射传播过程与波长直接相关，当样品在两个不同波长的光波照明下成像时，其图像只有在像面上差异最小。基于该原理，2012 年 P.Gao 等人[34]提出了利用两个不同波长照明的 DHM 自动调焦方法。

　　基于双波长照明的自动调焦 DHM 装置如图 6-9 所示：波长为 633 nm（红）的非偏振 He-Ne 激光和波长为 514 nm（绿）的氩离子连续激光用作照明

光源。照明光束经过分光棱镜 1 合束后同时被分作物光（O）和参考光（R）。在物光路中，红、绿照明光经扩束后同时照明样品，透过样品后两色物光被由物镜和透镜组成的望远镜系统放大。其中，显微物镜的放大倍率为 50 倍。在参考光路中，红、绿照明光被扩束准直成平行光。之后，物光和参考光经过分光棱镜 2 并实现合束，干涉形成的混合全息图被彩色 CCD 记录。利用彩色全息图中的 RGB 分量，分离出红、绿两色离轴全息图。采用角谱理论可从各自离轴全息图中再现出与 CCD 平面距离为 d 的任意平面中红、绿两色物光波的复振幅。当再现平面为样品像面时，绿色物光波的重建振幅 A_g（相位 φ_g）与红色物光波的重建振幅 A_r（相位 φ_r）之间存在线性关系；由于衍射过程的波长依赖性，当重建平面远离像平面时，两色物光复振幅的差异会越来越大。因此，可以将两种光波归一化后振幅/相位之间的差值用作评价确定图像聚焦平面的标准，当采用以下代换后：$A_1 = A_g$，$A_2 = A_r$，$\varphi_1 = \varphi_g$，$\varphi_2 = \varphi_r$，评价函数与公式（6-5）相同。利用该公式得到的评价函数曲线最小值对应的平面即为样品的像面。该方法同样适用于振幅/相位样品，且能够通过单次曝光获得含双波长信息的全息图像，以及提高测量速度。

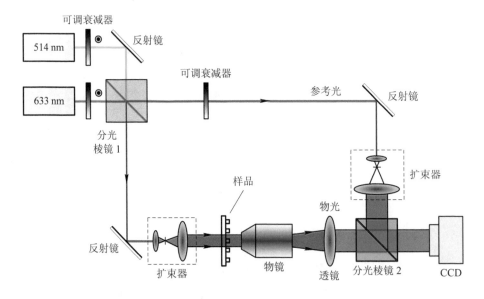

图 6-9　基于双波长照明的自动调焦 DHM 装置[34]

实验以相位台阶（70 μm×20 μm）作为样品，在不同离焦距离 $d=0$ cm、7.5 cm 和 15 cm 处重建得到的振幅图像如图 6-10(a)所示。通过计算 d 在 [－20 cm，50 cm]范围内变化时评价函数曲线获得的最佳聚焦距离，结果如图

6-10(b)所示，在 $d=15$ cm 时，曲线出现最小值，对应的离焦距离即为最佳聚焦距离，在此距离下的红光物波相位分布如图 6-10(c)所示，此时，相位台阶具有锐利的边缘结构。然而该评价函数不能用于对红光和绿光具有不同吸收或折射特性的样品；同时，成像系统本身若存在色差也会降低最终数字调焦的准确性。值得注意的是，由于彩色 CCD 相机可以分离出红、绿、蓝三色全息图，因此该方法可以扩展为三色 DHM 的自动调焦，以实现实时、真彩色 DHM 成像。

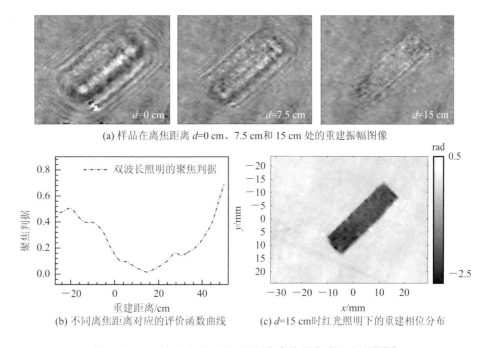

(a) 样品在离焦距离 d=0 cm、7.5 cm 和 15 cm 处的重建振幅图像

(b) 不同离焦距离对应的评价函数曲线　(c) d=15 cm时红光照明下的重建相位分布

图 6-10　双波长 DHM 对矩形相位台阶的自动调焦成像[34]

3. 基于 4π 照明 DHM 的离焦量获取方法

2017 年 J. Zheng 等人[35] 提出了 4π 照明的数字全息显微（Opposite-View Digital Holographic Microscopy，OV-DHM）技术以及相应的自动调焦方法。该方法利用 4π 结构从两侧照明样品，通过寻找两个物光波之间差异的最小值来准确确定样品的像面。

OV-DHM 装置原理如图 6-11 所示。实验装置基于共路萨格纳克（Sagnac）结构，由偏振分光棱镜和两个反射镜组成，从光纤 1 出射的激光被偏振分光棱镜分成具有不同偏振方向（水平/垂直）的两束偏振光，其中水平方向的偏振光沿顺时针方向通过萨格纳克结构，竖直方向的偏振光沿逆时针方向通过萨格纳克结构。两个反射镜之间的两个望远系统用于对放置在物镜 1、2 焦面处的样品进行放大成像。当两束照明光束以相反的方向照射样品后，出射的物光波（即 O_1 和 O_2）被望远镜系统放大，并经由分光棱镜与来自光纤 2 的参考光（R）重合。最后通过旋转偏振片分别获得水平方向和竖直方向的线偏振光，同时干涉产生的全息图像被 CCD 记录。

OV-DHM 装置的独特点在于干涉产生的全息图（不同的偏振方向）具有相反的离焦距离，因而可以利用此特性确定聚焦平面，当重构的离焦距离 d 正确时，振幅 $|O_{r1}|^2$ 和 $|O_{r2}|^2$ 之差达到最小。故当采用以下代换后：$A_1=|O_{r1}|^2$，$A_2=|O_{r2}|^2$，仍然可以采用公式（6-5）作为其评价函数。需要说明的是，这里仅使用振幅项，依旧可以准确地找到最佳聚焦平面。由评价函数可知，可以通过寻找其最小值确定聚焦平面的最佳重建距离。

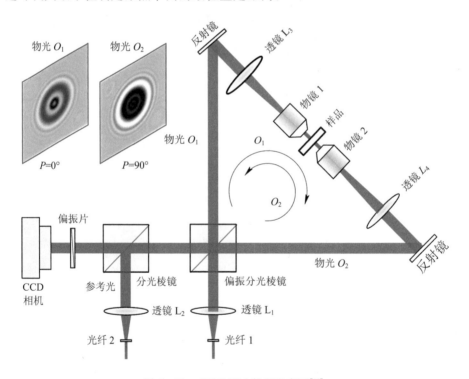

图 6-11　OV-DHM 装置示意图[35]

实验中以 HeLa 细胞作为样品进行了 OV-DHM 记录与再现，其结果如图 6-12 所示，其中图 6-12(a) 为通过旋转偏振片获得的物光波 O_1 和 O_2 的全息图，经过公式（6-5）计算得到的评价函数曲线分布如图 6-12(b) 中所示，评价函数在 $d=-180\ \mu m$ 时最小，在此离焦距离 d 下，重建得到 HeLa 细胞的振幅和相位图像分别如图 6-12(c)、(d)所示。相较于其他基于照明调制的 DHM 离焦量数字获取方法的评价函数曲线，OV-DHM 技术评价函数曲线具有良好的单峰性和收敛性，能够较好地实现自动调焦功能；此外还可以通过对两个物光求平均值来消除散斑噪声[33]，进而为细胞动态生命过程的测量提供更好的观测效果；不仅如此，该技术也可以通过合并两个离轴传播的物光的频谱来合成更大的频谱，从而提高 OV-DHM 的横向和纵向分辨率[33,36,37]。

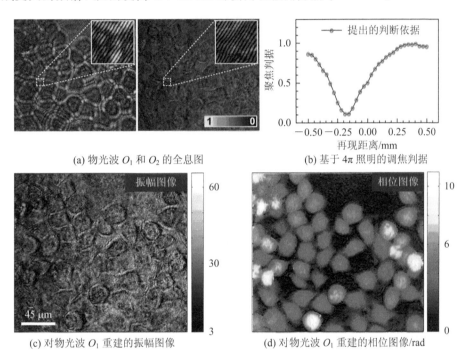

(a) 物光波 O_1 和 O_2 的全息图

(b) 基于 4π 照明的调焦判据

(c) 对物光波 O_1 重建的振幅图像

(d) 对物光波 O_1 重建的相位图像/rad

图 6-12　OV-DHM 对 HeLa 细胞的自动调焦成像[35]

4. 基于结构光照明 DHM 的离焦量获取方法

结构光照明显微(Structured Illumination Microscopy，SIM)技术是利用周期性条纹照明样品，通过记录样品和照明条纹间形成的摩尔条纹来实现超分辨成像[38,39]。然而，传统的 SIM 仅仅用于荧光样品或对照明光具有吸收特性的样品。DHM 利用光学干涉可以实现对透明样品的高衬度、定量化相位成像，但传统的 DHM 采用平行光照明，其空间分辨率受到物镜数值孔径的限制，不能完全满足生物医学对细胞超精细结构观测的需求。2013 年 P.Gao 等人[36]将结构光照明和 DHM 相结合，实现了对透明样品的超分辨相位成像，同时还实现了 DHM 的自动调焦功能。

基于结构光照明 DHM 的光路图如图 6-13 所示。空间光调制器（SLM）对照明光进行调制，在视场的左半平面产生条纹结构光，并经过由透镜 3 和物镜 1 组成的缩束系统后照明样品。样品放置于成像视场的左半平面（形成物光），而视场的右半平面被空置（用作参考光）。经过由物镜 2 和透镜 4 组成的望远镜系统放大后，物光和参考光被一个二维光栅所衍射。全息图频谱中原级像（实像）频谱中包含物光的三个衍射级，分别沿结构照明光的 0 级、±1 级。物光的 +1 级衍射光与参考光的 -1 级衍射光在 CCD 平面相遇并发生干涉，形成的离轴数字全息图被 CCD 所记录。通过依次在 SLM 上加载 4 个方向（互成 90° 夹角）的结构光，并且每个方向下的结构光依次进行三步相移（相移量间隔为 $2\pi/3$）；由 CCD 记录不同结构光照明下形成的 12 幅全息图。最后通过对这些全息图进行数字再现，将不同方向结构照明下的物光在频谱面上合成，从而实现了对微小物体的振幅和相位的超分辨成像（详见 5.2.2 节）。利用空间光调制器产生的结构光照明，不但可以实现不同结构照明的快速切换，而且避免了传统机械切换带来的运动误差。

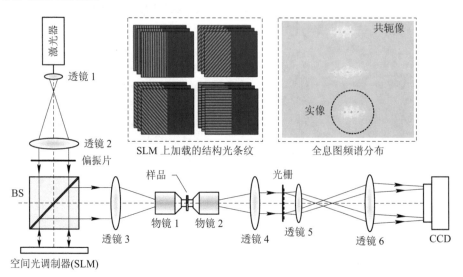

图 6-13　基于结构光照明的 DHM[36]

该方法在提高相位成像分辨率的同时，还可以实现自动调焦。其自动调焦的原理在于：结构光照明可以看作沿不同方向传播的平面波（结构光的 0、±1 衍射光）的叠加。样品在结构光的照明下，形成三个独立的物光分别沿着结构光的 0、±1 级衍射光方向传播。它们的再现像只在像面上才会重合[33]。方便起见，将在第 m 个方向结构光照明下的物光分解为 $O_{m,0}(d,x,y)$、$O_{m,+1}$

$(d，x，y)$ 和 $O_{m，-1}(d，x，y)$，分别沿着结构光的 0、± 1 衍射光方向传播。当这些物光分量之间的差异最小时，对应的平面即为样品的像面。因此，可以利用这一特征来定义评价函数：

$$\mathrm{Cri}(d) = \frac{\sum_{m=1}^{4}\mathrm{RMS}\{|O_{m，+1}| + |O_{m，-1}| - 2|O_{m，0}|\}}{M_O} +$$

$$\frac{\sum_{m=1}^{4}\mathrm{RMS}\{\varphi_{m，+1} + \varphi_{m，-1} - 2\varphi_{m，0}\}}{M_\varphi} \quad (6-6)$$

式中，$\varphi_{m，+1}$、$\varphi_{m，-1}$ 和 $\varphi_{m，0}$ 分别是 $O_{m，+1}(d，x，y)$、$O_{m，-1}(d，x，y)$ 和 $O_{m，0}(d，x，y)$ 的相位分布，M_O 和 M_φ 是加权因子。与前面几种基于不同照明调制的评价函数类似，由公式 (6-6) 计算的评价函数曲线最小值所对应的离焦距离即为样品的最佳聚焦距离。该自动调焦机制不依赖于被测样品本身的特性和其他先验知识，这一特性使得该方法能同时适用于振幅型和相位型物体。

以刻蚀有图像样品的纯透明玻璃平板作为样品进行验证，实验结果如图 6-14 所示。从图 6-14(a) 中可以看出：所提出的评价函数和基于 VAR 锐度的判据函数均在 $d=3.2$ cm 处取得全局最小值。利用该值可再现出清晰的相位图像 (如图 6-14(b) 所示)。因此，结构光照明和 DHM 相结合，能够在对透明样品成像的同时实现分辨率提高[37-39] 和自动调焦功能。

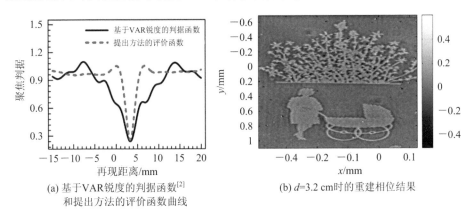

(a) 基于VAR锐度的判据函数[2] 和提出方法的评价函数曲线

(b) $d=3.2$ cm时的重建相位结果

图 6-14   基于结构光照明 DHM 的自动调焦成像[36]

6.2   数字全息显微中自动调焦技术的应用

DHM 具有快速、无损、高衬度、可定量化相位成像等优点，目前被广泛地应用于多个领域。同时，自动调焦技术的出现使其能够通过单次曝光实现对待测样品的准确定位聚焦，为观测透明/半透明样品的动态过程提供了便利。DHM 中自动调焦技术的应用主要可粗略地归为以下几类：① 单细胞成像、识别及追踪；② 生物组织三维成像；③ 环境监测中的粒子追踪，如图 6-15 所示。

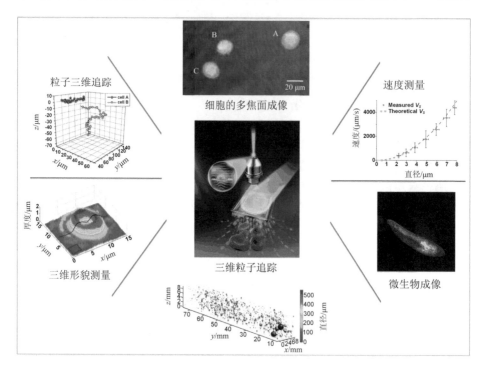

图 6-15 DHM 自动调焦技术的应用

6.2.1 单细胞成像、识别及追踪

1. 细胞成像

细胞是生命活动的最小结构单元，对细胞的高分辨成像对于认知细胞的生命过程具有重要的参考价值。大多数细胞在可见光范围内是无色透明的，光波在穿过细胞后其振幅不会发生明显变化，这导致在传统光学显微镜下透明细胞的成像对比度极低。利用 DHM 不仅可以高衬度地观测透明细胞，还可以定量获得细胞的三维形貌或折射率分布等信息。在 DHM 成像中，尤其是长时间跟踪观测过程中，由于环境扰动（如温度波动、机械振动）或活细胞的运动经常导致离焦现象，这无疑影响了细胞的高衬度成像。DHM 中的自动调焦技术，通

过数值运算获得离焦距离，并利用该距离对全息图进行实时再现获得清晰图像（振幅/相位信息），巧妙地解决了该问题。B.Kemper 等人[40]利用透射式 DHM 对人体红细胞进行了跟踪成像，通过自动调焦技术实时获得清晰的再现相位图像，最终定量获得了红细胞形态以及厚度分布等信息。除此之外，自动调焦技术还可以实现多焦点成像——对样品中不同轴向位置的多个物体同时进行聚焦成像，并从最终的再现图像中获得不同物体在 z 方向上的相对距离。P.Langehanenberg 等人[41]将透射式 DHM 和自动调焦技术相结合，从单张全息图中得到了不同焦平面的再现图像，基于此研究了细胞培养基中胰蛋白酶作用下 PaTu8988S 细胞的存活情况，如图 6-16 所示。

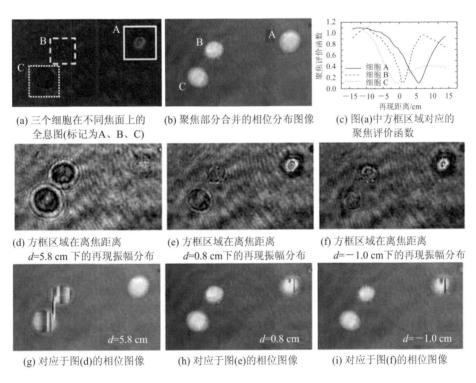

(a) 三个细胞在不同焦面上的　　　(b) 聚焦部分合并的相位分布图像　　　(c) 图(a)中方框区域对应的
　全息图(标记为A、B、C)　　　　　　　　　　　　　　　　　　　　　　　聚焦评价函数

(d) 方框区域在离焦距离　　　　　(e) 方框区域在离焦距离　　　　　(f) 方框区域在离焦距离
　$d=5.8$ cm 下的再现振幅分布　　　$d=0.8$ cm 下的再现振幅分布　　　$d=-1.0$ cm 下的再现振幅分布

(g) 对应于图(d)的相位图像　　　　(h) 对应于图(e)的相位图像　　　　(i) 对应于图(f)的相位图像

图 6-16　DHM 对悬浮肿瘤细胞(PaTu8988S)的多焦点自聚焦成像[41]

2. 细胞识别

在生物医学领域中，对不同细胞的精确成像与识别将为药物筛选和疾病治疗提供有益参考。DHM 结合自动调焦技术，不仅可以对透明样品进行高精度相位成像[42-49]，而且可以聚焦到任意轴向平面[49]，从而得到三维信息[42,43,47-49]。例如，通过获得的细胞厚度信息以及其他不同特征，可用于识

别细胞种类或健康状态；A.Anand 等人[50]采用 DHM 结合自动调焦技术，分别对健康红细胞和感染疟疾的红细胞进行成像与观测，通过对两种细胞形状轮廓的对比并结合相关函数将健康和疟疾感染的红细胞进行了自动识别区分，实验结果如图 6-17 所示。T.Go 等人[51]将同轴 DHM 的自动调焦技术与机器学习相结合，对盘状红细胞、棘状红细胞和球形红细胞进行了自动识别与区分，这将有助于在临床上检测异常红细胞和利用计算机辅助诊断血液系统疾病。D.K.Singh 等人[52]采用同轴 DHM 结合自动调焦技术对流经微通道的每个细胞进行了识别，通过特征提取（大小、最大强度和平均强度）从红细胞、外周血单核细胞和肿瘤细胞中区分识别出了肿瘤细胞，进而实现了对肿瘤细胞的鉴定。

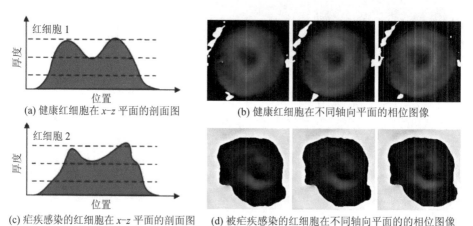

(a) 健康红细胞在 x-z 平面的剖面图　　(b) 健康红细胞在不同轴向平面的相位图像

(c) 疟疾感染的红细胞在 x-z 平面的剖面图　(d) 被疟疾感染的红细胞在不同轴向平面的的相位图像

图 6-17　DHM 对红细胞的自动调焦成像[50]

3. 细胞追踪

细胞追踪为了解生物细胞增殖、分化、迁移以及其他正常生理过程提供了独特的分析方式；同时，还能够对生物细胞的运动特征（如速度、方向）进行测量。如前所述，将 DHM 和自动调焦技术相结合能够确定任意细胞的三维空间的位置坐标，进而获得细胞在空间中的三维运动轨迹，为细胞追踪提供了一种高精度的成像定位手段。B.Kemper 等人[53]利用该技术测量了胶原蛋白中的小鼠成纤维细胞(3T3)的三维迁移运动轨迹，以及在迁移过程中细胞的形貌和厚度的变化，结果如图 6-18 所示。S.J.Lee 等人[54]利用同轴 DHM 结合自动调焦技术研究了微型原甲藻在近壁区域的三维运动特征，分析了微型原甲藻与固体壁之间的相互作用对其游泳特征（如螺旋参数、方向和对壁的吸引力等）的影响。T.Go 等人[55]在同轴 DHM 的基础上结合自动调焦技术，研究了矩形微通道中由黏弹性流体流动引起的人类红细胞的横向迁移过程，通过分析细胞的形变和流体流速对细胞运动状态的影响以及不同细胞在通道侧壁倾角的不同，用以追踪正常红细胞和硬化红细胞，进而可以对红细胞形变异常引起的血液疾病进行初步无标记诊断。

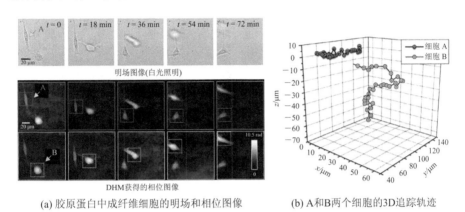

(a) 胶原蛋白中成纤维细胞的明场和相位图像   (b) A和B两个细胞的3D追踪轨迹

图 6-18　DHM 对细胞迁移的三维追踪成像[53]

6.2.2　生物组织三维成像

自然界的微型生物大都具有十分精细的内部结构和组织，这些内部结构和组织尺寸一般在几十到几百微米的范围内。对这些微生物三维精细结构及内部组织进行成像，对于了解微型生物的复杂生命动态过程具有重要的意义。

A.Faridian 等人[56]利用基于散斑照明的 DHM 并结合自动调焦技术，对海胆幼虫进行高衬度、三维成像，获得了 $d=19.9\ \mu m$、$d=9.7\ \mu m$、$d=-3.1\ \mu m$、$d=-34.4\ \mu m$ 轴向平面上海胆幼虫的精细结构，分别如图 6-19(a)～(d)所示，该研究将有助于推动对生物精细结构研究的发展。C.A.Trujillo 等人[17]利用无透镜 DHM 结合自动调焦技术实现了对果蝇头部三维内部结构的观测，这对了解果蝇头部结构及其机理有着重要的意义。M.Zhang 等人[57]利用基于偏振光栅的点衍射 DHM 结合自动调焦技术实现了对草履虫动态运动的实时观测，记录了其螺旋运动及内部食物泡的运输过程。A.Faridian 等人[58]利用暗场 DHM 实现了对果蝇胚胎结构的高衬度、高精度观测，借助此观测手段有望了解果蝇胚胎发育过程中内部结构的变化，将对揭示果蝇胚胎发育机理有着十分重要的意义。

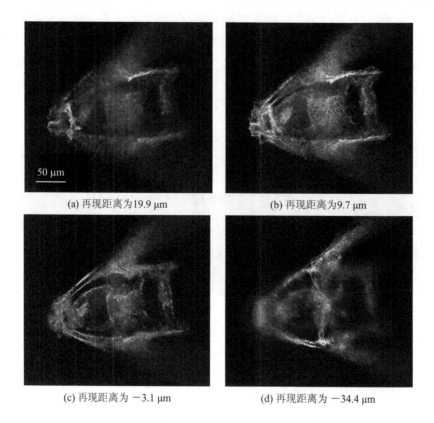

(a) 再现距离为19.9 μm　　　　　　　(b) 再现距离为9.7 μm

(c) 再现距离为 −3.1 μm　　　　　　　(d) 再现距离为 −34.4 μm

图 6-19　DHM 对海胆幼虫在不同再现距离处所成的强度图像[56]

6.2.3　环境监测中的粒子追踪

1. 三维粒子成像

为解释和粒子相关的动力学现象，实现对颗粒形貌、粒径、空间浓度等特性的精确测量，需要一种能够对粒子进行高衬度成像与实时追踪的成像方法。DHM 与自动调焦技术相结合，通过对立方毫米量级内的多个粒子进行单独自动调焦可实现对微观粒子的三维观测与追踪。J.F.Restrepo 等人[18] 提出了一种高分辨无透镜 DHM 技术，通过双特征法寻找最佳聚焦平面，最终实现了对 4 mm³ 苏打水样品中的微米级气泡的三维成像与自动追踪。L.Yao 等人[59] 等人通过基于高速数字全息的燃烧颗粒测试系统观察了燃烧过程中竹粉颗粒形貌变化和颗粒破碎等现象，并对颗粒的三维轨迹进行了追踪，如图 6-20 所示。统计分析结果发现，在不同高度下，燃烧后粒子的粒径和速度呈现差异，这将对了解有机质燃烧的物理过程以及对污染物的控制研究具有十分重要的意义。X.Yu 等人[60]等人利用离轴 DHM 和基于峰值搜索的数字自动调焦算法对悬浮液中的多个聚合微球实现了同步聚焦成像，从而定量获得了不同轴向深度的聚合微球的 3D 位置信息。

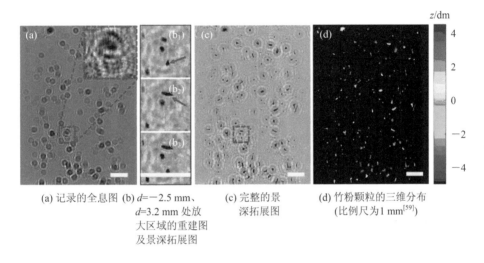

(a) 记录的全息图 (b) d=−2.5 mm、   (c) 完整的景   (d) 竹粉颗粒的三维分布
               d=3.2 mm 处放   深拓展图   （比例尺为1 mm[59]）
               大区域的重建图
               及景深拓展图

图 6 - 20 　DHM 对竹粉全息图颗粒的自动调焦成像

2. 粒子追踪

如何利用 3D 可视化技术获得空气和流体中粒子的动态运动，对于科学和工程领域具有重要意义，因此有必要通过多种成像手段来观测这些现象[61-63]。其中，DHM 因其具有可自动调焦的能力而成为获取粒子 3D 位置信息的理想技术[18,64,65]。H.J.Byeon 等人[66]利用 DHM 技术，通过使用基于图像锐度的聚焦函数来获得每个粒子的轴向位置，并通过重构图像实现了对透明椭圆粒子的识别和 3D 轨迹追踪测量。T.Go[67]通过将基于 PTV 算法的自动调焦技术与同轴 DHM 相结合，研究了 PM 颗粒在半空中的沉降运动，准确识别了 PM 颗粒并检测其 3D 沉降轨迹及其速度信息，如图 6 - 21 所示。H.Byeon 等人[68]利用基于双目立体视觉的 DHM 研究了微尺度颗粒的 3D 信息，通过搜索重叠的重建体积的中心来确定粒子的 3D 位置信息，成功获得了悬浮在流体中运动颗粒的 3D 信息。需要说明的是，该技术不仅适用于理想球形颗粒，而且适用于非球形颗粒（如椭圆形颗粒）。这些研究将对分析悬浮在流体中不同粒子的动力学行为等具有指导意义。

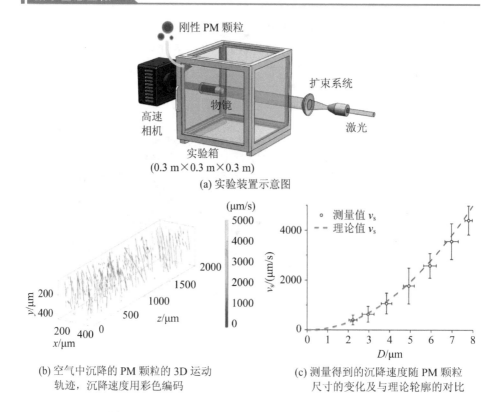

(a) 实验装置示意图

(b) 空气中沉降的 PM 颗粒的 3D 运动
轨迹，沉降速度用彩色编码

(c) 测量得到的沉降速度随 PM 颗粒
尺寸的变化及与理论轮廓的对比

图 6-21　DHM 对空气中 PM 颗粒的三维追踪成像[67]

本 章 小 结

　　DHM 的自动调焦技术可以避免机械调焦精度低、耗时长等缺点，为运动物体或动态过程的跟踪观测和实时干预提供了有力手段。

　　基于锐度度量分析的离焦量获取方法，对于纯振幅样品，其评价函数在像面处出现极大值；对于纯相位型样品，其评价函数在像面处出现极小值。基于振幅模量分析的离焦量获取方法具有类似特性：在最佳聚焦平面上，纯振幅物体的再现像振幅模量积分达到最小值，而纯相位物体的振幅模量积分达到最大值。这些方法虽然对于纯振幅或纯相位样品均具有良好的单峰性，但是需要根据不同类型的样品寻找相应的极值来获得最佳的聚焦距离。此外，这两类自动调焦技术在恢复过程中需要依次计算不同距离下的再现图像，耗时较长。

　　为了解决以上两个缺点，近年来学者对基于振幅模量分析的离焦量获取方法进行了以下改进：

（1）基于频域分析的振幅模量评价函数（频域 L_1 范数），通过在频域计算评价函数，有效减小计算量并节省计算时间。

（2）通过将高通滤波器与物体的复振幅进行卷积引入到振幅模量分析中，使得改进后的评价函数对于振幅/相位样品产生的评价曲线具有相同的变化趋势。

（3）将基于振幅模量的离焦量获取方法由单色 DHM 扩展到彩色 DHM 以扩展其应用范围。

基于能量集中度的离焦量获取方法利用稀疏样品在像面时其能量分布最为集中（目标物体所占区域面积最小）的特性来获得最佳聚焦距离。该方法虽可以实现对尺寸范围从几十微米到几百微米的稀疏物体进行自动调焦，但计算量过大，耗时长，且不适合于具有复杂结构的样品。基于稀疏度测量的离焦量获取方法，将菲涅耳衍射积分可用稀疏信号来表示，通过计算在不同离焦距离处再现像的稀疏度测量系数，可以获得最佳离焦距离。该方法获得的评价函数曲线只有一个全局极值点，因此可以准确无误地获得聚焦距离。

基于离轴照明、双波长照明、4π 照明、结构光照明的 DHM 离焦量获取方法，通过利用样品在多元照明下的再现像的差异性作为判据来寻找像面，可以消除传统自动调焦方法对样品类型的依赖性。这些方法在对物体实现自动调焦的同时还具有降低散斑噪声和离焦背景以及提高空间分辨率的优势。

DHM 自动调焦技术被广泛应用于单细胞成像、识别及追踪，生物组织三维成像以及环境监测中粒子的追踪等诸多方面。今后，自动调焦技术将会朝着不局限于样品特性、计算量小、计算速度快、重构精度高等方向飞速发展。尤其是随着计算机技术和人工智能的不断推广，自动调焦的速度和准确性将会得到进一步的提升。

参 考 文 献

[1] MULLER R A，BUFFINGTON A. Real-time correction of atmospherically degraded telescope images through image sharpening. J. Opt. Soc. Am.，1974 (64)：1200 - 1210.

[2] ILHAN H A，DOGAR M，OZCAN M. Digital holographic microscopy and focusing methods based on image sharpness. J. Microsc.，2014 (255)：138 - 149.

[3] SANTOS A，ORTIZ DE SOLORZANO C，VAQUERO J J，et al. Evaluation of autofocus functions in molecular cytogenetic analysis. J. Microsc.，1997 (188)：

264 – 272.

[4] BRENNER J F, DEW B S, HORTON J B, et al. An automated microscope for cytologic research a preliminary evaluation. J. Histochem. Cytochem., 1976 (24): 100 – 111.

[5] YEO T, ONG S H, JAYASOORIAH, et al. Autofocusing for tissue microscopy. Image Vision Comput., 1993 (11): 629 – 639.

[6] FONSECA E S R, FIADEIRO P T, PEREIRA M, et al. Comparative analysis of autofocus functions in digital in-line phase-shifting holography. Appl. Opt., 2016 (55): 7663 – 7674.

[7] FIRESTONE L, COOK K, CULP K, et al. Comparison of autofocus methods for automated microscopy. Cytometry, 1991 (12): 195 – 206.

[8] VOLLATH D. Automatic focusing by correlative methods. J. Microsc., 1987 (147): 279 – 288.

[9] GROEN F C A, YOUNG I T, LIGTHART G. A comparison of different focus functions for use in autofocus algorithms. Cytometry, 1985 (6): 81 – 91.

[10] LANGEHANENBERG P, KEMPER B, DIRKSEN D, et al. Autofocusing in digital holographic phase contrast microscopy on pure phase objects for live cell imaging. Appl. Opt., 2008 (47): D176 – D182.

[11] BRAVO-ZANOGUERA M, MASSENBACH B V, KELLNER A L, et al. High-performance autofocus circuit for biological microscopy. Rev. Sci. Instrum., 1998 (69): 3966 – 3977.

[12] SUN Y, DUTHALER S, NELSON B J. Autofocusing in computer microscopy: selecting the optimal focus algorithm. Microsc. Res. Tech., 2004 (65): 139 – 149.

[13] OZGEN M T, TUNCER T E. Object reconstruction from in-line Fresnel holograms without explicit depth focusing. Opt. Eng., 2004 (43): 1300 – 1310.

[14] GEUSEBROEK J M, CORNELISSEN F, SMEULDERS A W M, et al. Robust autofocusing in microscopy. Cytometry, 2000 (39): 1 – 9.

[15] THELEN A, BONGARTZ J, GIEL D, et al. Iterative focus detection in hologram tomography. J. Opt. Soc. Am. A, 2005 (22): 1176 – 1180.

[16] ELSFISSER H P, LEHR U, AGRICOLA B, et al. Establishment and characterisation of two cell lines with different grade of differentiation

derived from one primary human pancreatic adenocarcinoma. Virchows Arch. B Cell Pathol., 1992 (61): 295 - 306.

[17] TRUJILLO C A, GARCIA-SUCERQUIA J. Automatic method for focusing biological specimens in digital lensless holographic microscopy. Opt. Lett., 2014 (39): 2569 - 2572.

[18] RESTREPO J F, GARCIA-SUCERQUIA J. Automatic three-dimensional tracking of particles with high-numerical-aperture digital lensless holographic microscopy. Opt. Lett., 2012(37): 752 - 754.

[19] DUBOIS F, SCHOCKAERT C, CALLENS N, et al. Focus plane detection criteria in digital holography microscopy by amplitude analysis. Opt. Express, 2006 (14): 5895 - 5908.

[20] DOHET-ERALY J, YOURASSOWSKY C, DUBOIS F. Refocusing based on amplitude analysis in color digital holographic microscopy. Opt. Lett., 2014 (39): 1109 - 1112.

[21] MILGRAM J H, LI W. Computational reconstruction of images from holograms. Appl. Opt., 2002 (41): 853 - 864.

[22] SCHNARS U, JÜPTNER W P O. Digital recording and numerical reconstruction of holograms. Meas. Sci. Technol., 2002 (13): R85 - R101.

[23] LI W, LOOMIS N C, HU Q, et al. Focus detection from digital in-line holograms based on spectral L1 norms. J. Opt. Soc. Am. A, 2007 (24): 3054 - 3062.

[24] DUBOIS F, YOURASSOWSKY C. Full off-axis red-green-blue digital holographic microscope with LED illumination. Opt. Lett., 2012 (37): 2190 - 2192.

[25] FERRARO P, GRILLI S, MICCIO L, et al. Full color 3D imaging by digital holography and removal of chromatic aberrations. J. Disp. Technol., 2008 (4): 97 - 100.

[26] GARCIA-SUCERQUIA J. Color lensless digital holographic microscopy with micrometer resolution. Opt. Lett., 2012 (37): 1724 - 1726.

[27] TAHARA T, KAKUE T, AWATSUJY I, et al. Parallel phase-shifting color digital holographic microscopy. 3D Research, 2010 (1): 1 - 6.

[28] DUBOIS F, MALLAHI A E, DOHET-ERALY J, et al. Refocus criterion for both phase and amplitude objects in digital holographic microscopy. Opt. Lett., 2014 (39): 4286 - 4289.

[29] YOURASSOWSKY C,DUBOIS F. High throughput holographic imaging-in-flow for the analysis of a wide plankton size range. Opt. Express, 2014 (22): 6661 - 6673.

[30] MEMMOLO P, DISTANTE C, PATURZO M, et al. Automatic focusing in digital holography and its application to stretched holograms. Opt. Lett., 2011 (36): 1945 - 1947.

[31] MEMMOLO P, PATURZO M, JAVIDI B, et al. Refocusing criterion via sparsity measurements in digital holography. Opt. Lett., 2014 (39): 4719 - 4722.

[32] BHATTACHARYA N G K. Cube beam-splitter interferometer for phase shifting interferometry. J. Opt., 2009 (38).

[33] GAO P, YAO B, MIN J, et al. Autofocusing of digital holographic microscopy based on off-axis illuminations. Opt. Lett., 2012 (37): 3630 - 3632.

[34] GAO P, YAO B, RUPP R, et al. Autofocusing based on wavelength dependence of diffraction in two-wavelength digital holographic microscopy. Opt. Lett., 2012 (37): 1172 - 1174.

[35] ZHENG J, GAO P, SHAO X. Opposite-view digital holographic microscopy with autofocusing capability. Sci. Rep., 2017 (7): 4255 - 4263.

[36] GAO P, PEDRINI G, OSTEN W. Structured illumination for resolution enhancement and autofocusing in digital holographic microscopy. Opt. Lett., 2013 (38): 1328 - 1330.

[37] YUAN C, SITU G, PEDRINI G, et al. Resolution improvement in digital holography by angular and polarization multiplexing. Appl. Opt., 2011 (50): B6 - B11.

[38] GUSTAFSSON M G L. Surpassing the lateral resolution limit by a factor of two using structured illumination microscopy. J. Microscopy, 2000 (198): 82 - 87.

[39] SHAO L, KNER P, REGO E H, et al. Super-resolution 3D microscopy of live whole cells using structured illumination. Nat. Meth., 2011 (8): 1044 - 1046.

[40] KEMPER B, BALLY G V. Digital holographic microscopy for live cell applications and technical inspection. Appl. Opt., 2008 (47): A52 - A61.

[41] LANGEHANENBERG P, BALLY G V, KEMPER B. Autofocusing in digital holographic microscopy. 3D Research, 2011 (2): 1 - 11.

[42] CUCHE E, BEVILACQUA F, DEPEURSINGE C. Digital holography for quantitative phase-contrast imaging. Opt. Lett., 1999 (24): 291 - 293.

[43] MARQUET P, RAPPAZ B, MAGISTRETTI P J, et al. Digital holographic microscopy: a noninvasive contrast imaging technique allowing quantitative visualization of living cells with subwavelength axial accuracy. Opt. Lett., 2005 (30): 468 - 470.

[44] FRAUEL Y, NAUGHTON T J, MATOBA O, et al. Three-dimensional imaging and processing using computational holographic imaging. Proc. IEEE, 2006 (94): 636 - 653.

[45] FERRARO P, GRILLI S, ALFIERI D, et al. Extended focused image in microscopy by digital holography. Opt. Express, 2005 (13): 6738 - 6749.

[46] ANAND A, CHHANIWAL V K, JAVIDI B. Real-time digital holographic microscopy for phase contrast 3D imaging of dynamic phenomena. J. Display Technol., 2010 (6): 500 - 505.

[47] ANAND A, CHHANIWAL V K, JAVIDI B. Imaging embryonic stem cell dynamics using quantitative 3D digital holographic microscopy. IEEE Photon. J., 2011 (3): 546 - 554.

[48] RAPPAZ B, BARBUL A, EMERY Y, et al. Comparative study of human erythrocytes by digital holographic microscopy, confocal microscopy, and impedance volume analyzer. Cytom. Part A, 2008 (73A): 895 - 903.

[49] SHIN D, DANESHPANAH M, ANAND A, et al. Optofluidic system for three-dimensional sensing and identification of micro-organisms with digital holographic microscopy. Opt. Lett., 2010 (35): 4066 - 4068.

[50] ANAND A, CHHANIWAL V K, PATEL N R, et al. Automatic identification of malaria-infected RBC with digital holographic microscopy using correlation algorithms. IEEE Photon. J., 2012 (4): 1456 - 1464.

[51] GO T, BYEON H, LEE S J. Label-free sensor for automatic identification of erythrocytes using digital in-line holographic microscopy and machine learning. Blosens. Bloelectron., 2018 (103): 12 - 18.

[52] SINGH D K, AHRENS C C, LI W, et al. Label-free, high-throughput holographic screening and enumeration of tumor cells in blood. Lab Chip, 2017 (17): 2920 - 2932.

[53] KEMPER B, LANGEHANENBERG P, VOLLMER A, et al. Digital

holographic microscopy : label-free 3D migration monitoring of living cells. Imaging & Microscopy, 2010 (11): 26 - 28.

[54] LEE S J, GO T, BYEON H. Three-dimensional swimming motility of microorganism in the near-wall region. Exp. Fluids, 2016 (57): 1 - 10.

[55] GO T, BYEON H, LEE S J. Focusing and alignment of erythrocytes in a viscoelastic medium. Sci. Rep., 2017 (7): 1 - 10.

[56] FARIDIAN A, PEDRINI G, OSTEN W. High-contrast multilayer imaging of biological organisms through dark-field digital refocusing. J. Biomed. 1 Opt., 2013 (18): 086009.

[57] ZHANG M, MA Y, WANG Y, et al. Polarization grating based on diffraction phase microscopy for quantitative phase imaging of paramecia. Opt. Express, 2020 (28): 29775 - 29787.

[58] FARIDIAN A, PEDRINI G, OSTEN W. Opposed-view dark-field digital holographic microscopy. Biomed. Opt. Express, 2014 (5): 728 - 736.

[59] YAO L, WU X, LIN X, et al. Measurement of burning biomass particles via high-speed digital holography. Laser Optoelectron. Prog., 2019 (56): 100901.

[60] YU X, HONG J, LIU C, et al. Four-dimensional motility tracking of biological cells by digital holographic microscopy. J. Biomed. Opt., 2014 (19): 045001.

[61] JUETTE M F, BEWERSDORF J. Three-dimensional tracking of single fluorescent particles with submillisecond temporal resolution. Nano Lett., 2010 (10): 4657 - 4663.

[62] DALGARNO P A, DALGARNO H I C, PUTOUD A, et al. Multiplane imaging and three dimensional nanoscale particle tracking in biological microscopy. Opt. Express, 2010 (18): 877 - 884.

[63] CHEONG F C, KRISHNATREYA B J, GRIER D G. Strategies for three-dimensional particle tracking with holographic video microscopy. Opt. Express, 2010 (18): 13563 - 13573.

[64] MEMMOLO P, IANNONE M, VENTRE M, et al. On the holographic 3D tracking of in vitro cells characterized by a highly-morphological change. Opt. Express, 2012 (20): 28485 - 28493.

[65] TALAPATRA S, KATZ J. Three-dimensional velocity measurements in a roughness sublayer using microscopic digital in-line holography and

optical index matching. Meas. Sci. Technol.，2012（24）：024004.

[66] BYEON H J，SEO K W，LEE S J. Precise measurement of three-dimensional positions of transparent ellipsoidal particles using digital holographic microscopy. Appl. Opt.，2015（54）：2106 – 2112.

[67] GO T，KIM J，LEE S J. Three-dimensional volumetric monitoring of settling particulate matters on a leaf using digital in-line holographic microscopy. J. Hazard. Mater.，2021（404）：124116.

[68] BYEON H，GO T，LEE S J. Digital stereo-holographic microscopy for studying three-dimensional particle dynamics. Opt. Lasers Eng.，2018（105）：6 – 13.

王树国，教育家、西安交通大学校长："大学培养人才要始终坚持心怀'三个敬畏'，即要敬畏学生、敬畏社会、敬畏未来。"

部分相干光照明的数字全息显微

光场的相干性是光波重要的物理属性之一。如今，激光已成为传统干涉计量与全息成像等领域中不可或缺的重要工具，但是其高时空相干性带来的相干噪声降低了再现像的信噪比。在众多新兴成像领域（如数字全息显微（DHM）、计算成像）中，采用部分相干光源来降低相干噪声，对于获得高信噪比、高分辨率的图像具有优越性。

本章首先介绍光场的时间和空间的相干性概念及表征方法，然后重点介绍部分相干照明的同轴相移 DHM 和离轴 DHM，最后介绍近年来出现的非相干相关全息技术。总而言之，基于部分相干照明的 DHM，能在保证相位测量精度的前提下，有效降低相干噪声。利用同轴 DHM 中的白光干涉技术和 OCT 还可以实现三维成像，并获得样品内部微观结构的层析图像。

7.1 光场的时间和空间相干性

7.1.1 部分相干的数学描述

光源的相干性包括时间相干性和空间相干性。其中，时间相干性与光源的光谱特性相关，表示光束与它本身的延迟（但在空间不移动）之间发生干涉的能力，表现在光波场的纵向上。空间相干性则与光源的延展性有关，表示光束同它在空间移动后的光束（但无时间延迟）之间发生干涉的能力，表现在光波场的横向上。

单色相干光波场可以用二维复振幅表示，相干光场测量的本质在于测量或者恢复光波场的相位信息。对于单色相干光场，空间每点处的光振动在时间上的波动规律都是相同的，且在空间上是无限延伸的。部分相干光场描述了光场在不同时间/空间上随机涨落的统计特性，这个特性主要是由发光原子本身的统计涨落或外界因素影响所决定的。

在经典的部分相干光场表征方法中，在 t 时刻 x 点处光场的振动可看作是不同频率单色光场振动作用的总和（见图 7-1）：

$$U(x, t) = \int U(x, \omega) \cdot \exp(-j\omega t)d\omega \qquad (7-1)$$

这里 $U(x, \omega)$ 表示频率为 ω 的确定性单色光场不含时间的标量复振幅。

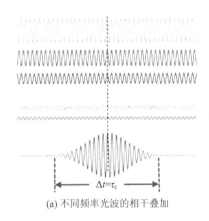 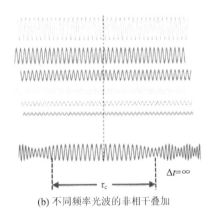

(a) 不同频率光波的相干叠加   (b) 不同频率光波的非相干叠加

图 7-1   不同频率光波的叠加[1]

对于平稳、各态历经的光波场,光束的时空相干性可由一互相干函数来表征[2,3]:

$$\Gamma(x_1, x_2, \tau) = \langle U(x_1, t_1)U^*(x_2, t_2)\rangle_t = \langle U(x_1, t)U^*(x_2, t+\tau)\rangle_t \qquad (7-2)$$

式中:$\tau = t_2 - t_1$,角括号表示对时间求平均操作。该互相干函数表示在 x_1 和 x_2 两点上相对时延为 τ 时的相关函数。两束部分相干场叠加产生的干涉条纹可被表示为 $I(x) = \Gamma(x_1, x_1, 0) + \Gamma(x_2, x_2, 0) + 2\text{Re}\Gamma(x_1, x_2, \tau)$。此时,定义复相干函数 $\Gamma(x_1, x_2, \tau)$ 的归一化函数——复相干度函数[4]:

$$\gamma(x_1, x_2, \tau) = \frac{\Gamma(x_1, x_2, \tau)}{\sqrt{\Gamma(x_1, x_1, \tau)\Gamma(x_2, x_2, \tau)}} = \frac{\Gamma(x_1, x_2, \tau)}{\sqrt{I_1(x_1)I_2(x_2)}} \qquad (7-3)$$

其模 $0 \leqslant |\gamma(x_1, x_2, 0)| \leqslant 1$ 的物理意义就是准单色光波空间两点干涉叠加后形成干涉条纹的对比度。对于 $x_1 = x_2$,公式 (7-2) 将演化为自相干函数 $\Gamma(x_1, x_1, \tau)$ 和 $\Gamma(x_2, x_2, \tau)$,也即 x_1 和 x_2 点的光强。此时,$\Gamma(x, \tau)$ 或光强 $I(x_1, \tau)$ 与光源的功率谱密度 $S(x, \tau)$ 互为傅里叶变换光系:

$$S(x, \omega) = \int \Gamma(x, \tau)\exp(j\omega\tau)d\tau \qquad (7-4)$$

光源的功率谱密度也就是通常所说的光谱分布。光源的光谱分布直接决定光场的时间相干性,后者一般用相干长度来表征:$l_c = \bar{\lambda}^2/(n\Delta\lambda)$。这里 $\bar{\lambda}$ 和 $\Delta\lambda$

分别表示照明光的平均波长和带宽，n 表示介质折射率。该相干长度可以采用臂长可调节的迈克尔逊干涉仪来测量。

与自相干函数类似，可以定义互相干函数的傅里叶变换为交叉谱密度函数：

$$W(x_1, x_2, \omega) = \int_{-\infty}^{+\infty} \Gamma(x_1, x_2, \tau) \exp(j\omega\tau) d\tau \qquad (7-5)$$

公式(7-5)定义的交叉谱密度函数(互强度函数)是部分相干理论中的一个核心概念，它描述了一个多色部分相干光场中针对某个特殊的单色频率的系统相关特性。上式可以等价表示为

$$W(x_1, x_2, \omega) \cdot \delta(\omega - \omega_0) = \langle U(x_1, \omega)U^*(x_2, \omega) \rangle \qquad (7-6)$$

公式(7-6)定量描述了光波场的空间相干性，即同一频率成分光扰动在相同时刻不同空间位置的两点之间的相关性。

当光场满足"准单色条件"时，光场的相干性可以近似由空间相干性，即零时延的互相干函数 $\Gamma(x_1, x_2, 0)$ 所主导。此时，定义互相干函数 $\Gamma(x_1, x_2, 0)$ 的互强度为 $J_z(x_1, x_2)$。van Cittert-Zernike 定理[4, 5]表明：准单色非相干光源形成的远场衍射光场的互强度正比于光源光强分布的傅里叶变换：

$$J_z(x_1, x_2) = \frac{1}{\bar{\lambda}^2 z^2} \exp(j\phi) \iint I_0(x') \cdot \exp\left[-\frac{2\pi}{\bar{\lambda} z} x' \cdot (x_2 - x_1)\right] dx'$$

$$(7-7)$$

公式(7-7)说明：光源的空间相干性与光源的尺寸密切相关。互强度 $J_z(x_1, x_2)$ 的模只和 x_1 和 x_2 两点间的距离有关。该关系类似于完全相干情况下的夫琅禾费衍射图案正比于孔径函数的傅里叶变换关系。对于一个形状任意、面积为 A_s 的均匀光强分布的非相干光源，在距离光源 z 处的相干面积为 $\bar{\lambda}^2 z^2 / A_s$。该相干面积的物理含义是准单色的非相干光源在距离光源 z 处的平面内能够形成可见干涉条纹的区域面积；反之，也可以通过干涉法来测量准单色光场的空间相干度来反推光源的尺寸。

在描述光场在自由空间传输的传播特性时，单色相干光场和部分相干光场具有不同的特点。表7-1比较了相干和部分相干光场在自由空间传播时所遵循的传输特性。总体而言，单色相干光场采用复振幅分布来描述光场在传播过程中的演化规律；而部分相干光场采用互相干函数代替单色相干光场中的复振幅分布，可以继续沿用波动光学中的一些规律和特性。需要说明的是：在部分相干光场中，随着光波的传播，光场的相干性亦随之传播。从能量传递方程(TIE)中获得的部分相干光场 Wigner 分布函数 $W_{image}(x, u)$ 的"相位"是广义相位与物体引入的相位叠加的结果。在满足"零矩条件"("广义相位"为零)时，仍然可以直接利用光强传输方程重建物体相位[6]。

表 7-1　相干和部分相干光场的传输公式比较[1]

表征物理量	相干光传输	部分相干光传输	
表征物理量	$U(\mathbf{x}, z)$	$W(x_1, x_2)$	$W(\mathbf{x}, \mathbf{u})$
波动方程	$(\nabla^2 + k^2)U(\mathbf{x}, z) = 0$	$\nabla_{x_1}^2 W(x_1, x_2) + k^2 W(x_1, x_2) = 0$ $\nabla_{x_2}^2 W(x_1, x_2) + k^2 W(x_1, x_2) = 0$	$\sqrt{k^2 - 4\pi^2\|\mathbf{u}\|^2}\,\dfrac{\partial W(\mathbf{x}, \mathbf{u})}{k\,\partial z}$ $= -\lambda \mathbf{u}\,\nabla_x W(\mathbf{x}, \mathbf{u})$
卷积法	$U_z(\mathbf{x}) = \dfrac{\exp(jkz)}{j\lambda z}\displaystyle\int U_0(\mathbf{x}_0) \times$ $\exp\left\{\dfrac{j\pi}{\lambda z}\|\mathbf{x}-\mathbf{x}_0\|^2\right\}\mathrm{d}\mathbf{x}_0$	$W_z(x_1, x_2) = W_0(x_1, x_2) \underset{x_1, x_2}{\bigotimes} h_z(x_1, x_2)$	$W_z(\mathbf{x}, \mathbf{u}) = W_0(\mathbf{x}, \mathbf{u}) \underset{x}{\bigotimes}$ $W_{h_z}(\mathbf{x}, \mathbf{u})$
角谱法	$H_z^{\mathrm{F}}(u_x, u_y) = \exp(jkz) \times$ $\exp[-j\pi\lambda z(u_x^2 + u_y^2)]$	$\hat{W}_z(u_1, u_2) = \hat{W}_0(u_1, u_2) H_z(u_1, u_2)$	
能量传递方程 (TIE)	$-k\dfrac{\partial I(\mathbf{x})}{\partial z} = \nabla \cdot [I(\mathbf{x}, z)\nabla_\varphi(\mathbf{x})]$	$\dfrac{\partial}{\partial z}W\left(x+\dfrac{x'}{2}, x-\dfrac{x'}{2}\right)$ $= -\dfrac{j}{k}\nabla_x \nabla_{x'} W\left(x+\dfrac{x'}{2}, x-\dfrac{x'}{2}\right)$	$\dfrac{\partial I(\mathbf{x})}{\partial z} = -\lambda \nabla_x \cdot$ $\displaystyle\int \mathbf{u} W_\omega(\mathbf{x}, \mathbf{u})\mathrm{d}\mathbf{u}$

7.1.2 部分相干光照明 DHM 的特点

根据所用照明光源的不同，数字全息显微可分为两类：相干照明 DHM 技术和部分相干光照明 DHM（Partially Coherent Illumination based DHM，PCI-DHM）技术[7, 8]。相干照明 DHM 一般使用激光作为光源，获得具有高对比度的全息图，目前也被广泛地应用到各个领域[9]。然而，当激光作为照明光源时，由于记录的全息图具有高相干噪声（包括散斑噪声和寄生干涉条纹），因此降低了成像信噪比和相位测量精度[10, 11]。

为了提高相位测量的灵敏度，基于部分相干光照明的 DHM 逐渐引起了广泛关注。部分相干光源是指具有部分时间或空间相干性的光源，如 LED、卤素灯、超连续谱激光以及旋转毛玻璃屏调制的激光等。部分相干照明可以抑制相位成像中的散斑噪声，提高相位图像的信噪比，最终提高相位测量精度。例如，张佳恒等人[12]证明了白光照明时的空间相位噪声可降至 0.6 nm，比激光照明时的噪声降低了一个数量级。但是，由于其时间相干长度仅为微米量级，因此必须严格控制物光和参考光的光程，使二者相等才能在视场中得到干涉条纹。

根据全息图记录方式的不同，可以将部分相干光照明的数字全息显微（PCI-DHM）技术分为两类：同轴相移 PCI-DHM 和离轴 PCI-DHM。其中，同轴相移记录方式容易在整个视场内得到高对比度的干涉条纹，并且可充分利用 CCD 的空间带宽积。但是该技术的缺点是需要记录多幅相移干涉图才可重建被测样品的相位分布，通常只能测量静态样品或缓慢变化的动态过程。相比之下，离轴记录方式只需记录一幅全息图就可以消除零级像和共轭像，因此离轴 PCI-DHM 具有较高的时间分辨率，可用于测量快速的动态变化过程。

7.2 部分相干光照明的同轴相移 DHM

目前常用的同轴相移 PCI-DHM 技术可分为 LED 照明同轴相移 PCI-DHM、基于横向剪切的 PCI-DHM、白光干涉显微、光学相干断层显微成像（OCT）技术等。

7.2.1 LED 照明同轴相移 DHM 技术

部分相干光源作为照明光源可以有效抑制透镜表面的多次反射光，降低数字全息中重建相位分布的相位噪声。B.Kemper 等人[13]提出了基于 LED 照明的时间相移数字全息显微技术。实验装置以 Linnik 干涉仪为基础，具体光路如图 7-2(a)所示，从 LED 光源出射的光束首先经过透镜 1 变为平行光，然后经 20× 显微物镜 1 会聚后被其后焦面上的针孔（直径为 25 μm）进行滤波以增加光波的空间相干性,再经透镜 2 准直后变为平行光照射到非偏振分光棱镜上分为两束光。两束光分别被放置在干涉仪两臂中完全相同的 20× 物镜 1 和物镜 2 会聚后照射到样品和参考镜上,并分别形成物光和参考光。调整物光和参考光的光程,使其相等以便得到干涉条纹,然后通过压电陶瓷(PZT)驱动反射镜改变参考光的相位,依次记录得到三幅相移量为 0、2π/3、4π/3 的相移干涉图样,最后利用三步相移重建算法恢复被测样品的相位分布。实验中以 MicroMasch TGZ02 纳米结构测试图作为样品,分别比较了在 He-Ne 激光和 LED 照明下重建相位分布的横向分辨率及相位噪声,如图 7-2(b)、(c)所示。从图中可以看出,两种情况下样品的纳米级光栅状结构都可被清晰分辨,但相比于激光照明时图 7-2(b)中明显可见的噪声起伏,图 7-2(c)中的噪声水平显著减小。经计算,LED 照明时的相位噪声为 0.03 rad,而激光照明时的相位噪声为 0.06 rad。由此可见,在相同条件下以 LED 作为照明光源,可以有效减小相位噪声并提高相位测量精度。

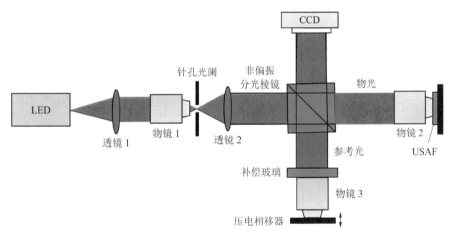

(a) 基于 Linnik 干涉仪的同轴相移 PCI-DHM 系统

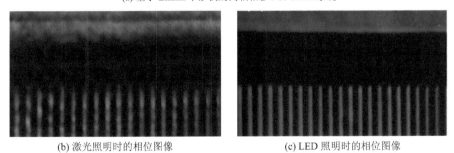

(b) 激光照明时的相位图像   (c) LED 照明时的相位图像

图 7-2 基于 Linnik 干涉仪的同轴相移 PCI-DHM 系统以及对 TGZ02 纳米的成像结果[13]

此外,秦怡课题组[14-17]比较了基于激光和 LED 照明的 DHM 在重建图像质量上的差别,结果表明 LED 照明 DHM 完全消除了激光光源的散斑噪声和寄生干涉条纹,物光场再现质量得到了很大提升。2014 年,T.Pitkäaho 等人[18]在 LED 照明 DHM 装置的基础上,提出了一种针对微观物体的深度提取算法,并进行了优化,通过对人造纤维、美国空间标准(USAF)分辨率靶等样品的成像与测量验证了算法的有效性和鲁棒性。2019 年,惠倩楠等人[19]提出了一种基于 LED 光源以及长工作距离物镜的相移数字全息显微测量装置,并利用该装置实现了对 USAF 分辨率板和微纳台阶三维形貌的定量测量。

7.2.2 低相干横向剪切 DHM 技术

Y.S.Baek 等人[20]提出了低相干横向剪切 DHM 技术:通过在标准显微镜的输出端安装一白光定量相位成像单元(White-light Quantitative Phase Imaging Unit,WQPIU),可实现低相干 DHM 的定量相位成像。该 WQPIU 模块如图 7-3(a)所示,其组成部件主要为光束移位器、液晶相位延迟器、光程补偿器和偏振片。其中,光束移位器是一种双折射晶体,其光轴与表面法线呈 45°角,可将一束光分成两束振动方向相互正交的线偏振光:一束平行于光轴(e 光波),另一束垂直于光轴(o 光波)。光波通过光束移位器前后的传播方向保持不变,且产生的两束平行光都包含样品的全部信息。其中,o 光波与横向平移后的

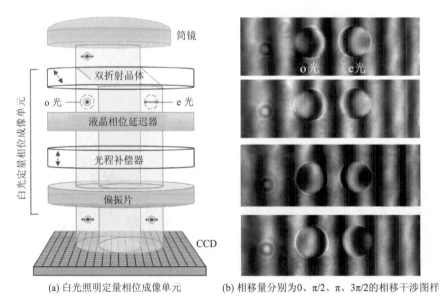

(a) 白光照明定量相位成像单元   (b) 相移量分别为0、π/2、π、3π/2的相移干涉图样

图 7-3 基于横向剪切的白光定量相位成像单元及 CCD 记录的相移干涉图[20]

e 光波相互重叠。当显微样品是稀疏分布时，o 光波中的样品区域和 e 光波中的空白区域分别作为物光和参考光，两者发生横向剪切干涉。此外，为了使发生横向位移的两束光波发生干涉，光波的横向位移长度必须小于光波的空间相干长度，因此利用光程补偿器对两光波的光程差进行补偿。同时，为了保证光波的空间相干性，可以通过减小照明孔径的尺寸或将光源放置在远离样品的地方实现。最后，两束正交的线偏光通过偏振片后实现干涉。液晶相位延迟器的作用是调整 o 光波和 e 光波之间的相位差，用以实现四步相移干涉。CCD 记录的四幅相移干涉图如图 7-3(b)所示，然后利用四步相移算法可再现得到样品的振幅和相位图像。实验中通过对人体红细胞(RBC)和 HeLa 细胞等透明样品进行定量相位成像，验证了该方法的有效性。

最近，T.Ling 等人[21]通过在 CCD 图像平面前插入两个随机编码的混合光栅，开发了一种基于四波横向剪切干涉仪的宽带灵敏度增强干涉显微成像系统，并提出了一种完全向量化的相位检索算法。该系统基于 LED 光源照明，可用于定量相位成像并消除由频谱泄漏引起的周期误差。

7.2.3　白光干涉显微技术

白光干涉显微(White Light Interference Microscopy，WLIM)技术是一种无损、无标记的定量相位成像技术，可以实现对样品表面形貌等的定量测量。WLIM 技术采用低相干性白光光源，避免了高相干照明带来的散斑噪声，还克服了观测台阶类样品时因"相位包裹"导致的测量高度受限问题。

P.Mann 等人[22]提出了基于白光照明的物参共路白光干涉显微技术，如图 7-4(a)所示。该装置基于 Mirau 干涉仪搭建而成。从白光光源出射的光束经扩束准直后被分光棱镜反射入 Mirau 干涉物镜中，经过物镜内部薄膜分束镜后形成两束照明光波，透射光照明待测样品形成物光波；反射光被压电陶瓷(PZT)相移驱动器控制的参考镜再次反射形成参考光。物光和参考光经过薄膜分束镜的合束后，一起经过分光棱镜并在 CCD 探测面上发生干涉形成干涉图。在干涉图样的重建过程中，该技术可从单个白光干涉图样中分离出红色(R)、绿色(G)、蓝色(B)三个分量，同时获得样品的多光谱信息[23]。同时，通过利用不同照明波长形成"合成波长"，克服了相位包裹问题，扩展了纵向无包裹测量范围。基于该 WLIM 系统，对刻蚀硅晶片和人体血红细胞进行了成像与测量，在蓝色(B)通道下重建的相位图像分别如图 7-4(b)、(c)所示。从图中可以看出，利用该系统可以定量获得样品表面的三维形貌信息，并且图像具有较高的信噪比。2018 年，P.K.Upputuri 等人[24]提出了一种基于彩色 CCD 相机的相移白光干涉测量技术，该技术可用于微透镜表面轮廓及微样品表面的不连续性测量。

近年来，该课题组利用此技术测量了红细胞、洋葱表皮、鱼角膜等样品的全场折射率曲线，结果表明该方法可提供更简单、更经济和更快速的定量测量方案。

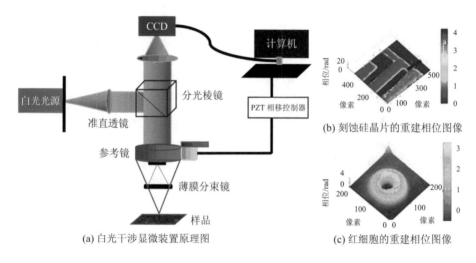

(a) 白光干涉显微装置原理图

(b) 刻蚀硅晶片的重建相位图像

(c) 红细胞的重建相位图像

图 7-4　物参共路白光干涉显微装置及其测量结果[22]

7.2.4　光学相干断层显微成像技术

光学相干断层显微成像（Optical Coherence Tomography，OCT）技术[25, 26]采用汇聚的光斑来照明样品，利用光源的短相干特性，获得样品内部微观结构的层析图像。时域 OCT 装置主要由迈克尔逊干涉仪组成，如图 7-5(a) 所示。光源发出的光经分光棱镜分为两束，分别进入麦克尔逊干涉仪的样品臂和参考臂。物光臂中的光波被样品内部三维结构所反射或散射并沿原路返回；参考臂中的光波被反射镜反射也沿原路返回。样品的反射光中，只有与参考光的光程差在相干长度范围内的对应部分才与参考光发生干涉，形成带有样品信息的干涉图样。干涉图样被 CCD 所接收，最后由计算机对其重建，就可以获得样品中聚焦"薄层"的切片图像，如图 7-5(b) 所示。除了时域 OCT 外，谱域 OCT 采用宽带光源作为照明光，采用光谱仪来记录样品反射光和参考光干涉形成的干涉光谱分布。从所记录的光谱分布可以获得样品散射光随深度的分布曲线，通过二维移动样品可以实现三维层析成像。总体而言，OCT 技术具有分辨率高、检测灵敏度高和操作速度快等优点，目前已经被广泛应用于生物医学、工业检测等领域。

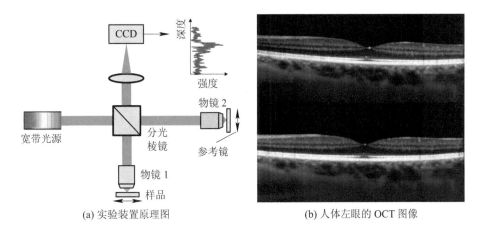

(a) 实验装置原理图   (b) 人体左眼的 OCT 图像

图 7 - 5   光学相干断层显微成像(OCT)原理[27, 28]

<h2>7.3   部分相干光照明的离轴 DHM</h2>

前面所述的 PCI-DHM 基于同轴相移技术，虽然可以充分利用 CCD 的空间带宽积，但是至少需要记录两幅相移干涉图才能重建被测样品的相位分布。相比之下，离轴数字全息技术只需要记录一幅数字全息图就可以消除零级像和共轭像，时间分辨率高，因而被广泛应用于快速动态变化过程的测量。根据实现方法的不同，离轴干涉技术主要分为两类：基于点衍射的离轴干涉技术[29, 30]和基于光栅补偿的离轴干涉技术[31, 32]。

<h3>7.3.1   白光点衍射离轴 DHM</h3>

B.Bhaduri 等人[29] 提出了基于白光照明的点衍射相位显微(white-light Diffraction Phase Microscopy，wDPM)技术。该技术采用白光作为照明光源，具有较高的空间相位灵敏度和长时间的相位稳定性。同时，离轴光路结构使得该技术在单次曝光下便可得到样品的再现相位分布。wDPM 成像系统如图 7 - 6(a)所示：系统以卤素灯(HLF)作为照明光源，光源后的聚光器透镜数值孔径调节至 NA＝0.09 以实现高灵敏度相位成像与测量。一衍射光栅放置于筒镜的后焦平面处，物光通过光栅后产生多个沿不同衍射级方向传播的衍射光。空间光调制器(SLM)作为滤波器被放置于透镜 1 的后焦平面，通过对零级衍射光进行低通滤波产生参考光；SLM 允许＋1 级衍射光完全通过，被用作物光。物光和参考光相互干涉产生的干涉图样由 CCD 记录。实验中对该系统的时空噪声稳定

性进行了测量与分析，测量所得的相位噪声分布如图 7-6(b)～(e)所示。其中，图 7-6(c)、(d)分别为单帧图像中的空间路径长度噪声分布和整个记录时间内的噪声分布直方图。经计算所得噪声分布直方图中标准差 $\sigma=1.1$ nm，该数字表明 wDPM 系统具有较高的稳定性和信噪比，其噪声水平比激光照明时低一个数量级。图 7-6(d)、(e)分别表示 $k_y=0$ 和 $k_y=2\pi$ 时对数坐标系下的功率谱密度。该分布表明通过空间和光谱上的带通滤波，可以进一步降低测量过程中的相位噪声，并提高系统的相位灵敏度。基于该系统，对红细胞和 HeLa 细胞等样品进行了长时间的定量观测。通过监测细胞生长过程中干质量的变化，可以深入探索研究细胞的生长规律。

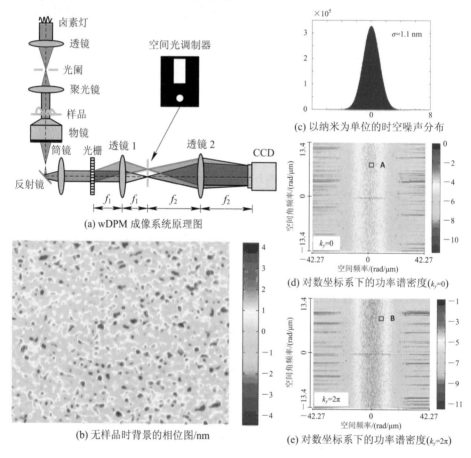

(a) wDPM 成像系统原理图

(b) 无样品时背景的相位图/nm

(c) 以纳米为单位的时空噪声分布

(d) 对数坐标系下的功率谱密度($k_y=0$)

(e) 对数坐标系下的功率谱密度($k_y=2\pi$)

图 7-6　基于白光照明的点衍射相位显微成像系统及其噪声测量结果[29]

　　采用光栅作为色散元件的离轴点衍射 DHM 中，除上述白光点衍射相位显微技术外，G. Popescu 等人[30]还提出了瞬时空间光干涉显微(instantaneous

Spatial Light Interference Microscopy，iSLIM），它通过在传统商用相衬显微镜的基础上进行改进来实现定量相位成像。该技术的装置如图 7 - 7(a)所示，iSLIM 采用环状光源作为照明光，一枚振幅衍射光栅放置于倒置显微镜的像平面上用于产生多个不同的衍射级，在透镜 1 的傅里叶平面上放置空间滤波器 SLM，只允许 0 级和＋1 级衍射级(其频谱均为一个圆环)通过，对零级进行低通滤波形成参考光，最后由 CCD 记录离轴全息图。图 7 - 7(b)所示为彩色相机拍摄的 SLM 面的光强分布，SLM 的滤波孔径与显微镜中聚光器通光孔径的形状完全匹配，只允许零级衍射级的直流分量通过，如图 7 - 7(c)所示。图 7 - 7(d)所示为照明光源的光谱分布及彩色相机各通道的光谱灵敏度。利用维纳-辛钦定理，从光源的光谱分布可以得到光场的时间自相关函数，见图 7 - 7(e)。与wDPM 类似，该离轴干涉方案可以实现低噪声、高稳定的相位成像。

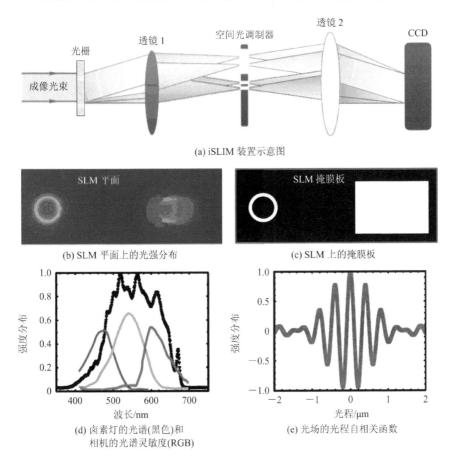

(a) iSLIM 装置示意图

(b) SLM 平面上的光强分布

(c) SLM 上的掩膜板

(d) 卤素灯的光谱(黑色)和
相机的光谱灵敏度(RGB)

(e) 光场的光程自相关函数

图 7 - 7　瞬时空间光干涉显微成像系统及实验结果[30]

上述两种离轴点衍射干涉技术[29,30]均采用光栅作为色散元件对经过样品后的物光波进行衍射分光，但光栅通常会产生多个衍射级，导致光能损失严重，在CCD感光面上接收到光的光强较小，所以需要设置较长的曝光时间记录全息图。在wDPM方案中[29,30]，即使采用高灵敏度相机，帧频也仅有10幅/s，这一特点限制了其在快速变化的动态过程中的测量能力。为解决该问题，N.T.Shaked等人[31]提出了以分光棱镜作为分光元件的离轴点衍射干涉仪，即τ干涉仪。宽光谱激光器出射的激光经声光调制器调谐后形成相干长度为26.8 μm的低相干照明光源。τ干涉仪通常放置于倒置显微镜的输出端，用于接收显微镜输出的物光波，其原理示意图如图7-8所示。输入的物光经透镜1进行傅里叶变换后被分光棱镜分成两束，反射镜2前的针孔对其中一束光进行低通滤波形成参考光，另一束被用作物光。物光和参考光分别经由反射镜1、2反射后再次通过分光棱镜进行合束，在透镜3后的焦面处干涉形成全息图被数字相机记录，通过调整反射镜可得到全视场的离轴干涉条纹。该干涉仪具有低

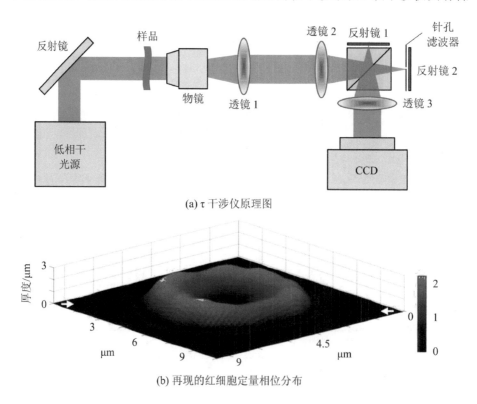

(a) τ干涉仪原理图

(b) 再现的红细胞定量相位分布

图7-8 τ干涉仪原理图及其对红细胞样品的定量测量[31]

成本、便携等优势，且物参共路的光学结构使得装置具有长时间的测量稳定性。此外，利用分光棱镜作为分光元件避免了光栅的色散效应，有效解决了光能损失问题，增强了该装置在快速变化的动态过程中的测量能力。基于光源的低相干性和物参共路结构，系统表现出较高的相位测量精度和时间相位稳定性。图 7-8(b)所示为利用 τ 干涉仪定量获得的人血红细胞厚度分布，从图中可以看出，采用低相干光源使得所测红细胞(仅包含细胞培养基)周围具备平坦背景，有效抑制了背景噪声，可以很好地表征其表面形貌及厚度分布。

此外，2014 年，C.Edwards 等人[33]利用基于卤素灯照明的白光衍射相位显微镜对聚苯乙烯微球、红细胞等样品进行了测量。为了充分利用离轴记录方式中 CCD 的空间带宽积，在 2016 年，M.Shan 等人[34]将相移技术和轻离轴技术相结合，提出了相移白光衍射相位显微技术(PSwDPM)。该技术克服了离轴记录方式中空间带宽积利用率低的问题，实现了两倍的空间带宽积，通过对血红细胞、前列腺活检组织等样品的测量证明了装置的有效性。

7.3.2　基于光栅补偿的低相干离轴 DHM

在以上介绍的基于点衍射的离轴干涉技术[11, 29, 32, 35-38]中，采用光栅或分光棱镜[31]作为色散元件将物光分成两束，并对其中一束进行针孔滤波从而得到参考光波。该方法存在如下缺点：① 光路调节困难，物光和参考光之间的光程差难以精确调节；② 滤波导致光能损失，通常需要设置较长的曝光时间对全息图进行记录，继而限制了该技术对快速变化的动态过程的测量能力。为了克服以上点衍射离轴 DHM 存在的缺点，Y.Choi 等人[39]和 R.L.Guo 等人[32]分别提出了采用动态散斑照明和 LED 照明的低相干离轴数字全息干涉技术，这些技术利用光栅来形成离轴全息光路，该光路中物光和参考光之间在整个视场内具有相同的光程差。

Y.Choi 等人提出的系统光路如图 7-9(a)所示。该系统基于马赫-泽德干涉仪，通过旋转毛玻璃屏破坏高相干激光的相干性，获得部分相干光源。当在传统离轴 DHM 光路中直接采用动态散斑照明时，由于光波的空间相干性减小，难以在全视场内获得高对比度的干涉图，见图 7-9(b)。为解决该问题，使物光臂和参考臂的光学配置完全相同，并将一空白载玻片放置于参考光路中用于补偿光程，同时在参考光路中相机 CCD 的共轭面处放置了一个衍射光栅，通过可变光阑选取＋1 级衍射光作为参考光，由此得到的干涉条纹在整个视场中有均匀的对比度，见图 7-9(c)。

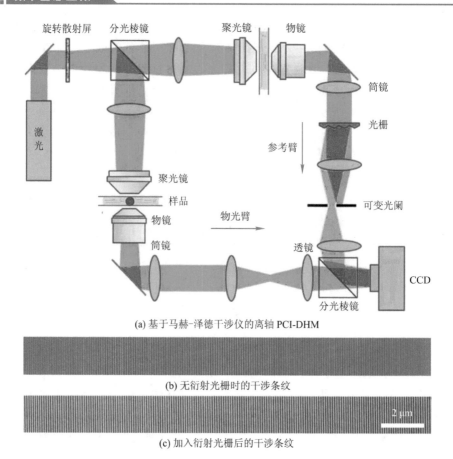

(a) 基于马赫-泽德干涉仪的离轴 PCI-DHM

(b) 无衍射光栅时的干涉条纹

2 μm

(c) 加入衍射光栅后的干涉条纹

图 7-9　基于马赫-泽德干涉仪的离轴 PCI-DHM 及所得干涉条纹[39]

上述干涉方案[32,39]均基于马赫-泽德干涉光路,虽然无需针孔滤波,但物光和参考光分别历经不同的光束路径,因此系统的稳定性较差。为了提高系统稳定性,R.L.Guo 等人[11]提出了一种采用低相干光源的具有恒定离轴角的剪切干涉测量(LC-SICA)技术。图 7-10(a)为 LC-SICA 显微镜示意图,在 LC-SICA模块中,透镜 1、2 组成标准 4f 系统,放置在距像平面 z 距离处的光栅用来产生多个衍射级。光阑置于透镜 1 的后焦面处并只允许 0 级和 +1 级衍射光通过。选取 0 级衍射光中含有样品的区域作为物光波,+1 级衍射光中样品周围的空白区域作为参考光波,在频谱面上加入光程差补偿器对两光波的光程差进行补偿,使得两束光在透镜 2 后焦平面处发生干涉,最终得到具有高对比度的全场干涉条纹。实验中,宽光谱激光通过声光可调滤波器获得谱宽为 44 nm、相干长度为 9.2 μm 的光波作为照明光源。经测量可得此时系统的空间相位噪声为

0.0425 rad，仅为 He-Ne 激光照明时（0.204 rad）的 1/5，由此可见该系统具有较低的相干噪声和较高的相位测量精度，同时在 10 s 内所测相位分布的标准差仅为 8.9 mrad，表明系统具有较高的测量稳定性。

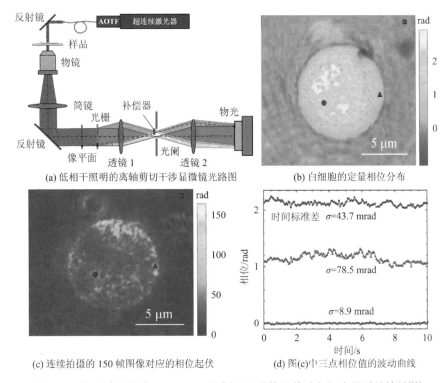

(a) 低相干照明的离轴剪切干涉显微镜光路图

(b) 白细胞的定量相位分布

(c) 连续拍摄的 150 帧图像对应的相位起伏

(d) 图(c)中三点相位值的波动曲线

图 7-10 输出端连接有 LC-SICA 的倒置显微镜及其对白细胞的测量结果[11]

基于该系统，对人体白细胞进行了动力学定量相位成像，证明了该系统的有效性及优势。其中，对人体白细胞的测量结果如图 7-10(b)~(d)所示，图 7-10(b)为 $t=0$ 时刻白细胞的定量相位图像，图 7-10(c)为从 150 帧相位图像中得到的相位标准差分布，其反映了细胞相位分布的波动情况。图 7-10(d)为图(b)、(c)中三个标记点的相位起伏曲线。结果显示：边界点相位值波动最大，标准差为 78.5 mrad；细胞内部区域标记点显示出轻微的波动，标准差为 43.7 mrad；背景区域具有相对平稳的相位值，标准差为 8.9 mrad，说明该系统能检测标准差大于 8.9 mrad 的相位起伏，系统具有较高的相位灵敏度。

除此之外，基于 LED 照明的离轴彩色数字全息术[40]以及基于偏振滤波的 LED 照明离轴数字全息显微术[41]也相继被提出，再现图像质量得到很大改善。2014 年，南开大学的邓丽军等人[42]提出了一种基于光程差扫描的低相干离轴数字全息技术，该技术能够有效解决光源相干长度过短导致条纹区域过小的问题，且实现了对标准 USAF－1951 分辨率板样品的全视场探测。2018 年，J.Cho 等人[43] 提出了一种基于 LED 光源的双波长离轴数字全息低相干干涉测量系统，该系统利用两个衍射光栅对 LED 出射光束的中心波长和带宽进行了调整，并通过滤波扩展了宽带光源的相干性。利用两个不同波长 LED 光源测量高度为 1.815 μm 的标准台阶样品时标准差小于 3 nm，表明该系统能够以超过 1 μm 的步长和更低的噪声对样品表面轮廓进行快速、准确的测量。

7.4 非相干相关数字全息

在非相干相关数字全息中，非相干光源照明的物体或者自发光物体上的任意一点发出的光波经过某种光学器件分为两束，这两束同源的光波可以干涉形成点源全息图[44]。物体上每一个点源经过这样的过程可产生一个二维干涉图样，将对应物点的强度和三维位置信息编码为对应干涉图样的条纹对比度、中心位置、条纹的形状和疏密程度。通过对非相干相关全息图进行再现，可以获得原始物体的三维信息，实现三维成像。因为编码方式是独特的，所以不会有两个物点产生相同的条纹。需要强调的是，非相干全息一般需要通过窄带滤波等方式来产生准单色照明光，以保证光场的时间相干性。

2007 年，J.Rosen 等人提出了菲涅耳非相干相关全息（Fresnel Incoherent Correlation Holography，FINCH）技术[45]。FINCH 技术通过在空间光调制器（SLM）上加载相位掩膜的方式对来自样品的物光进行衍射分光和相移，实现非相干全息图的记录，最后通过对全息图进行数值计算来重构原始物体的三维信息，如图 7－11(a)所示。该技术将物点的深度信息通过菲涅耳波带片的条纹疏密程度来进行编码，物点的横向信息通过条纹图样的横向位置直接体现，不需

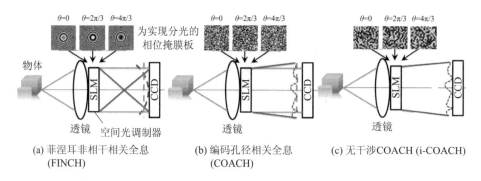

(a) 菲涅耳非相干相关全息　　(b) 编码孔径相关全息　　(c) 无干涉COACH (i-COACH)
　　　(FINCH)　　　　　　　　　(COACH)

图 7－11　非相干相关数字全息记录机制示意图[45]

要借助于任何扫描装置和移动部件就可以记录样品的三维信息。随后，J.Rosen等人将这一技术用于荧光显微成像，实现了非扫描的荧光样品全息图的记录和再现[46]。

根据编码孔径相关成像的理论，除了菲涅耳变换，任何可以实现图像变换的方法只要存在逆变换都可以用来实现非相干全息图的记录和再现。基于这一思想，A.Vijayakumar 等人[47]提出了编码孔径相关全息(Coded Aperture Correlation Holography，COACH)技术，如图 7-11(b)所示。在 COACH 系统中，点物的衍射光波经过 SLM 加载的随机编码相位掩膜(Coded Phase Mask，CPM)调制后，与来自同一物点的未被 SLM 调制的光波进行干涉，产生该物点的全息图，并作为系统的点扩展函数(Point Spread Function，PSF)或点扩展全息图(Point Spread Hologram，PSH)。此时 PSH 具有类似随机散斑的强度分布。利用不同轴向深度处的 PSH 来对系统深度信息进行编码，通过对应层面的 PSH 和物体全息图的互相关操作可重建物体图像。此外，无干涉 COACH(i-COACH)采用类似的相位编码，也可以实现非相干数字全息的记录，如图 7-11(所示)。

以 FINCH 为例，源于物体上同一点的光波经过 SLM 上加载的编码相位掩膜分光，继续传播到记录平面进行干涉，记录平面(x_D,y_D)上得到的 PSH 具有与菲涅耳波带片的 PSH 类似的形式，其强度分布为

$$I(x_D,y_D,z)=C^2\iiint o(x_o,y_o,z_o)\Big\{1+\frac{1}{2}\exp[i\varphi(x_D-x,y_D-y,z)+i\theta_k]+$$
$$\frac{1}{2}\exp[-i\varphi(x_D-x,y_D-y,z)-i\theta_k]\Big\}dx_o dy_o dz_o \quad (7-8)$$

式中：C^2 为一个含有物点强度信息的常量，θ_k 表示第 k 步相移操作引入的相移量。$\varphi(x_D-x,y_D-y,z)=\pi[(x_D-x)^2+(y_D-y)^2]/(z\lambda)$，它是编码了物点深度信息以及横向位置信息的二次相位因子，物体所处的轴向深度变化将会体现在这一相位分布的变化上，其直观表现就是点源全息图条纹的疏密程度随物体轴向位置 z 变化。直接再现公式(7-8)中的全息图将受到零级像和孪生像的干扰。结合相移技术，对同一物体实现多幅相移全息图的记录，可以获得样品的实像：

$$H_F(x_D,y_D,z)=\frac{1}{2}C^2\iiint o(x_o,y_o,z_o)\exp[i\varphi(x_D-x,y_D-y,z)-i\theta_k]$$
$$(7-9)$$

FINCH 技术所记录的 PSH 具有菲涅耳波带片的形式，可通过菲涅耳衍射模拟衍射传播的过程进行重建。某一再现距离 z_r 处的物体再现像 $o'(x',y')$ 可以通过衍射积分来获得：

$$o'(x'_o, y'_o, z_r) = H_F(x_D, y_D) * \exp\left[-j\frac{\pi}{\lambda z_r}(x'^2 + y'^2) \right] \quad (7-10)$$

此外，对于 FINCH 和 COACH 的衍射再现，也都可以采用通用的形式来再现：

$$o'(x'_o, y'_o, z_r) = I_{psf}(x_D, y_D, z_r) \otimes H_F(x_D, y_D) \quad (7-11)$$

式中，$I_{psf}(x_D, y_D, z_r)$ 为 FINCH 和 COACH 系统的 PSH。非相干相关数字全息术理论上可以通过物体全息图和 PSH 的相关运算重建出任何深度的物体的信息。FINCH 技术在全息图记录过程中无须移动部件，成像具有横向超分辨率(突破物镜 NA 约束的空间分辨率)和准无限大成像景深的特点。COACH 技术采用随机相位编码掩膜调制系统光瞳函数，需要记录不同深度处的点源全息图来编码(标定)系统的深度，具有较高的轴向分辨率。N.Siegel 等人将 FINCH 技术应用到荧光显微成像中，提高了所记录全息图的信噪比以及重建像的质量，最终实现了细胞内细胞器结构的超分辨三维彩色成像，获得了 149 nm 的横向分辨率[48]，实验结果如图 7-12 所示。

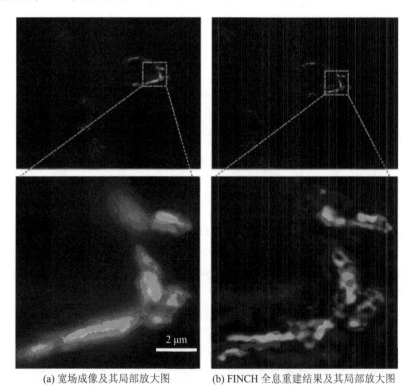

(a) 宽场成像及其局部放大图   (b) FINCH 全息重建结果及其局部放大图

图 7-12　FINCH 技术对细胞高尔基体的超分辨荧光显微成像结果[48]

本 章 小 结

　　基于部分相干光照明的数字全息显微(PCI-DHM)，采用部分相干光源改善了再现像信噪比和相位测量灵敏度。根据全息图记录方式的不同，PCI-DHM可分为同轴相移PCI-DHM和离轴PCI-DHM。同轴相移PCI-DHM尽管可以充分利用CCD的空间带宽积，但是由于需要相移操作，因此通常只能测量静态样品或缓慢变化的动态过程。相比之下，离轴记录方式只需记录一幅数字全息图就可以消除零级像和共轭像，可用于测量快速的动态变化过程。利用部分相干光照明可以实现低相干噪声、高灵敏度的相位成像，但该技术仍存在一些不足之处：① 物光和参考光直接干涉，干涉条纹通常被限制在由相干长度决定的菱形区域内，无法得到全场离轴干涉条纹，通常需要采用光栅等色散元件构建结构复杂的消色差干涉装置以扩展干涉条纹区域；② 光源相干长度较短，物光和参考光光程需要严格相等才能产生干涉条纹，这使得光路调整较为困难。因此，发展结构简单、光路易于调节的PCI-DHM是一个大的趋势，随着相关技术的不断发展和进步，相信PCI-DHM将会得到进一步的发展，并在更多领域得到应用。

　　近年来，非相干DHM和量子全息术的出现，扩展了PCI-DHM的概念和应用方法。其中，非相干数字全息技术通过将非相干照明的物光或者自发光物体上的任意一点发出的光波经过干涉过程编码于全息图样中，可以再现出样品的三维、真彩色成像[49]。此外，2021年，英国格拉斯哥大学的物理学家在Nature Physics上报道了量子全息术[50]，首次利用了量子纠缠的独特特性(爱因斯坦的"远距离幽灵"效应)，通过测量完全分离的物光和参考光的强度分布可以获得再现被测样品的振幅和相位分布，实现了更高分辨率和更低噪声的成像效果。未来，进一步扩展部分相干理论，并从数学上解析纠缠光源照明的特征将具有重要意义。

参 考 文 献

[1]　张润南，蔡泽伟，孙佳嵩，等. 光场相干测量及其在计算成像中的应用. 激光与光电子学进展，2021 (58)：1811003.

[2]　MANDEL L, WOLF E. Optical coherence and quantum optics. Cambridge：Cambridge Cambridge University Press，1995.

[3] BORN M，WOLF E. Principles of Optics. 7th ed. Cambridge：Cambridge University Press，1999.

[4] Z. F. The concept of degree of coherence and its application to optical problems. Physica，1938（5）：785 – 795.

[5] ZHANG Z，CHEN Z，REHMAN S，et al. Factored form descent：a practical algorithm for coherence retrieval. Opt. Express，2013（21）：5759 – 5780.

[6] ZUO C，CHEN Q，TIAN L，et al. Transport of intensity phase retrieval and computational imaging for partially coherent fields：The phase space perspective. Opt. Lasers Eng.，2015（71）：0 – 32.

[7] WANG Z，MILLET L，MIR M，et al. Spatial light interference microscopy (SLIM). Opt. Express，2011（19）：1016 – 1026.

[8] REPETTO L，PIANO E，PONTIGGIA C. Lensless digital holographic microscope with light-emitting diode illumination. Opt. Lett.，2004 (29)：1132 – 1134.

[9] 郭荣礼. LED 照明的数字全息显微研究：[博士论文]. 中国科学院研究生院(西安光学精密机械研究所)，2014.

[10] HOSSEINI P，ZHOU R，KIM Y H，et al. Pushing phase and amplitude sensitivity limits in interferometric microscopy. Opt. Lett.，2016（41）：1656 – 1659.

[11] GUO R L，BARNEA I，SHAKED N T. Low-coherence shearing interferometry with constant off-axis angle. Front. Phys.，2021（8）：611679.

[12] 张佳恒，马利红，李勇，等. 卤素灯照明光栅衍射共路数字全息显微定量相位成像. 中国激光，2018（45）：253 – 259.

[13] KEMPER B，STUERWALD S，REMMERSMANN C，et al. Characterisation of light emitting diodes（LEDs）for application in digital holographic microscopy for inspection of micro and nanostructured surfaces. Opt. Laser Eng.，2008（46）：499 – 507.

[14] 巩琼，秦怡. LED 光源数字全息技术研究. 应用光学，2010（31）：237 – 241.

[15] 秦怡，钟金钢. 基于发光二极管的弱相干光数字全息理论与实验研究. 光学学报，2010（30）：2236 – 2241.

[16] QIN Y，ZHONG J G. Quality evaluation of phase reconstruction in LED-based digital holography. Chin. Opt. Lett.，2009（7）：1146 – 1150.

[17] 翁嘉文，秦怡，杨初平，等. 单幅弱相干光数字全息图的压缩感知重建，激光与光电子学进展，2015（52）：116 – 121.

[18] PITKÄAHO T，NIEMELA M，PITKAKANGAS V. Partially coherent

digital in-line holographic microscopy in characterization of a microscopic target. Appl. Opt., 2014 (53): 3233 - 3240.

[19] 惠倩楠, 段存丽, 冯斌, 等. 采用长工作距离物镜的低噪声相移数字全息显微研究. 光电工程, 2019 (46): 74 - 81.

[20] BAEK Y S, LEE K R, YOON J, et al. White-light quantitative phase imaging unit. Opt. Express, 2016 (24): 9308 - 9315.

[21] LING T, JIANG J B, ZHANG R, et al. Quadriwave lateral shearing interferometric microscopy with wideband sensitivity enhancement for quantitative phase imaging in real time. Sci. Rep., 2017 (7): 00053.

[22] MANN P, SINGH V, TAYAL S, et al. White light interference microscopy with color fringe analysis for quantitative phase imaging and 3-D step height measurement. In 3D Image Acquisition and Display: Technology, Perception and Applications, OSA Technical Digest (Optical Society of America, 2020), 2020 (JW2A): 13.

[23] MEHTA D S, SRIVASTAVA V. Quantitative phase imaging of human red blood cells using phase-shifting white light interference microscopy with colour fringe analysis. Appl. Phys. Lett., 2012 (101): 203701.

[24] UPPUTURI P K, PRAMANIK M. Phase shifting white light interferometry using colour CCD for optical metrology and bio-imaging applications. In Conference on quantitative phase imaging, (SPIE, 2018), 2018 (105032E).

[25] FERCHER A F. Optical coherence tomography-development, principles, applications, Z. Med. Phys., 2010 (20): 251 - 276.

[26] SCHMITT J M. Optical coherence tomography (OCT): a review. IEEE J. Sel. Top. Quant., 2002 (5): 1205 - 1215.

[27] OSNATH A, MARTINE A, BRIGITTE S Z, et al. Large Field, High Resolution Full-Field Optical Coherence Tomography: A Pre-Clinical Study of Human Breast Tissue and Cancer Assessment. Technol. Cancer Res. Treat., 2014 (13): 455 - 468.

[28] SPAIDE R. Enhanced depth imaging spectral-domain optical coherence tomography. Am. J. Ophthalmol., 2012 (146): 496 - 500.

[29] BHADURI B, PHAM H, MIR M, et al. Diffraction phase microscopy with white light. Opt. Lett., 2012 (37): 1094 - 1096.

[30] DING H F, POPESCU G. Instantaneous spatial light interference microscopy. Opt. Express, 2010 (18): 1569 - 1575.

[31] SHAKED N T. Quantitative phase microscopy of biological samples using a portable interferometer. Opt. Lett., 2012 (37): 2016 - 2018.

[32] GUO R L, WANG F, HU X Y, et al. Off-axis low coherence digital holographic interferometry for quantitative phase imaging with an LED. J. Opt., 2017 (19): 115702.

[33] EDWARDS C, BHADURI B, NGUYEN T, et al. Effects of spatial coherence in diffraction phase microscopy. Opt. Express, 2014 (22): 5133 - 5146.

[34] SHAN M, KANDEL M E, MAJEED H, et al. White-light diffraction phase microscopy at doubled space-bandwidth product. Opt. Express, 2016 (24): 29033 - 29039.

[35] MEDECKI H, TEJNIL E, GOLDBER K A G, et al. Phase-shifting point diffraction interferometer. Opt. Lett., 1996 (21): 1526 - 1528.

[36] NAULLEAU P P, GOLDBERG K A, SANG H L, et al. Extreme-ultraviolet phase-shifting point-diffraction interferometer: a wave-front metrology tool with subangstrom reference-wave accuracy. Appl. Opt., 1999 (38): 7252 - 7263.

[37] POPESCU G, IKEDA T, DASARR R I, et al. Diffraction phase microscopy for quantifying cell structure and dynamics. Opt. Lett., 2006 (31): 775 - 777.

[38] ZHANG M L, MA Y, WANG Y, et al. Polarization grating based on diffraction phase microscopy for quantitative phase imaging of paramecia. Opt. Express, 2020 (28): 29775 - 29787.

[39] CHOI Y, YANG T D, LEE K J, et al. Full-field and single-shot quantitative phase microscopy using dynamic speckle illumination. Opt. Lett., 2011 (36): 2465 - 2467.

[40] DUBOIS F, YOURASSOWSKY C. Full off-axis red-green-blue digital holographic microscope with LED illumination. Opt. Lett., 2012 (37): 2190 - 2192.

[41] GUO R L, YAO B L, GAO P, et al. Off-axis digital holographic microscopy with LED illumination based on polarization filtering. Appl. Opt., 2013 (52): 8233 - 8238.

[42] 邓丽军，杨勇，石炳川，等. 基于光程差扫描的低相干离轴数字全息术. 光子学报，2014 (43): 7 - 11.

[43] CHO J，LIM J，JEOS N，et al. Dual-wavelength off-axis digital holography using a single light-emitting diode. Opt. Express，2018 (26)：2123 - 2131.

[44] 万玉红，刘超，满天龙，等. 非相干相关数字全息术：原理、发展及应用. 激光与光电子学进展，2021 (58)：1811004.

[45] ROSEN J，BROOKER G. Digital spatially incoherent Fresnel holography. Opt. Lett.，2007 (32)：912 - 914.

[46] ROSEN J，BROOKER G. Non-scanning motionless fluorescence three-dimensional holographic microscopy. Nat. Photon.，2008 (2)：190 - 195.

[47] VIJAYAKUMAR A，KASHTER Y，KELNER R，et al. Coded aperture correlation holography-a new type of incoherent digital holograms. Opt. Express，2016 (24)：12430 - 12441.

[48] SIEGEL N，LUPASHIN V，STORRIE B，et al. High-magnification super-resolution FINCH microscopy using birefringent crystal lens interferometers. Nat. Photon.，2016 (10)：802 - 808.

[49] LIU J，TAHARA T，HAYASAKI Y，et al. Incoherent digital holography：a review. Appl. Sci.，2018 (8)：143.

[50] DEFIENNE H，NDAGANO B，LYONS A，et al. Polarization entanglement-enabled quantum holography. Nat. Phys.，2021 (17)：591 - 597.

侯洵，中国科学院院士，在光电子及其器件研制方面获得了重大成果，是我国有突出贡献的科学家。"希望年轻人把自身发展同国家需求紧密结合，为中华民族伟大复兴做出更大贡献。"

数字全息中的散斑噪声抑制

在数字全息系统中，散斑噪声不仅严重影响了再现像的信噪比和成像质量，还限制了数字全息在微结构表面形貌测量和微小物体检测等方面的应用。因此为了提高数字全息再现像的重建质量，迫切需要抑制数字全息系统中的散斑噪声。近年来，国内外许多研究者都提出了能够有效降低散斑噪声的方法。本章将主要围绕数字全息中的散斑问题以及散斑噪声的抑制方法进行概述。

8.1 数字全息中的散斑噪声

8.1.1 散斑的形成

按光波长量级来计量，无论是自然生成还是人工合成的，大部分材料的表面都非常粗糙。当相干光（如激光）照射物体表面时，经表面上每个可分辨的最小单元发生随机散射的光束在成像位置相遇发生干涉，形成了在空间上随机分布的亮斑和暗斑，它们的位置取决于光束经过粗糙表面后的随机相位。图 8-1 显示了利用激光照射一白板所观察到的典型的散斑现象[1]。

(a) 616 nm 的波长重建结果   (b) 624 nm 波长的重建结果

图 8-1 数字全息重建的散斑图[1]

散斑现象普遍存在于光学系统中，在一些领域有着广泛的应用。在计量领域，利用散斑随物体运动或者形变而变化的规律，可以对物体的位移、振动、粗糙度、应变等方面进行精确计量。在光信息处理方面，利用散斑能够对物体面型进行调制，可以将具有唯一性的散斑图样嵌入到特定物体或图样上，即实现对信息的编码、解码、加密等处理。

然而，对成像等方面来说，散斑的存在会使得图像的质量和显示效果显著降低。在数字全息记录过程中，当相干光波在粗糙物体表面、划痕、缺陷处发生散射时，物体上各点散射的子波在空间相干叠加，于是在记录平面上就形成了空间强度随机分布的、颗粒状的散斑噪声。在数字全息再现的过程中，散斑噪声也会通过衍射回传随着图像信号一同传播到物平面上，形成携带相干噪声的再现像。相干噪声的存在使得物体细节被覆盖，从而难以分辨。

8.1.2　数字全息中的散斑分布

为简化物理模型，可以将数字全息记录光路中的实际物体看作平滑的理想物体受到不规则相位板的调制过程，如图 8-2 所示。

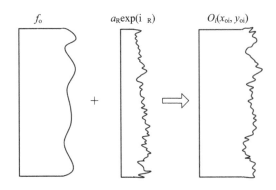

图 8-2　物光波前受到不规则相位的调制

设 $f_o(x_{oi}, y_{oi})$ 为光滑物体的复振幅分布，则从物体表面某一点 Q_i 出射光的复振幅可以表示为

$$O_i(x_{oi}, y_{oi}) = f_o(x_{oi}, y_{oi}) a_R(x_{oi}, y_{oi}) \exp[j\phi_R(x_{oi}, y_{oi})] \quad (8-1)$$

式中，$a_R(x_{oi}, y_{oi})$ 和 $\phi_R(x_{oi}, y_{oi})$ 分别是散射表面反射光的振幅调制和粗糙不平表面引入的随机相位。总的物光可表示为

$$O(x_o, y_o) = \sum_{i=1}^{N} f_o(x_{oi}, y_{oi}) a_R(x_{oi}, y_{oi}) \exp[j\phi_R(x_{oi}, y_{oi})] \quad (8-2)$$

根据菲涅耳衍射定理，传播到 x-y 记录面的物光光场复振幅分布可近似

表示为

$$O(x, y) = \sum_{i=1}^{N} O_i(x_{oi}, y_{oi}) \exp[j\phi(x, x_{oi}, y, y_{oi}, d)]$$

$$= \sum_{i=1}^{N} f_o(x_{oi}, y_{oi}) a_R(x_{oi}, y_{oi}) \exp[j\phi_R(x_{oi}, y_{oi})]$$

$$\exp[j\phi(x, x_{oi}, y, y_{oi}, d)] \tag{8-3}$$

再现像的分布是携带有散斑的全息图的衍射，全息图的大小影响再现像散斑的大小。当全息图足够大时，物体的实像分布可以近似是公式(8-2)的共轭乘以$|R|^2$，即它在原物体所在位置形成物体的实像为

$$\psi(\xi, \eta) = \sum_{i=1}^{N} |R|^2 f_o^*(x_{oi}, y_{oi}) a_R(x_{oi}, y_{oi}) \exp[-j\phi_R(x_{oi}, y_{oi})] \tag{8-4}$$

则实像的强度为

$$I(\xi, \eta) = \left| \sum_{i=1}^{N} |R|^2 f_o^*(x_{oi}, y_{oi}) a_R(x_{oi}, y_{oi}) \exp[-j\phi_R(x_{oi}, y_{oi})] \right|^2$$

$$= |R|^4 \sum_{i=1}^{N} |f_o^*(x_{oi}, y_{oi})|^2 |a_R(x_{oi}, y_{oi})|^2$$

$$= CI_0 I_R \tag{8-5}$$

其中，$C = |R|^4$，I_0为物光的再现强度，I_R为激光散斑的强度。

8.1.3 散斑噪声的抑制原理

散斑噪声是一类乘性噪声，再现图像的强度可以表示为

$$I_r = \gamma I_0 I_s \tag{8-6}$$

式中，γ是一常数，I_0是再现物体的强度。

散斑是随机分布的，统计光学中证明散斑的强度概率密度函数服从负指数分布：

$$p(I) = \begin{cases} \dfrac{1}{\bar{I}} \exp\left(-\dfrac{I}{\bar{I}}\right), & I \geqslant 0 \\ 0, & I < 0 \end{cases} \tag{8-7}$$

式中，I是激光散斑强度，$\bar{I}$是散斑强度平均值。散斑对比度(C)是散斑强度的标准差(σ_1)与平均值($\bar{I}$)的比值：

$$C = \frac{\sigma_1}{\bar{I}} \tag{8-8}$$

散斑对比度可以衡量散斑噪声的大小，对比度越大，噪声越大。当通过一

定的方式获得携带有多个不相关、统计独立的散斑图样($i=1,2,\cdots,N$)再现图像后，进行强度叠加：

$$I_\Sigma = \sum_{i=1}^{N} I_r = \sum_{i=1}^{N} \gamma I_0 I_i = \gamma I_0 \sum_{i=1}^{N} I_i = \gamma I_0 I_s \tag{8-9}$$

叠加后的图像的均值为

$$\bar{I}_\Sigma = E\left[\gamma I_0 \sum_{i=1}^{N} I_{ni}\right] = \gamma I_0 \bar{I}_s \tag{8-10}$$

图像的方差为

$$\sigma_\Sigma^2 = E\left[(I_\Sigma - \bar{I}_\Sigma)^2\right] = (\gamma I_0)^2 \sigma_s^2 \tag{8-11}$$

因此，图像散斑总对比度为

$$\gamma_\Sigma = \frac{\sigma_\Sigma}{\bar{I}_\Sigma} = \frac{\sigma_s}{\bar{I}_s} = C \tag{8-12}$$

由公式(8-12)可以看出：通过叠加多幅具有不同、独立散斑图样的再现图像可以降低图像中的散斑噪声。当每幅散斑图样的平均强度相同时，图像散斑对比度按 $N^{-1/2}$(N 为散斑图样总个数)成比例地降低。通过增加叠加的散斑图样个数，可以降低散斑对比度，提高图像清晰度和信噪比。

数字全息中的散斑抑制方法可分为三类：① 改进全息图记录参数(采用不同照明角度、不同波长、不同偏振态、不同平移样本或相机)抑制散斑；② 利用数字图像处理去噪算法(均值滤波、小波变换)减小散斑噪声；③ 使用低相干光源(采用 LED 照明或在激光光源后放置一块毛玻璃)来抑制散斑噪声。

第一种散斑抑制方法是通过叠加多幅互不相关的散斑全息图样降低散斑噪声。不同物理条件下形成的全息图中的散斑噪声具有随机分布的特性，彼此可以互相抵消，通过叠加这些全息图即可抑制散斑噪声。第二种方法主要是通过滤波等去除噪声的算法来实现对散斑噪声抑制，从而消除散斑噪声的影响。第三种方法是采用部分相干照明来降低散斑噪声。

8.2　改变全息图记录参数抑制散斑噪声

散斑是互不相关的随机分布，可以通过对多个不同角度、偏振、波长照明下含有互不相关散斑的再现像进行平均来抑制散斑噪声，且图像散斑对比度 C 与叠加的散斑图样个数 N 之间存在比例关系：$C \propto N^{-1/2}$。

8.2.1　移动探测器

北京航空航天大学课题组开展了如图 8-3 所示的数字全息显微研究。通过横向移动探测器记录一系列数字全息图，得到具有不同噪声模式的物体重建图像。利用相位补偿和图像配准算法对因探测器位置变化而产生的额外横向位移和相移进行矫正，随后进行平均处理可以有效地抑制相干噪声。

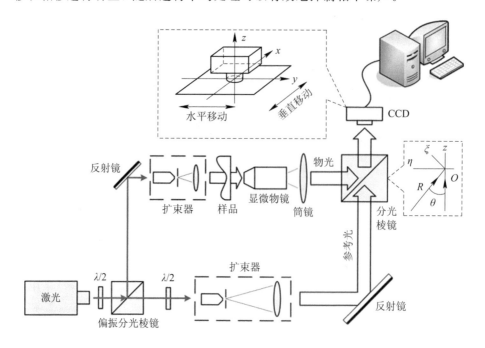

图 8-3　数字全息显微光路图[2]

在像平面上，由傅里叶变换位移定理可知光场分布 $U_i(x', y')$：

$$U_i(x', y') = \frac{i}{\lambda d} \exp\left(\frac{2\pi d}{\lambda}\right) \exp\left[-i\frac{2\pi}{\lambda d} \cdot (\Delta\xi^2 + \Delta\eta^2)\right] * \left\{\text{sinc}\left(\frac{ax'}{\lambda d}\right)\text{sinc}\left(\frac{by'}{\lambda d}\right)\right\} \times$$
$$\left\{U_b(x'-\Delta\xi, y'-\Delta\eta) \cdot \exp\left[-i\frac{4\pi}{\lambda d}(x'\Delta\xi + y'\Delta\eta)\right]\right\}$$

$$(8-13)$$

其中，λ 表示波长，a 和 b 分别表示相机传感器阵列的长度和宽度，$\Delta\xi$ 和 $\Delta\eta$ 表示探测器相应的水平和垂直位移。实际上，摄像机的位移是未知的，与机械平台的精度无关。由公式 8-13 可知，除了等式右侧的常量和纯相位因子之外，探测器的有限孔径将检索到的复振幅与二维 sinc 函数进行卷积操作。这意味着数字全息显微镜可以理解为具有有限方形孔径的相干光学系统，它将物平面 (x, y) 中的一个物体成像到像平面 (x', y')。此外，数值重建的卷积会影响相干噪声模式。因此用不同的摄像机位移记录一系列全息图，其相干噪声分布将彼此不同，而通过平均处理可对散斑实现抑制。

实验采用波长为 532 nm、输出功率为 50 mW 的 Nd：YAG 激光器作为照明光源。首先，通过移动探测器，记录不同位置的 64 幅全息图。然后，对每一幅全息图进行重建，并利用相位补偿和图像配准算法校正因探测器位置变化而产生的额外横向位移和相移。最后，通过平均振幅和相位图像实现相干噪声的减少。实验结果表明：通过平均 64 幅图像，散斑噪声减小了 56％，相位像中的相干噪声减少了 47％，但均未达到 87.5％的理论降噪水平，这也意味着再现图像的噪声分布并非完全不相关。该方法需要记录多幅全息图，并且记录过程中需要多次改变实验装置，对环境稳定性提出了很高的要求，故该方法不适用于对动态物体的实时测量。

美国麻省理工学院课题组提出了一种基于散斑场照明的数字全息显微技术——合成孔径方法。该方法利用散斑场照明样品，通过对多幅全息再现像进行平均叠加，显著提高了图像质量和空间分辨率。然而，这种方法需要分别记录包含样品的全息图和不包含样品的背景图，对光路稳定性要求极高[3]。德国不来梅大学 T.Kreis 提出了基于合成孔径的数字全息显微方法：通过两部相机同时记录全息条纹，采用图像融合方法，不仅有效提高了再现像的分辨率，而且降低了散斑噪声。但不足之处在于：该方法计算速度较慢，并且散斑噪声的去除效果亦不明显[4]。德国光束技术研究所同样基于合成孔径理论，通过连续改变探测器在竖直方向上的位置来获得多幅全息图，再经过傅里叶变换平移实现了抑制散斑噪声，有效地提高了再现像的质量，并在降低散斑噪声的同时增大了视场[5]。

8.2.2　多角度照明

新加坡国立大学提出了基于多角度离轴照明的数字全息噪声抑制方法。通过调节反射镜来连续改变照明角度以获得多幅离轴全息图，将多幅强度再现图像进行平均叠加，较好地抑制了散斑噪声[6]。北京工业大学提出了一种利用纯相位型空间光调制器（SLM）的多角度照明数字全息方法来抑制散斑噪声。实验采用中心波长为 532 nm（输出功率为 300 mW）的单纵向模式激光作为照明光源，利用纯相位空间光调制器（1920×1080 像素，像素大小为 8 μm×8 μm）产生 117 个倾斜的照明光束，并记录不同照明方向下的全息图。通过将不同照明方向下的再现像进行平均，使噪声对比度降低到原来的 13.14％。此外，散斑的相关性与入射角度有关，两束光角度差 $\Delta\theta_i$ 决定了散斑模式随光照角度的变化的平移量。为确保数字全息图重建图像中散斑模式的两两不相关性，角度差应该有很大的变化，满足以下关系[7, 8]：

$$\sin\Delta\theta_i \geqslant \frac{D}{2z}, \frac{D}{2z} \approx \mathrm{NA} \tag{8-14}$$

其中，D 为孔径，z 为成像系统的相距，NA 为成像系统的数值孔径。由公式 (8-14) 可以看出，角度多样性的抑制散斑方法只与成像系统的性质有关。

8.2.3　多波长照明

采用不同波长照明光也可以抑制散斑噪声。多波长抑制散斑的方法主要分为增加光源谱宽和增加光谱数量两种。根据增加光源谱宽的原理[9]，设一中心频率为 $\bar{\nu}$ 和谱宽为 δ_ν 的高斯光束以入射角 θ_o 照射在散射物体上，其出射角在 θ_i 方向上产生的散斑噪声的对比度为

$$C = \left[1 + 2\pi^2 \left(\frac{\delta_\nu}{\bar{\nu}} \right)^2 \left(\frac{\sigma_h}{\lambda} \right)^2 (\cos\theta_o - \sqrt{n^2 - \sin^2\theta_i})^2 \right]^{-\frac{1}{4}} \tag{8-15}$$

式中，σ_h 为粗糙表面高度的标准差，n 为介质折射率。当入射角度不变时，光束的谱宽越宽，散斑对比度越低，对散斑噪声的抑制程度越明显。具有不同中心波长（λ_1 和 λ_2）的两激光束产生的散斑噪声不相关，在法向入射和法向观察方向，光束经过散射介质的相移标准差为

$$\sigma_\varphi = \frac{2\pi}{\lambda}(n-1)\sigma_h \tag{8-16}$$

对于 $\Delta\lambda = |\lambda_2 - \lambda_1|$，$\bar{\lambda} = (\lambda_1 + \lambda_2)/2$ 的两个光束，其相位移动的标准差变化为

$$\Delta\sigma_\varphi = 2\pi(n-1)\frac{\Delta\lambda}{\bar{\lambda}^2}\sigma_h \tag{8-17}$$

当两束光产生散斑的相位移动的标准差的变化大于 2π 时，可以认为两散斑不相关，两束光需满足

$$\Delta\lambda \geqslant \frac{\bar{\lambda}^2}{(n-1)\sigma_h} \tag{8-18}$$

即可抑制散斑噪声的产生。

2000 年，美国南佛罗里达大学采用环形染料激光器，通过波长扫描来记录不同全息图的方法使散斑噪声得到抑制[10, 11]。日本和歌山大学使用波长可调谐相干激光器，通过多波长照射物体获得多幅全息图，利用其幅值再现像进行平均叠加来抑制散斑噪声[12]。但是这些方法均需要特殊激光器，增加了系统的复杂程度。美国康涅狄格大学利用两台不同波长的激光器照射样品，获得了多幅不同波长的互不相关的全息图，并通过图像平均抑制了散斑噪声。

8.2.4　多偏振态照明

2010 年，北京航空航天大学搭建了基于圆偏振光照明的数字全息实验装置[13]，如图 8-4 所示。通过不断改变圆偏振物光与线偏振参考光的偏振角，得到了不同偏振态下的互不相关的多幅全息图，再通过图像融合将其合成为一幅图像以实现散斑抑制。

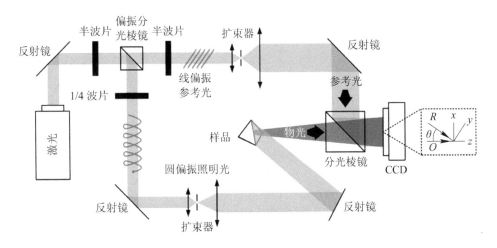

图 8-4　基于圆偏振光照明的数字全息实验系统[13]

部分偏振散斑的对比度和信噪比分别为

$$C = \frac{\sigma_1}{\bar{I}} = \frac{\sqrt{(1 + P^2)/2}\,\bar{I}}{\bar{I}} = \sqrt{\frac{1 + P^2}{2}} \tag{8-19}$$

$$\frac{S}{N} = \frac{1}{C} = \sqrt{\frac{2}{1 + P^2}} \tag{8-20}$$

当 N 个独立散斑图样在强度上叠加时，对比度和信噪比分别为

$$C = \frac{\sigma_s}{\bar{I}_s} = \frac{\sqrt{\dfrac{(1 + P^2)}{2}\displaystyle\sum_{q=1}^{N}\bar{I}_q^2}}{\displaystyle\sum_{q=1}^{N}\bar{I}_q} \tag{8-21}$$

$$\frac{S}{N} = \frac{1}{C} = \frac{\displaystyle\sum_{q=1}^{N}\bar{I}_q}{\sqrt{\dfrac{(1 + P^2)}{2}\displaystyle\sum_{q=1}^{N}\bar{I}_q^2}} \tag{8-22}$$

假设 N 个独立散斑平均强度相等，公式(8-21)和公式(8-22)可分别表示为

$$C = \frac{\sigma_s^2}{\bar{I}_s} = \frac{\sqrt{\dfrac{(1+P^2)}{2} \sum\limits_{q=1}^{N} \bar{I}_q^2}}{\sum\limits_{q=1}^{N} \bar{I}_q} = \frac{\sqrt{N \dfrac{(1+P^2)}{2} \cdot \bar{I}_q}}{N \cdot \bar{I}_q} = \sqrt{\frac{(1+P^2)}{2N}}$$

$$(8-23)$$

$$\frac{S}{N} = \frac{1}{C} = \frac{\sum\limits_{q=1}^{N} \bar{I}_q}{\sqrt{\dfrac{(1+P^2)}{2} \sum\limits_{q=1}^{N} \bar{I}_q^2}} = \frac{N \cdot \bar{I}_q}{\sqrt{\dfrac{N(1+P^2)}{2} \cdot \bar{I}_q}} = \sqrt{\frac{2N}{(1+P^2)}}$$

$$(8-24)$$

根据公式(8-24)，N 幅互不相关的部分偏振散斑图样叠加后，散斑对比度与偏振度 P 和图样幅数 N 的关系如图 8-5 所示。

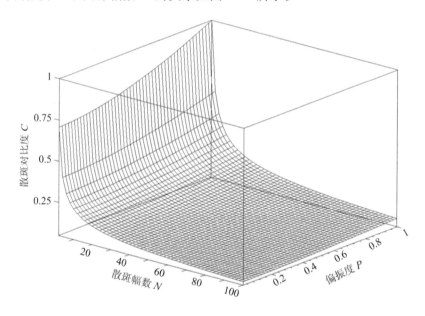

图 8-5　部分偏振散斑图样叠加后散斑对比度 C 作为偏振度 P 和散斑幅数 N 的函数[14]

实验证明：改变偏振态可以有效地抑制散斑噪声，随着叠加幅数的增加，合成再现图像的质量有明显提升，其散斑噪声得到了很大抑制。当叠加幅数为 12 幅时，散斑对比度分别为 67.58%、42.38% 和 29.91%，而相应的理论值为 28.30%。可以看出在相同叠加幅数下，对于不同线偏振态的参考光，角度间隔

为 24° 时的散斑对比度比 4° 和 12° 时都要小，而且更接近理论值，可以近似认为线偏光的角度间隔为 24° 时得到的全息强度再现像之间是相互独立的。其中改变偏振态的方法是在光路中放置一半波片，并且要求其每次转动角度大于 20°，以保证得到的散斑全息图是互不相关的。但是该方法在获得互不相关的散斑全息图的数量上受到了限制，造成了无法大幅度提高再现像质量的问题[13]。

之后，该课题组又搭建了基于线偏振光照明的数字全息实验装置，如图 8-6 所示。偏振分光棱镜(PBS)与位于其周围的三个半波片(HWP)组成一个可以连续调节出光分光比和偏振态的分光系统[14]。激光器发出的光束经上述分光系统变为两束偏振方向相同的线偏振光。当物光为完全线偏振光时，在幅数理论值为 7 幅、25 幅和 45 幅的情况下，其散斑对比度下降程度分别为 37.8%、20.0% 和 14.9%。可以看出，相同偏振角度下的线偏振照明光方法与理论值的拟合度明显高于圆偏振光。在全息图记录过程中，同步旋转照明光和参考光半波片(见图 8-6)，获取的不同偏振态散斑图样之间互相关系数较小，相同叠加幅数下较对数字全息再现像的散斑噪声抑制效果也更明显。

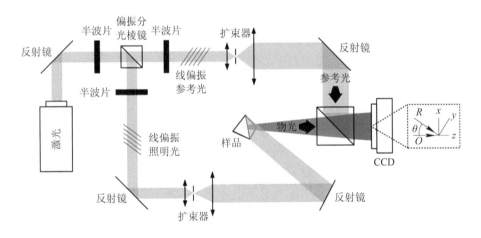

图 8-6 基于线偏振光照明的数字全息实验系统[14]

2018 年，北京航空航天大学提出了一种将多个重建图像的平均值与改进的非局部均值(Modified Non-Local Means，MNLM)滤波方法相结合的方法，有效降低了散斑噪声[15]。其具体做法是：通过改变入射光的偏振态，得到了具有不相关散斑模式的多个全息图，然后分别重建每个全息图，并对重建图像进行平均处理。如图 8-7 所示，先利用针对乘法高斯噪声设计的 MNLM 算法，再寻找图像内的相似区域和像素周围区域，然后采用权重估计的方式去除平均图像内的残余噪声。这种混合的处理方法可降低 90% 以上的散斑噪声。

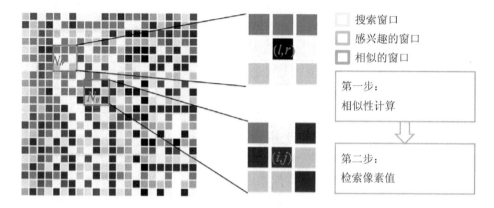

图 8-7　非局部均值过滤器方法的实现[15]

8.3　数字图像处理抑制散斑噪声

利用基于数字图像处理的数字去噪算法来实现散斑噪声抑制,具有无须记录多幅全息图、再现性高、处理精度高、设备简单等优势,因此得到了广泛的应用。本节将介绍几种常用的数字去散斑噪声算法。

8.3.1　数字滤波

哥伦比亚国立大学采用中值滤波和均值滤波来抑制激光散斑颗粒[16]。爱尔兰国立大学采用傅里叶滤波法滤除散斑噪声[17]。印度国立伊斯兰大学(贾米亚·米利亚·伊斯兰大学)采用小波变换滤除散斑噪声[18]。日本和歌山大学课题组利用四步相移数字全息测量悬臂梁形变前后的幅值和相位变化,将每一幅全息图分割成等大的 16 幅(4×4)子全息图,依次通过四步相移和平均叠加,以改善成像对比[19]。2015 年,哥伦比亚国立大学提出了单次散斑抑制的方法[20],通过将原始全息图乘以不同窗口位置掩膜形成了不同的子全息图,如图8-8 所示。每个子全息图都是原始全息图乘以不同位置窗口掩膜的结果,并由放置在不同位置的探测器记录。每张全息图重建产生的图像具有相同的样本信息,但具有不同的散斑图案。因此,将代表着样本信息的重复图案过滤,对剩下的像素值取平均后即可降低散斑噪声。实验表明,随着子全息图的个数从 1 增加到 16,散斑噪声的对比度 C(重建图像的强度的标准偏差和平均值之间的比率)也从 1.0 降低到 0.28。需要说明的是:使用该方法时不能重叠子全息图,即使简单地叠加也会严重降低最终成像质量。对于较大的全息图,这个问题将变得更严重。因此，该方法需要在散斑抑制和空间分辨率损失之间进行折中取舍。

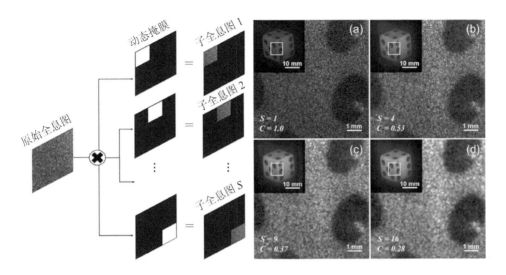

图 8-8 基于动态二进制掩膜的单次散斑抑制原理与重建结果[21]

2016 年，日本和歌山大学对基于全息图空域掩膜的方法进行了改进，能够在不降低调制传递函数的情况下提升散斑噪声抑制效果[21]。该方法用移动的方孔掩膜乘以全息图，依次获得了多幅子全息图和对应的再现像，通过平均叠加增强了再现像质量。与直接频谱滤波的方法相比，各子全息图采集的频率分布较为均匀。与直接分割全息图的方法相比[19]，该方法方孔尺寸和移动步长可进行调节，由于叠加幅数更多，使得在获得更多互不相关的散斑分布的同时，散斑噪声抑制效果也更好；另外，由于子全息图面积的扩大，再现像的分辨率损失减小。

8.3.2　压缩感知

2016 年，韩国科技大学利用压缩感知对含噪图像进行稀疏表示，通过重构算法恢复出原始图像，以达到去噪目的[22]。美国 Silicon Light Machines 公司用 Hadamard 矩阵来抑制激光散斑：将每一个探测器探测点分成 $M(M=N_1\times N_2)$ 个单元，并给每个单元赋值相位，当相位分布满足 Hadamard 矩阵分布时即可达到最佳去除散斑效果[23]。2020 年，清华大学构建了基于衍射传输的无透镜压缩数字全息成像模型(见图 8-9)，压缩感知可以利用光波衍射的三维传播模型构建从三维物体分布到二维伽博全息的正向传输模型[24]。在反向传播过程中，物光项会聚焦形成边缘锐利的清晰图像，共轭项和二阶项则会产生模糊的弥散像。压缩数字全息算法可以利用这一特性，将边缘系数正则化条件引入压缩感知模型，通过求解目标函数极值的方式，抑制了重建结果中共轭项和二阶项带来的噪声，提高了重建质量。在只采集单幅伽博全息图条件下，可通过求解欠定反问题的方式，重建真实三维物理场信息。

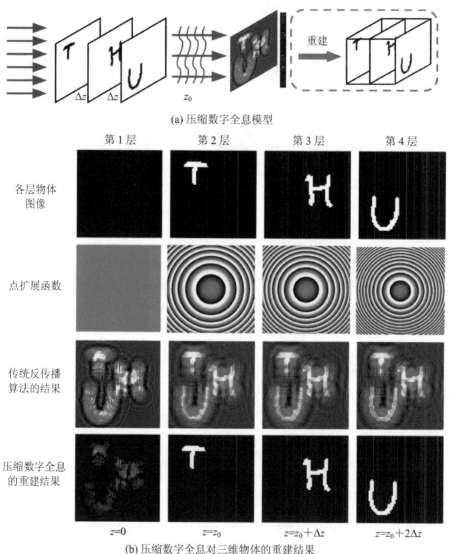

(a) 压缩数字全息模型

(b) 压缩数字全息对三维物体的重建结果

图 8-9　压缩数字全息模型和对三维样品的成像结果[24]

8.3.3　深度学习

2019 年，上海大学采用如图 8−10 所示的频谱卷积神经网络的方法[25]，将全息图从空域通过傅里叶变换转换到频域，并对频谱图进行了噪声处理。此频谱卷积神经网络结构由三部分组成：第一部分是一个减采样操作与二维快速傅里叶变换，将一个含有噪声的全息图 $g(n,m)$ 重构为四个减采样的频谱子图像。输入含有散斑噪声全息图，通过减采样 4×4 像素邻域的双三次插值操作后得到四张频谱子图像，频谱子图像可以有效增加网络的感受野，提高网络卷积效率，从而使网络深度适中。同时，将可调节的噪声等级映射的四张子图像一起输入到卷积神经网络。第二部分是一系列 3×3 卷积层，由卷积层（Conv）、线性整流函数（ReLU）[26] 和批标准化（BN）[27] 组成。卷积层的第一层由卷积层与线性整流函数组成，中间层由卷积层、线性整流函数和批标准化组成，最后一层由卷积层构建，每次卷积后为保证图像大小不变都采用零填充操作来完成。第三部分在第一部分中对应的可逆减采样 4×4 pixel 邻域的双三次插值操作与二维快速傅里叶变换，将卷积神经网络输出的频谱图通过上采样与逆二维快速傅里叶变换转换成全息图。

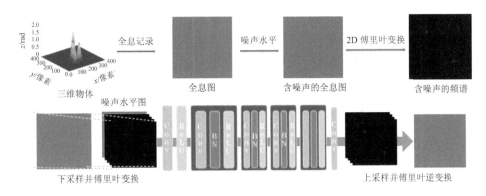

图 8−10　频谱卷积神经网络结构示意图[25]

实验系统采用 632.8 nm 激光器和像元尺寸 2.2 μm×2.2 μm、像素个数为 2592×1944 的探测器对数字全息图进行采集。对于基于频谱卷积的神经网络结构，仅需要单幅全息图即可实现再现像的散斑噪声抑制。将噪声图作为网络输入，散斑噪声全息图与无噪声全息图组成的全息数据集作为训练集，以此对网络进行训练。结果表明，该频谱卷积神经网络在保持良好降噪性能的同时，对干涉条纹细节也有着高保真度。与传统光学降噪和数字图像处理等方法相比，深度学习具有良好的降噪和保真能力。然而，当物光信息与噪声在频域有重叠区域时，数字滤波将会滤除部分物光信息，最终导致再现像分辨率略有降低。此外，该方法仅通过一幅全息图进行处理，降噪效果和重建图像质量略低于基于多幅全息图的噪声抑制方法。

8.4 降低相干性抑制散斑噪声

当光在空气中传播时，波列长度称为（纵向）相干长度 L，单个波列持续的时间称为相干时间 $\tau = L/c$，其中 c 表示光速。通常用相干长度和相干时间来表示时间相干性的影响：相干时间和相干长度越长，时间相干性越好。相干时间性的关系如下：

$$L_c = c\tau_c \approx \frac{c}{\Delta\nu} = \frac{\bar{\lambda}^2}{\Delta\lambda} \qquad (9-25)$$

空间相干性描述垂直于光束传播方向的波面上各点之间的相位关系，通常由光源的有限线宽产生。由于光源为有限频带宽度的扩展光源，辐射光场的相干性同时受时间相干性和空间相干性的影响。当拓展光源的光谱线很窄时，主要受空间相干性影响；而对于有限谱宽的小尺寸光源，主要受时间相干性影响。光源频宽越宽，纵向相干长度越短，其相干性越差。

当光源纵向相干长度逐渐增加时，散斑对比度也随之增加。若要抑制散斑噪声，则应适当减小光源的相干长度（展宽光源的频带）[28]。当横向相干长度较小时，散斑噪声随着横向相干长度的增加而逐渐减小，当相干长度增加到散斑对比度不再发生变化时，散斑噪声就会随着横向相干长度减小而逐渐降低。

8.4.1 低相干性光源

低相干光源照明法采用低相干光作为光源，如 LED、白光光源等，可以有效降低光源的相干长度。德国斯图加特大学[29-32]、比利时布鲁塞尔自由大学[33,34]和以色列巴伊兰大学工程学院[35]分别采用 LED 或 SLD 等低相干光源，通过降低相干光源相干性的方法抑制散斑噪声，从而减小散斑噪声对再现像质量的影响。香港大学采用的基于扫描的数字全息技术[36]和美国约翰霍普金斯大学采用的菲涅耳非相干相关全息技术[37]使得非相干数字全息有了巨大发展，但也分别存在成像速度缓慢和对复杂物体成像有累积偏差的问题。

8.4.2　旋转毛玻璃法

德国布雷默应用射线研究所通过在光路系统中安置旋转毛玻璃来获得多幅非相干的全息图，通过对强度再现像进行平均叠加，获得的合成再现像中的散斑噪声得到抑制[38]，而对于透明物体则此方法不适用。上海工程技术大学利用旋转二元波片对光源实现时间退相干[39]，在 10 s 内记录 70 幅全息图进行平均化降噪；同时利用毛玻璃对相干光进行空间退相干，降低了光源的相干性，从而降低了散斑噪声。其中，毛玻璃可以减少光学系统的衍射噪声，实现空间退相干。设通过毛玻璃后的光场为 $G(x, y)$，毛玻璃引入的相位为 φ_g，入射光的相位为 φ_0，则 $G(x, y)$ 的表达式为

$$G(x, y) = G_0 \exp[i\varphi_0(x, y)] \exp[i\varphi_g(x, y)] \quad (8-26)$$

式中，G_0 为常数。将时间退相干装置与空间退相干装置相结合，有效地降低了光源的相干性。通过在物光臂中将二元复合波片与毛玻璃相结合，对物光的相位进行多重调制并抑制了散斑噪声。最终获得的相位结果为

$$\varphi = \delta(\lambda)\varphi_g \quad (8-27)$$

实验发现：将时间退相干以及空间退相干叠加能够有效地抑制相干噪声。单独采用空间退相干的重建像的信噪比为 0.45，时间退相干的重建像信噪比为 1.52，而两者结合后的信噪比达到 1.72，有了相对提高。波兰华沙工业大学指出，这类降低相干长度的方法对物参光之间的光程差要求较高（需在相干长度范围以内），会降低系统焦深和再现像的质量。

本 章 小 结

数字全息技术是利用干涉原理并记录物体光波信息的一种技术。两束光发生干涉需要拥有稳定的相干光源，而这恰恰会引起散斑噪声，因此数字全息中存在散斑噪声是不可避免的。为解决这个问题，国内外研究者们提出了许多能够有效降低散斑噪声的方法：① 采用强度再现像平均叠加的方法抑制散斑噪声，其效果最为明显，但需要改变全息图的记录参数（照明角度或波长，探测器位置等），增加了系统结构的复杂性；② 采用图像处理/去噪算法减少单幅全息图中散斑噪声；但是当物光信息与噪声在频域有重叠区域时，该方法会滤除部分物光信息，降低再现像分辨率；③ 采用短相干光源，可以获得低噪声再现像，但该方法对物参光之间的光程差要求较高（需在相干长度范围以内），会降低系统焦深和再现像的质量。目前，随着科学技术的不断

发展，将会产生更多数字全息降噪方法，来获得能够很好地兼顾低噪声与高分辨的全息再现像。

参 考 文 献

[1] NOMURA T, OKAMURA M, NITANAI E, et al. Image quality improvement of digital holography by superposition of reconstructed images obtained by multiple wavelengths. Appl. Opt., 2008 (47): D38 – D43.

[2] PAN F, WEN X, LIU S, et al. Coherent noise reduction in digital holographic microscopy by laterally shifting camera. Opt. Commun., 2013 (292): 68 – 72.

[3] PARK Y, CHOI W, YAQOOB Z. Speckle-field digital holographic microscopy. Opt. Express, 2009 (17): 12285 – 12292.

[4] KREIS T, SCHLUTER K. Resolution enhancement by aperture synthesis in digital holography. Opt. Eng., 2007 (46): 055803 – 7.

[5] BAUMBACH T, KOLENOVIC E, KEBBEL V. Improvement of accuracy in digital holography by use of multiple holograms. Appl. Opt., 2006 (45): 6077 – 6085.

[6] QUAN C, KANG X, TAY C. Speckle noise reduction in digital holography by multiple holograms. Opt. Eng., 2007 (46): 115801.

[7] WANG X, MENG P, WANG D, et al. Speckle noise suppression in digital holography by angular diversity with phase-only spatial light modulator. Opt. Express, 2013 (21): 19568 – 19578.

[8] 张圣涛, 高文宏, 赵鹏飞. 激光阵列光源角度多样性抑制散斑方法. 中国激光, 2013 (40): 48 – 53.

[9] TRINH T, KIM T. Speckle reduction in laser projection displays through angle and wavelength diversity. Appl. Opt., 2016 (55): 1267 – 1274.

[10] KIM M. Tomographic three-dimensional imaging of a biological specimen using wavelength-scanning digital interference holography. Opt. Express, 2000 (7): 305 – 310.

[11] JAVIDI B, FERRARO P, HONG S. Three-dimensional image fusion by use of multiwavelength digital holography. Opt. Lett., 2005 (30): 144 – 146.

[12] NOMURA T, OKAMURA M, NITANAI E. Image quality improvement of

digital holography by superposition of reconstructed images obtained by multiple wavelengths. Appl. Opt., 2008 (47): D38 - D43.

[13] RONG L, WEN X, PAN F, et al. Speckle noise reduction in digital holography by use of multiple polarization holograms. Chin. Opt. Lett., 2010 (8): 653 - 655.

[14] 戎路. 数字全息显微图像质量问题分析及提高方法研究: [博士学位论文]. 北京航空航天大学, 2012.

[15] CHE L, XIAO W, PAN F, et al. Reduction of speckle noise in digital holography by combination of averaging several reconstructed images and modified nonlocal means filtering. Opt. Commun., 2018 (426): 9 - 15.

[16] GARCIA-SUCERQUIA J, RAMIREZ J A H, PRIETO D. Reduction of speckle noise in digital holography by using digital image processing. Optik, 2005 (116): 44 - 48.

[17] MAYCOCK J, HENNELLY M, MCDONALD B. Reduction of speckle in digital holography by discrete Fourier filtering. J. Opt. Soc. A., 2007 (24): 17 - 22.

[18] SHARMA A, GYANENDRA S, JAFFERY Z. Improvement of signal-to-noise ratio in digital holography using wavelet transform. Opt. Lasers Eng., 2008 (46): 42 - 47.

[19] MORIMOTO Y, NOMURA T, FUJIGAKI M, et al. Deformation measurement by phase-shifting digital holography. Exp. Mech., 2005 (45): 65 - 70.

[20] HINCAPIE D, HERRERA-RAMIREZ J, GARCIA-SUCERQUIA J. Single-shot speckle reduction in numerical reconstruction of digitally recorded holograms. Opt. Lett., 2015 (40): 23 - 26.

[21] FUKUOKA T, YUTAKA M, TAKANORI N. Speckle reduction by spatial-domain mask in digital holography. J. Disp. Technol., 2016 (12): 15 - 22.

[22] LEPORTIER T, MIN-CHUL P. Filter for speckle noise reduction based on compressive sensing. Opt. Eng., 2016 (55).

[23] JAHJAI T. Hadamard speckle contrast reduction. Opt. Lett., 2004 (29): 11 - 13.

[24] 张华, 曹良才, 金国藩, 等. 基于压缩感知算法的无透镜数字全息成像研

究. 激光与光电子学进展，2020 (57)：080001.

[25] 周文静，邹帅，何登科，等. 频谱卷积神经网络实现全息图散斑降噪. 光学学报，2020 (40)：0509001.

[26] IOFFE S, CHRISTIAN S. Batch normalization：Accelerating deep network training by reducing internal covariate shift. Proceedings of the 32nd International Conference on Machine Learning，2015 (1)：448－456.

[27] ANAYA J, ADRIAN B. Renoir-a dataset for real low-light image noise reduction. J. Vis. Commun. Image R.，2018 (51)：144－154.

[28] 任淑艳，张琢，刘国栋，等. 精密测量中激光成像系统散斑的抑制因素. 光学精密工程，2007 (15)：331－336.

[29] KOZACKI T, JóźWICKI R. Digital reconstruction of a hologram recorded using partially coherent illumination. Opt. Commun.，2005 (252)：188－201.

[30] PEDRINI G, SCHEDIN S. Short coherence digital holography for 3D Microscopy. Optik，2001 (112)：427－32.

[31] PEDRINI G, TIZIANI H J. Short-coherence digital microscopy by use of a lensless holographic imaging system. Appl. Opt.，2002 (41)：89－96.

[32] UNNIKRISHNAN G, GIANCARLO P, WOLFGANG O. Coherence effects in digital in-line holographic microscopy. J. Opt. Soc. Am. A，2008 (25)：59－66.

[33] FRANK D, NATACHA C, CATHERINE Y, et al. Digital holographic microscopy with reduced spatial coherence for three-dimensional particle flow analysis. Appl. Opt.，2006 (45)：64－71.

[34] FRANK D, MARIA-LUISA N, CHRISTOPHE M, et al. Partial spatial coherence effects in digital holographic microscopy with a laser source. Appl. Opt.，2004 (43)：31－39.

[35] ZALEVSKY Z, OFER M, EMANUEL V, et al. Suppression of phase ambiguity in digital holography by using partial coherence or specimen rotation. Appl. Opt.，2008 (47)：D154－D63.

[36] OU H, POON T, WONG K, et al. Enhanced depth resolution in optical scanning holography using a configurable pupil. Photonics Res.，2014 (2)：64－70.

[37] ROSEN J, BROOKE R G. Digital spatially incoherent Fresnel holography. Opt. Lett.，2007 (32)：912－914.

[38] KEBBEL V，MULLER J，JUPTNER W. Characterization of aspherical micro-optics using digital holography：Improvement of accuracy. Interferometry Xi：Applications. Ed. Osten，W. 4778. Proceedings of the Society of Photo-Optical Instrumentation Engineers，2002：188−197.

[39] 丁伟，孔勇，杜彤耀，等. 基于时空域退偏的数字全息成像去噪研究. 激光技术，2021（4）：0115.

　　Aydogan Ozcan 教授，美国国家发明家科学院院士。在谈及给年轻科学家的建议时，他说："一定要坚持学习，学会正视自己的缺点和不足，并努力弥补，要虚心向他人学习，唯有如此，才能不断取得进步。"

连续太赫兹波数字全息

　　太赫兹波(Terahertz，THz)是指频率在 0.1～10 THz(波长在 30 μm～3 mm)范围内的电磁波，该波段位于毫米波与红外波之间，是电磁波谱中唯一尚未被完全开发的频段。太赫兹波具有低能性、穿透性、惧水性、指纹吸收谱等重要特征，在物理科学、生物医学、电子信息、国防航天等诸多领域具有广阔的应用前景。其中，太赫兹波相衬成像被认为是太赫兹波科学与技术中最具有应用前景的研究领域之一。太赫兹波相衬成像不仅可以通过材料吸收获得空间密度分布，还可以利用相位测量得到材料折射率的空间分布，准确反映内部结构和材料信息。连续太赫兹波数字全息是一种重要的太赫兹波相衬成像技术，可从所获取的太赫兹波干涉图像中提取出样品的定量振幅与相位信息。

9.1　同轴太赫兹波数字全息

　　近年来太赫兹波器件得到了迅速发展，出现了可靠稳定、高功率的连续太赫兹波发射源，以及能在室温下工作的面阵式探测器，太赫兹波数字全息应运而生。该技术通过将太赫兹波与数字全息相结合，成为一种新的定量相位成像方法，在生物医学等领域得到了广泛应用。其中，同轴太赫兹波数字全息(In-line Terahertz Digital Holography)采用平面光波照明样品，通过记录形成的远场衍射图样，可以再现出样品的振幅和相位图像。该技术具有结构紧凑、对太赫兹波源的相干性要求较低、成像分辨率较高等优点，成为太赫兹波数字全息中的常用光路。

9.1.1　实验光路及相位再现算法

1. 同轴数字全息的记录

　　连续太赫兹波同轴数字全息的原理如图 9-1 所示。太赫兹波源辐射出的平面波直接照在样品上，被物体散射的光束作为物光 $O(x, y)$，未散射的直透

光束作为参考光 $R(x,y)$，物光和参考光共路传播，两者干涉产生的全息图由太赫兹波探测器记录。

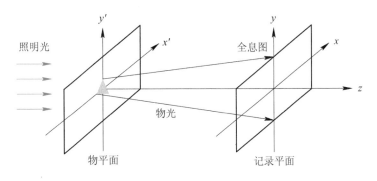

图 9-1 连续太赫兹波同轴数字全息原理示意图

国内连续太赫兹波同轴数字全息成像方法最早由哈尔滨工业大学提出[1]。2012 年，该研究组基于 2.52 THz 的二氧化碳光泵太赫兹激光器和面阵式热释电探测器(像素个数为 124×124，像素尺寸为 $85~\mu m\times85~\mu m$，像素间隔为 $100~\mu m$)对所示镀在特氟龙基底的"HIT"图标进行同轴数字全息成像。如图 9-2 所示，

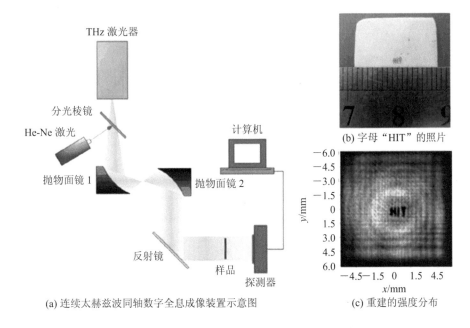

(a) 连续太赫兹波同轴数字全息成像装置示意图

(b) 字母"HIT"的照片

(c) 重建的强度分布

图 9-2 连续太赫兹波同轴数字全息成像[1]

采用两个通光口径为 50.8 mm、焦距分别为 76.2 mm 和 152.4 mm 的镀金离轴抛物面镜对太赫兹激光扩束准直。两抛物面镜的间距为两者焦距之和，将太赫兹激光的光斑直径扩束至原来的 2 倍。采用镀金反射镜可调整太赫兹激光的传播方向。由于太赫兹波的波长较长，缺少有效的滤波和整形器件，抛物面镜组还起到了一定的光波整形作用。与离轴全息方法相比，采用同轴数字全息光路，物体和探测器之间没有其他元件，记录距离更短，也能获得更高的分辨率。随后，该研究组将太赫兹波同轴数字全息用于遮挡隐蔽目标成像[2]，获取了多种隐藏物体的幅值再现像。比较遗憾的是该技术未能很好地解决孪生像重叠问题。

2. 相位复原算法

同轴全息的主要缺点是存在孪生像的串扰，为了准确重建出物光波前，需采用相位复原（Phase Retrieval）算法。相位复原算法的一般流程为迭代过程，主要可分为 GS 算法、ER 算法和混合输入输出 HIO 算法[3]。早在 20 世纪 70 年代，R.Gerchberg 和 O.Saxton 提出了基于傅里叶变换的 GS 算法[4]：考虑到待测物光波与衍射光场焦平面的复振幅存在傅里叶变换关系，通过将光波从空域到频域间反复进行衍射传播（傅里叶变换），并同时在物平面和频谱面施加一定的约束条件，即可恢复光场相位。在此基础上，J.Fienup 等人提出了误差减少（Error-Reduction，ER）、混合输入输出（Hybrid Input-Output，HIO）等各种算法[5]，对 GS 算法做了进一步的改进。90 年代 G.Yang 和 B.Gu 两位学者采用严格的数学推导，提出了 Yang-Gu 算法[6, 7]。目前，应用于太赫兹同轴数字全息的相位复原迭代算法主要是基于误差减少（ER）算法，其迭代流程如图 9-3 所示。

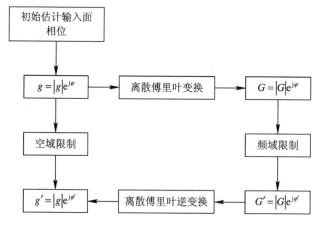

图 9-3　ER 算法原理框图

方便起见，设$(x，y)$为输入面空域坐标系，$f(x，y)$为该平面上物光的真实波前分布；$(u，v)$为输出面频率域坐标系，$I(u，v)$为面阵式探测器记录的输出面光强分布。误差减少算法一般按以下步骤重复迭代：

（1）首先赋予输入面一个初始相位分布的估计值$\varphi(x，y)$，从第二次迭代起该复振幅分布均被步骤(5)计算得到的复振幅分布所取代。$\varphi(x，y)$与输入面上估计的振幅分布$|g(x，y)|$相乘，得到猜测的输入面的复振幅分布$g(x，y)$，$g(x，y)$是真实值$f(x，y)$的估计值。

（2）对$g(x，y)$作傅里叶变换得到其输出平面上的复振幅$G(u，v)$，其中：

$$G_k(u，v)=|G_k(u，v)|\exp[\mathrm{j}\varphi_k(u，v)]=\mathrm{FT}[g_k(x，y)] \quad (9-1)$$

式中，k代表迭代循环次数。

（3）利用记录的强度$I(u，v)$更新计算得到的$G_k(u，v)$的幅值：

$$G_k'(u，v)=\sqrt{I(u，v)}\exp[\mathrm{j}\varphi_k(u，v)] \quad (9-2)$$

（4）对$G_k'(u，v)$作逆傅里叶变换FT^{-1}，回传得到输入面光波函数$g_k'(x，y)$：

$$g_k'(x，y)=|g_k'(x，y)|\exp[\mathrm{j}\theta_k'(x，y)]=\mathrm{FT}^{-1}[G_k'(u，v)] \quad (9-3)$$

（5）基于物体域(空域)约束条件，更新$g_k'(x，y)$：

$$g_{k+1}(x，y)=|f(x，y)|\exp[\mathrm{j}\theta_{k+1}(x，y)]$$
$$=|f(x，y)|\exp[\mathrm{j}\theta_k'(x，y)] \quad (9-4)$$

并且

$$g_{k+1}(x，y)=\begin{cases}g_k(x，y)，&(x，y)\notin\gamma\\0，&(x，y)\in\gamma\end{cases} \quad (9-5)$$

其中，γ表示在$g_k'(x，y)$与目标域(空域)约束条件不符的点集。迭代过程中，空域约束条件是正性约束(Positivity)和支持域(Support)约束条件，频域约束条件是将迭代计算获得的物光频谱的振幅更换为实验测量的频谱分布。迭代的过程是在两个域之间来回变换，且在返回另一个域之前要先满足在此域的约束。

J.Fienup证明了上述算法具有误差下降的性质，即在每次迭代中可使误差函数减小。在实际中，ER算法的误差通常在前几个步骤中下降得很快，在后面的迭代中会下降得越来越缓慢。收敛速度取决于初始相位估计值和收敛约束条件。

此外，J.Fienup提出的空域约束条件(9-5)基于相干衍射成像的物理特性：物面上除物体所在区域外其他部分没有光束存在，故将空间支持域内与空域约束条件不符的点集设为零。而在同轴全息中，照明光束必须覆盖相机的光敏面，才能获得高对比度的干涉条纹，因此应用于同轴数字全息的 ER 算法的空域约束条件可改为

$$g_{k+1}(x,y)=\begin{cases} g_k(x,y), & (x,y)\notin \gamma \\ 1, & (x,y)\in \gamma \end{cases} \tag{9-6}$$

空域的另一项正性约束在太赫兹波段同样适用。

针对同轴数字全息孪生像混叠的问题，北京工业大学研究团队于 2014 年提出了适用于太赫兹数字全息的相位复原方法，可在记录面与物体平面之间往复迭代去除孪生像[8]。该方法使用相同的 2.52 THz 太赫兹源和热释电探测器，搭建了与哈工大团队类似的同轴数字全息成像系统，实现了蜻蜓后翅标本的连续太赫兹波数字全息成像。该团队后续的研究主要聚焦在改进物平面以及记录面的约束条件，从而进一步提高了孪生像的去除效果和迭代计算效率。此外，该团队还研究了物平面的幅值、相位和支持域约束条件及其对迭代算法收敛性的影响，分析了补零扩展、边界复制扩展和切趾操作对再现图像的影响[9]。2016 年，该团队在物平面上使用支持域约束条件对太赫兹同轴数字全息图进行了迭代再现[10]，随后他们采用双物距记录法进行了仿真和实验研究[11]。与单物距记录的振幅约束相位复原算法相比，双物距记录的相位约束相位复原算法重建的图像对比度增加了 0.146，双物距记录的振幅约束相位复原算法重建的图像对比度增加了 0.225。2019 年，中国工程物理研究院基于自制的光泵 5.24 THz 激光器以及高分辨微测热辐射计（像素个数为 640×512，像素尺寸为 17 μm×17 μm）构建了片上连续太赫兹波同轴数字全息系统[12]，记录距离为 3 mm。该系统采用物面约束条件和 L_1 稀疏约束条件，如图 9-4 所示，在连续太赫兹波数字全息成像中实现了亚波长分辨率（40 μm，等于 0.7λ）。

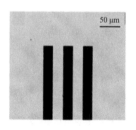 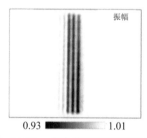 

(a) 间距为 50 μm 的分辨率靶条图像 (b) 50 μm 靶条的再现振幅分布 (c) 50 μm 靶条的再现相位分布

 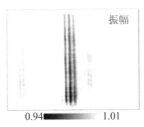 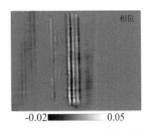

(d) 间距为 40 μm 的分辨率靶条图像　(e) 40 μm 靶条的再现振幅分布　(f) 40 μm 靶条的再现相位分布

图 9 - 4　连续太赫兹波数字全息对分辨率靶条的成像结果[12]

　　为了进一步提高连续太赫兹波同轴数字全息的成像质量，该领域研究学者对太赫兹波数字全息图像去噪方法展开了研究。哈工大研究团队提出通过马尔可夫链蒙特卡尔采样理论对太赫兹波数字全息成像图像进行去噪处理[13]。2015 年，他们基于小波变换对太赫兹波同轴数字全息再现像的去噪进行了研究，结果证明采用"bior2.2"小波基的同态滤波对太赫兹波同轴数字全息图的去噪效果较好[14]。

9.1.2　全息图质量增强技术

　　在太赫兹波数字全息中，很多种因素都会影响全息图的信噪比和条纹对比度。首先，太赫兹波段缺乏透射型光学元件，主要采用离轴抛物面镜组实现扩束准直，难以灵活调节光斑直径。其次，由于空气中的水蒸气成分对太赫兹波有着较强的吸收作用，因此整套成像系统必须尽可能保持紧凑，以减少太赫兹波强度的衰减；此外，热释电探测器中内置斩波器，斩波器旋转引起的空气波动也会引起太赫兹波图像强度发生周期性变化。最后，生物样品装载物的尺寸需要大于光斑尺寸，用来抑制其边缘衍射效应对全息图质量的影响。因此，要得到高质量的太赫兹波全息图，需要做以下准备和处理工作。

1. 测量太赫兹波源功率稳定性

　　由于泵浦太赫兹波的甲醇气体会逐渐消耗，连续太赫兹波源的功率会随着时间的变化而逐渐减弱，实验中不得不增加曝光时间来补偿太赫兹波功率的下降，在引起成像速度下降的同时，探测器中的斩波器也会对连续采集图像的强度产生影响。热释电探测器是利用热释电材料的自发极化强度随温度而变化的效应制成的一种热敏型红外探测器。由于热释电探测器中内置斩波器，斩波器旋转引起的空气波动也会引起太赫兹波图像强度发生周期性变化。当探测器的采样频率设置为 48 Hz 时，分别记录了 1000 幅全息图（带样品）和 1000 幅背景图(移去样品)，把每一幅图像所有像素(124×124)的强度值相加，得到的强度波动曲线呈周期性变化，如图 9-5 所示，变化频率约为 125 帧/秒。

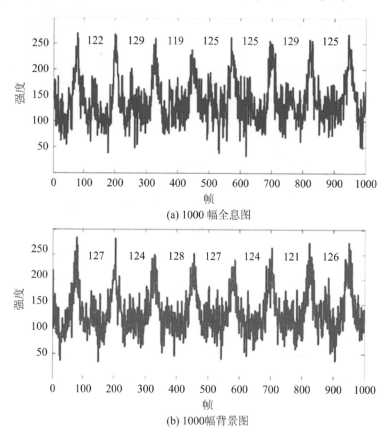

(a) 1000 幅全息图

(b) 1000幅背景图

图 9-5　单帧图像所有像素点强度之和的波动曲线

2. 太赫兹波数字全息图高斯拟合

热释电探测器由于受工作原理的限制，探测信号噪声以高斯噪声为主，并且得到的像素值有可能会出现零值、甚至负值。一种方法是只对每个像素 1000 幅图像中的正值进行叠加，排除零值和负值；另一种更精确的方法是对其噪声特性进行分析。选取图像中任意一个像素(此外选取(1，1)像素点)，根据其在 1000 幅图像中信号值的大小绘制一维强度分布的柱状图，柱状图的每一级的宽度取 10。

如图 9-6 所示，柱状图的整体波动呈高斯分布，最小值小于-20，最大值大于 100，像素值在 40 附近的帧数约占总数的 25%。根据柱状图的总体分布绘制高斯拟合曲线，将其均值定为该像素点的平均值，即全息图或背景图像的强度值，并在随后的相位恢复算法中作为记录面的约束条件。同时，在探测器中还有若干点(小于20个像素)始终显示为负值，可以被标记为"坏点"，这些点的强度不能作为记录面的约束条件，可以在迭代过程中更新替换。

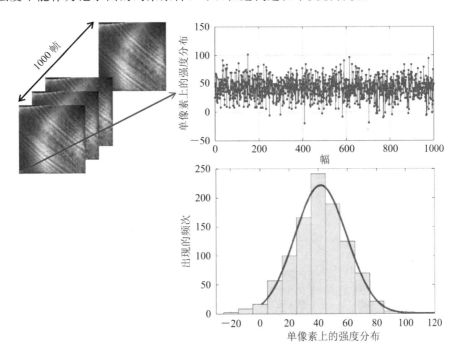

图 9-6　太赫兹波数字全息图第(1,1)像素点1000幅采样强度值分布的柱状图

9.1.3　分辨率增强技术

与可见光波段的数字全息一样，太赫兹波数字全息的分辨率与照射光波的中心波长、记录距离、像素尺寸和像素个数直接相关。当波长一定时，尽可能压缩记录距离或增加全息图面积，以提高无透镜同轴数字全息的等效数值孔径 $N_0 d /(lz)$，最终增强成像空间分辨率。

1. 外推算法

2013年，瑞士苏黎世大学提出了外推(Extrapolation)算法，其流程如图9-7所示。该算法通过物面和记录面之间往复迭代，逐步扩大全息图的等效尺寸，在不增加系统复杂度和数据采集时间的情况下，可提高数字全息和相干衍射成像的横向分辨率[15,16]。

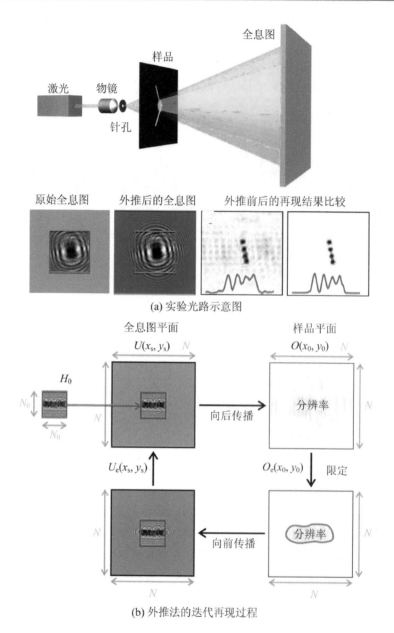

(a) 实验光路示意图

(b) 外推法的迭代再现过程

图 9-7　无透镜同轴数字全息的外推算法再现

北京工业大学与瑞士课题组合作，提出了太赫兹波同轴数字全息外推迭代算法：在第一次迭代循环之前，将像素个数为 124×124、像素间隔为 100 μm×100 μm 的全息图扩展为 500×500 像素的全息图，并在扩展区域内加入(−0.1,

0.1)区间范围内的随机噪声。图9-8(a)中全息图突破了原始孔径的限制,得到了更多的包含物体信息的条纹,但分布不同。在迭代过程中,使用正性吸收作为物面的约束条件(其掩膜板如图9-8(b)、(c)所示),经1000次迭代后得到了全息图和再现结果。左下区由于物参光的光强比适中,得到的外推干涉条纹较为密集、清晰;而右上区由于未散射的参考光较弱,外推算法的效果不明显;在左上角和右下角由于完全没有参考光,算法失效。此外,如图9-8(d)~(f)所示,右上区的再现结果中仍然存在一些共轭像,这可能是由于在物面上采用了较为宽松的支持域所造成的影响。尽管外推算法只取得了部分成功,但是,与传统相位复原算法得到的再现结果相比,利用外推算法获得的吸收系数分布和相位分布得到了明显的改善。其中,前缘主脉和前缘次脉的对比度有所提高,中部主脉和从脉的再现结果更加清晰。

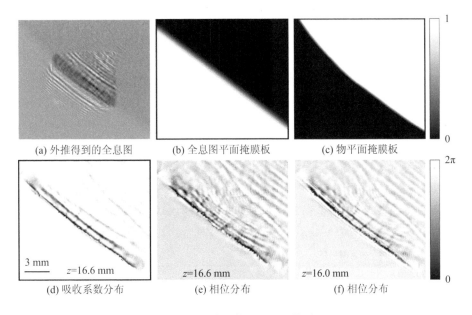

(a) 外推得到的全息图 (b) 全息图平面掩膜板 (c) 物平面掩膜板

(d) 吸收系数分布 (e) 相位分布 (f) 相位分布

图9-8 外推算法的再现结果

2. 合成孔径

连续太赫兹波数字全息系统受限于探测器的数值孔径,无法采集发散角较大的高频条纹,再现分辨率较低。通过采用合成孔径方法,可以获取更多的样品细节信息,如图9-9所示。在具体操作中,可通过移动探测器采集记录多幅不同位置的子全息图,并通过拼接的方法来扩大探测器的数值孔径,从而提高成像系统的再现分辨率。

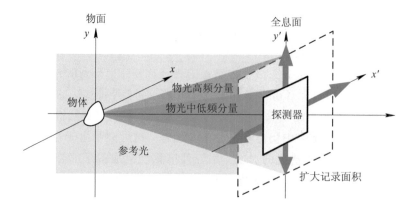

图 9 - 9　同轴数字全息合成孔径方法原理示意图

　　2015 年，瑞士联邦材料科学与技术实验室课题组提出了合成孔径连续太赫兹波数字全息成像方法[17]。为了扩大参考光的照明范围，在实验中移动参考光的反射镜来完成相移成像，并通过菱形路径扫描移动平移台来移动微测热辐射计记录全息图，拼接所有子全息图从而完成合成孔径成像。与基于单幅全息图的再现结果相比，基于合成孔径方法大幅提升了系统成像分辨率，系统的横向分辨率达到 200 μm(1.68 λ)，相位精度达到 0.4 rad，对应的轴向分辨率为 6 μm。

　　2016 年，北京工业大学与中国工程物理研究所合作，搭建了基于量子级联激光器的连续太赫兹波同轴数字全息成像系统[18]。成像光路如图 9 - 10 所示，激光器的波长在 97 μm、97.6 μm 和 98.9 μm 三处对应的功率之比为 4：1：2。利用微测热辐射计(像素个数为 320 ×240，像素间隔为 23.5 μm × 23.5 μm)记录不同位置处的 9 幅子全息图(7.52 mm×5.64 mm)，并将所得图像合成为一幅大的全息图(15.5 mm×13.6 mm)，如图 9 - 11 所示。最终，通过再现获得了125 μm(1.28λ)的实际横向分辨率。

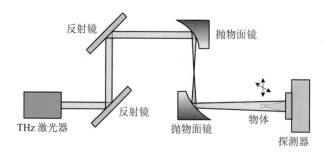

图 9 - 10　基于合成孔径的太赫兹同轴数字全息成像装置示意图

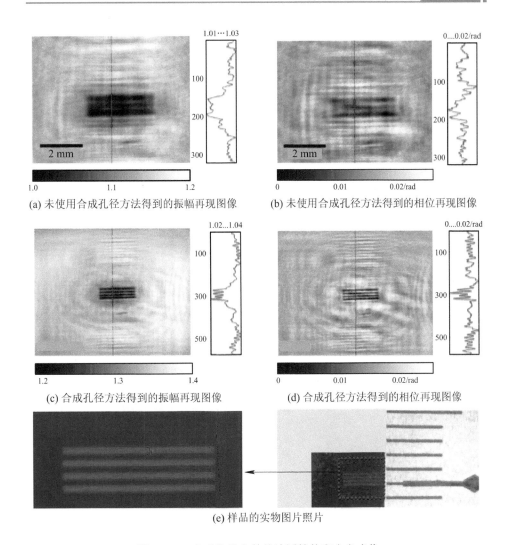

(a) 未使用合成孔径方法得到的振幅再现图像 (b) 未使用合成孔径方法得到的相位再现图像

(c) 合成孔径方法得到的振幅再现图像 (d) 合成孔径方法得到的相位再现图像

(e) 样品的实物图片照片

图 9-11 合成孔径太赫兹波同轴数字全息成像

2017 年，中国工程物理研究所研发出 4.3 THz 的量子级联激光器，并将其运用于连续太赫兹波同轴全息成像系统中，利用合成孔径方法将分辨率提高到 $70~\mu m(1\lambda)$[19]，如图 9-11 所示。

3. 亚像素微位移

太赫兹波段的热释电探测器的像素尺寸远大于可见光波段的 CCD 和 CMOS 像素尺寸，利用亚像素技术可以提高连续太赫兹波同轴数字全息的空间分辨率。将探测器安装在二维电动平移台上，并对其进行以 1/4 像素为间

距的二维移动，连续记录 16 幅同轴全息图，利用频域配准算法实现亚像素级
精度的全息图图像融合，从而提高数字全息分辨率。北京工业大学、中国工
程物理研究院、第三军医大学等多家单位合作，利用该亚像元技术记录了人
体原发性肝癌组织切片的太赫兹波全息图，之后利用外推算法获得高分辨的
相衬像，观察到了代表肝硬化和原发性肝癌重要病征的纤维化组织，首次实
现了太赫兹波数字全息相衬成像技术在癌症检测和医学成像的应用，结果如
图 9 - 12 所示。

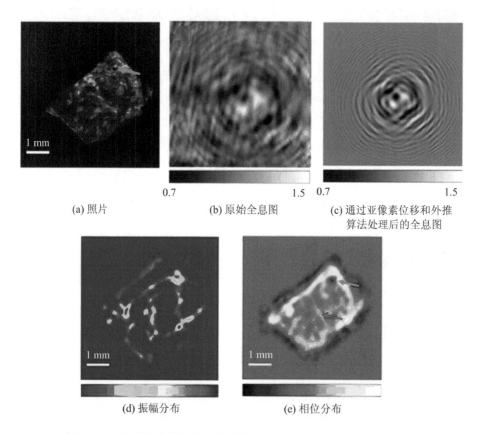

图 9 - 12　太赫兹波数字全息对人体原发性肝癌组织切片的再现结果

9.2　太赫兹波离轴菲涅耳数字全息

与同轴(无透镜)数字全息相比，离轴菲涅耳数字全息放宽了对样品尺寸的
限制，不仅适用于透射式样品，同时也适用于反射式样品。与可见光相比，太

赫兹波数字全息的离轴角更大。为了不降低成像分辨率,可采用三角全息光路结构,从而避免了在物体和探测器之间引入分光棱镜等光学元件。再现方面,离轴全息不再需要基于迭代的相位复原算法,通过频谱滤波即可实现实像和孪生像的分离。借助自聚焦算法可以获得准确的再现距离,通过对再现光波进行衍射传播可以实现对被测样品的重新聚焦。常用衍射传播的算法主要包括菲涅耳变换法、卷积法和角谱法[20],详见 2.3.3 节。

9.2.1 透射式光路

早期的连续太赫兹波数字全息成像系统通过单点探测器的逐点扫描来记录数字全息图。2004 年爱尔兰国立梅努斯大学课题组利用 100 GHz 的耿氏(Gunn)二极管振荡器,搭建了离轴菲涅耳太赫兹波数字全息成像系统[21]。光路如图 8-13(a)所示[22],太赫兹球面波照射聚四氟乙烯材料样品,通过肖特基二极管逐点扫描记录全息图。重建得到镂空金属字母 M 的振幅图像如图 8-13(b)所示,成像分辨率约为 9 mm(3λ)。

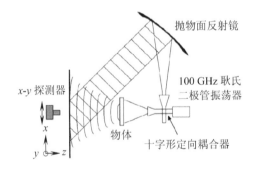

(a) 基于耿氏二极管振荡器的
数字全息成像装置示意图

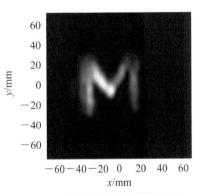

(b) 镂空金属字母的重建图像

图 9-13 基于耿氏二极管振荡器的数字全息以及对镂空金属字母的成像结果[22]

美国阿拉巴马州立大学课题组利用频率调谐范围为 $0.66 \sim 0.76$ THz 的 $50~\mu$W 相干连续太赫兹波源作为照明光源,以肖特基二极管作为探测器,搭建了马赫-泽德型离轴太赫兹波数字全息装置[23]。实验中,分别在 0.68 THz 和 0.725 THz 频率下记录相应的太赫兹波离轴数字全息图,利用双波长解包裹方法重建得到聚甲基戊烯材料样品的相位图像,其轴向相位精度约为 $\frac{1}{40}\lambda$、横向分辨率约为 0.64 mm。然而,逐点扫描方式较难实现快速全场成像。

2011 年，哈尔滨工业大学利用 2.52 THz 光泵太赫兹源和热释电探测器搭建了太赫兹波离轴数字全息成像系统，其横向分辨率达到 0.4 mm（3.4λ）[24]。随后，该课题组还验证了离轴连续太赫兹波数字全息中菲涅耳变换法、卷积法和角谱法等数字全息再现算法的有效性[25]，研究表明角谱法比其他两种再现算法更适合在太赫兹波段重建离轴菲涅耳数字全息图。该课题组还将记录距离从 39 mm[24] 减小到 27 mm[26]，空间分辨率也相应地提升到 0.245 mm（2.1λ），该分辨率高于太赫兹波远场焦平面成像的分辨率。

随着太赫兹波段新型光源的发展，小型化、高功率和高频率的太赫兹波量子级联激光器逐渐商业化，并被用于太赫兹波数字全息成像系统。从 2014 年起，瑞士联邦材料科学与技术实验室搭建了基于太赫兹波量子级联激光器（3 THz）和非制冷微测热辐射计（像素个数为 640×480，像素间隔为 25 μm×25 μm）的劳埃德镜干涉光路。该系统的横向分辨率为 0.280 mm（2.8λ），相衬成像精度约为 0.5 rad[27]。利用该系统对金属西门子和聚丙烯薄片进行了全息成像。2015 年，日本德岛大学基于相同的太赫兹波源以及非制冷微测热辐射计（像素个数为 320×240，像素间隔为 23.5 μm × 23.5 μm）开展了太赫兹波数字全息成像研究[28]，对塑料和硅片进行成像，系统的纵向分辨率达到 1.7 μm（0.017λ）。

9.2.2　反射式光路

作为另一种连续太赫兹波离轴数字全息方法，反射式连续太赫兹波离轴数字全息也得到了广泛的研究。2005 年，俄罗斯新西伯利亚国立大学提出了基于波长范围为 120~180 μm 的准连续高功率太赫兹波源的反射式离轴太赫兹波数字全息成像方法[29]，分别利用增强型 CCD 和 InAs 红外热录像仪记录了纯幅值物体的太赫兹波全息图。2008 年，芬兰赫尔辛基理工大学提出了一种基于矢量网络分析仪长距离探测的反射式太赫兹波数字全息成像方法[30]。

另外，太赫兹波单点探测器可以逐点获取太赫兹波强度信息。2010 年，哈尔滨工业大学基于 0.1 THz 和 0.12 THz 的连续太赫兹波源实现了双波长解包裹[31]。2011 年，清华大学研究组利用 2.52 THz 光泵连续太赫兹波源和高莱单点探测器设计了四步相移迈克尔逊像面干涉装置[32]，如图 9-14（a）所示，获得了塑料薄片的相衬图像，如图 9-14（b）所示。该装置横向分辨能力达到 0.2 mm，轴向测量范围达到 40 μm。

2015 年，瑞士联邦材料科学与技术实验室采用 2.52 THz 光泵连续太赫兹波源与非制冷氧化钒微测热辐射计搭建了离轴太赫兹波数字全息成像系统[33]。2015 年，意大利光学研究所的 M.Locatelli 等人搭建了反射式和透射式两种离

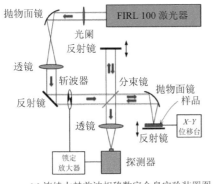

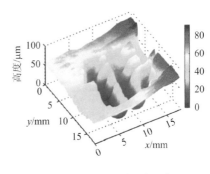

(a) 连续太赫兹波相移数字全息实验装置图　　(b) 塑料薄片的三维深度形貌

图 9-14　连续太赫兹波相移数字全息以及对塑料薄片三维形貌的测量结果[32]

轴太赫兹波数字全息装置[34]，利用 2.8 THz 的太赫兹波量子级联激光器和相同的微测热辐射计，对黑色聚丙烯掩膜板覆盖的金属薄片进行了实时成像，得到了再现振幅像。2018 年，英国格拉斯哥大学利用 GPU 计算，将反射式太赫兹波全息成像的再现速度提高到 50 Hz，样品信息细节分辨能力达到 $280\ \mu m(2.4\lambda)$[35]。

9.2.3　太赫兹波数字全息视场扩大技术

该方法利用太赫兹波的穿透性和数字全息定量相衬成像的优势，可以获得隐藏在可见光波段不透明材料后的物体形貌信息。北京工业大学课题组搭建了基于 2.52 THz 连续太赫兹波激光器和面阵式热释电探测器的反射式连续太赫兹波数字全息实验系统，如图 9-15 所示。该技术实现了对隐藏在聚四氟乙烯

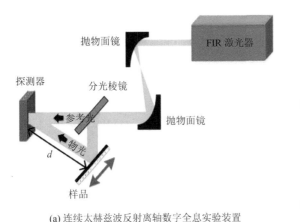

(b) 金属书签样品实物图

(c) 被聚四氟乙烯覆盖的
金属书签样品实物图

(a) 连续太赫兹波反射离轴数字全息实验装置

图 9-15　用于被覆盖物体测量的连续波太赫兹波反射离轴数字全息实验装置

板和聚丙烯板后的金属书签样品的形貌检测，并分析了遮挡板厚度和遮挡板材料对成像质量的影响[36]，成像结果如图 9-16 和图 9-17 所示。

(a) 无遮挡时样品的幅值再现像

(b) 被厚度为0.5 mm聚四氟乙烯覆盖时样品的幅值再现像

(c) 被厚度为1.0 mm聚四氟乙烯覆盖时样品的幅值再现像

(d) 被厚度为1.5 mm聚四氟乙烯覆盖时样品的幅值再现像

(d) 被厚度为2.0 mm聚四氟乙烯覆盖时样品的幅值再现像

(f) 被厚度为2 mm聚丙烯覆盖时样品的幅值再现像

图 9-16　太赫兹波反射式离轴数字全息对被覆盖书签的幅值重建结果

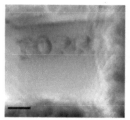
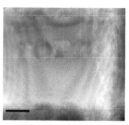
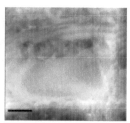

(a) 无遮挡时样品的相位再现像

(b) 被厚度为0.5聚四氟乙烯覆盖时样品的相位再现像

(c) 被厚度为1.0 mm聚四氟乙烯覆盖时样品的相位再现像

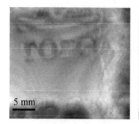
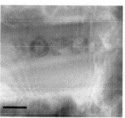
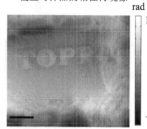

(d) 被厚度为1.5 mm聚四氟乙烯覆盖时样品的相位再现像

(d) 被厚度为2.0 mm聚四氟乙烯覆盖时样品的相位再现像

(f) 被厚度为2 mm聚丙烯覆盖时样品的相位再现像

图 9-17　太赫兹波反射式离轴数字全息对被覆盖书签的相位重建结果

该课题组提出了一种基于图像融合的太赫兹波全息成像视场扩大的方法，将样品放置在二维平移台上，移动物体记录多幅全息图，分别再现后通过图像融合扩大视场。具体算法如下：首先，移动物体记录多幅全息图，通过角谱重建算法分别重建相应位置的幅值和相位分布；其次，通过重叠部分计算出相邻图像的亚像素级的相对位移；然后，对各位置图像依次插值、平移与融合，得到扩大视场后的再现像；最后，通过强度归一化和相位补偿来校正由于太赫兹波光强分布不均匀等原因造成的图像融合后拼接的边缘误差。

实验使用的金属书签的宽度为 34 mm。由于分束器的极限孔径，照明光束的尺寸小于检测器的数值孔径，因此使用该系统捕获的单个全息图的有效视场约为 320×250 像素(25.6 mm×20 mm)。为了检查完整的物体，记录了 3 个全息图，其中包含物体不同区域的图像，使具有重叠部分的图像出现在相邻的全息图中。区域 2 和区域 1 之间的横向和纵向相对位移分别为 83.2 像素和 4.6 像素，区域 3 和区域 2 之间的横向和纵向相对位移分别为 82.8 像素和－6.5 像素。在被 PTFE 板覆盖后，书签的幅度和相位分布如图 9-18 所示。该方法使系统的视场扩大到 25.6 mm×35 mm，是初始单个全息图值的 1.75 倍。

(a) 未被聚四氟乙烯板覆盖时的振幅再现图像

(b) 被聚四氟乙烯板覆盖时的振幅再现图像

(c) 未被聚四氟乙烯板覆盖时的相位再现图像

(d) 被聚四氟乙烯板覆盖时的相位再现图像

图 9-18 通过亚像素图像配准和图像融合扩展视场的实验结果

9.2.4 太赫兹波共路干涉数字全息

连续太赫兹波同轴数字全息光路结构比较紧凑，通过缩短再现距离可以得到更高的空间分辨率，但是，需要迭代相位复原算法或其他相移记录光路消除孪生像，具有样品尺寸受限、成像时间较长等缺点。连续太赫兹波离轴全息可以解决同轴全息方法的上述问题，然而由于前者大多都采用马赫-泽德干涉仪记录光路，物参光经过不同路径和不同光学元件，导致全息成像质量容易受到机械振动和空气扰动等环境干扰的影响，进而影响相衬成像的结果。物参共路的太赫兹波数字全息成像方法可以克服这一缺点，得到更高质量的干涉图。目前常使用劳埃德镜、沃拉斯顿棱镜、菲涅耳双棱镜、厚玻璃板和菲涅耳双镜等折射成像元件将物光波前分成两部分，两者干涉形成离轴数字全息，从而实现共路干涉。根据参考光束的来源，共路干涉方法可以分为两种：第一种方法是通过在4f系统的傅里叶平面中使用空间滤波器将物光束中的一部分转换为参考光束，与另一部分物光束干涉产生离轴全息图；另一种方法是将物光束中的背景信息部分当作参考光并与之干涉生成离轴全息图（自参考式结构）。

　　D.Wang 提出了一种基于菲涅耳双面镜的连续太赫兹波自参考数字全息方法[37]，利用两个镀金反射镜对物光波前分束，通过调节两个反射镜之间的角度，可以独立地改变两个光束的传播方向。实验系统（如图 9-19 所示）采用 2.52 THz 光泵太赫兹波源，其出射光束经两个镀金离轴抛物面镜扩束 3 倍；探测器采用面阵热释电探测器（像素个数为 320×320，像素间隔为 80 μm×80 μm）；其内置斩波器的频率为 50 Hz；光路中两个反射镜之间的角度约为 13°。为了测试太赫兹波自参考数字全息系统的分辨率，利用该全息方法对镀有金属靶条图案的硅基分辨率测试板（$n=4.68@2.52$ THz）进行了成像。基板和镀金涂层的厚度分别为 500 μm 和 50 nm，使用自动对焦算法计算出的再现距离为 50.1 mm，重建后的结果如图 9-20(a)所示，获得了 325 μm 的空间分辨率。第二种样品是

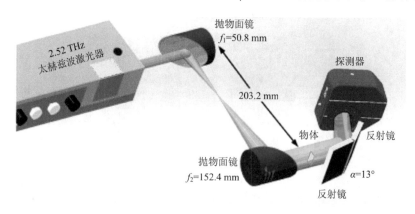

图 9-19　连续太赫兹波自参考数字全息装置示意图

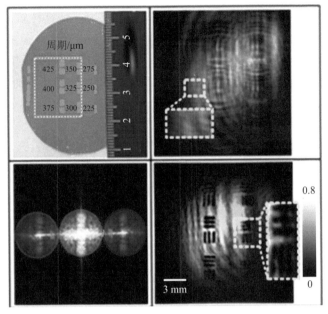

(a) 分辨率测试板的重建结果

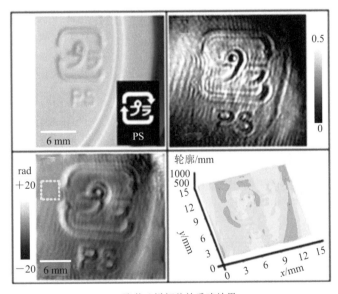

(b) 聚苯乙烯杯盖的重建结果

图 9 - 20　太赫兹波自参考数字全息对分辨率测试板和聚苯乙烯杯盖的成像结果

厚度为 390 μm 的聚苯乙烯($n=1.44@2.52$ THz)制成的咖啡杯盖，再现距离为 54.8 mm 处重建的相衬像如图 9-20(b)所示。为了计算杯盖的厚度，在没有样品的条件下也记录了背景图像。通过相位信息解算出杯盖的平均厚度是 (381 ± 9)μm。

最后，将太赫兹波自参考数字全息系统的时间稳定性与离轴角为 28.6°的连续太赫兹波离轴数字全息系统进行对比。分别连续记录 49 幅不带样品的干涉图，数据记录时间均为 490 s，对每个重建的相位图选取 100×100 像素的中心区域进行评估。结果发现本系统的平均标准偏差为 0.36 μm，而连续太赫兹波离轴数字全息系统的时间稳定性则为 1.0 μm。太赫兹波自参考数字全息系统结构紧凑、稳定性高、鲁棒性强且易于实现，有利于动态测量。

本 章 小 结

近年来，凭借太赫兹波低能性、穿透性、惧水性、指纹吸收谱等重要特征，连续太赫兹波数字全息成像技术得到了快速发展，成为一种全场无透镜连续太赫兹波相衬成像技术。本章在简要介绍了数字全息成像的成像原理、光路系统和再现算法的基础上，总结了同轴式、离轴透射式和反射式以及自参考等多种光路结构的连续太赫兹波数字全息成像的研究进展。对于连续太赫兹波同轴数字全息，主要介绍了去除孪生像的相位复原算法和提高成像分辨率的相关研究；对于离轴数字全息，介绍了借助新型的面阵式太赫兹波探测器，对全息图记录由逐点扫描发展为全场成像，从而提高了成像速率，并且对提高分辨率、扩大视场范围、遮挡下的形貌检测的相关研究进行了介绍。此外，诸如无透镜傅里叶变换数字全息、全内反射数字全息等光路结构也都已在太赫兹波段得以实现，这些研究成果为进一步推动太赫兹波成像在生物医学、智能制造、无损检测等领域的应用提供了技术储备。

参 考 文 献

[1] XUE K，LI Q，LI Y，et al. Continuous-wave terahertz in-line digital holography. Opt. Lett. ，2012 (37)：3228-3230.

[2] LI Q，XUE K，LI Y，et al. Experimental research on terahertz Gabor inline digital holography of concealed objects. Appl. Opt. ，2012 (51)：7052-7058.

[3] FIENUP J R. Reconstruction of an object from the modulus of its Fourier transform. Opt. Lett. , 1978 (3): 27 – 29.

[4] GERCHBERG R, SAXTON O. A practical algorithm for the determination of the phase from image and diffraction plane pictures. Optik, 1972 (35): 237 – 246.

[5] FIENUP J. Phase retrieval algorithms: a comparison. Appl. Opt. , 1982 (21): 2758 – 2769.

[6] YANG G, GU B, DONG B. Theory of the amplitude-phase retrieval in any linear-transform system and its applications. M. Fiddy, Inverse Problems in Scattering and Imaging. San Diego, CA, USA: SPIE. 1992: 457 – 458.

[7] YANG G, DONG B, GU B, et al. Gerchberg-Saxton and Yang-Gu algorithms for phase retrieval in a nonunitary transform system: a comparison. Appl. Opt. , 1994 (33): 209 – 218.

[8] RONG L, LATYCHEVSKAIA T, WANG D, et al. Terahertz in-line digital holography of dragonfly hindwing: amplitude and phase reconstruction at enhanced resolution by extrapolation. Opt. Express, 2014 (22): 17236 – 17245.

[9] HU J, LI Q, CUI S. Research on object-plane constraints and hologram expansion in phase retrieval algorithms for continuous-wave terahertz inline digital holography reconstruction. Appl. Opt. , 2014 (53): 7112 – 7119.

[10] HU J, LI Q, ZHOU Y. Support-domain constrained phase retrieval algorithms in terahertz in-line digital holography reconstruction of a nonisolated amplitude object. Appl. Opt. , 2016 (55): 379 – 386.

[11] HU J, LI Q, CHEN G. Reconstruction of double-exposed terahertz hologram of non-isolated object. J. Infrared Milli. Terahz. Waves, 2016 (37): 328 – 339.

[12] LI Z, YAN Q, QIN Y, et al. Sparsity-based continuous wave terahertz lens-free on-chip holography with sub-wavelength resolution. Opt. Express, 2019 (27): 702 – 713.

[13] CHEN G, LI Q. Markov chain Monte Carlo sampling based terahertz holography image denoising. Appl. Opt. , 2015 (54): 4345 – 4351.

[14] 崔珊珊, 李琦. 基于小波变换的太赫兹数字全息再现像去噪研究. 红外与

激光工程，2015（44）：1836－1840.

[15] LATYCHEVSKAIA T，FINK H W. Resolution enhancement in digital holography by self-extrapolation of holograms. Opt. Express，2013 （21）：7726－7733.

[16] LATYCHEVSKAIA T，FINK H W. Coherent microscopy at resolution beyond diffraction limit using post-experimental data extrapolation. Appl. Phys. Lett. ，2013（103）：204105.

[17] ZOLLIKER P，HACK E. THz holography in reflection using a high resolution microbolometer array. Opt. Express，2015（23）：10957－10967.

[18] HUANG H，RONG L，WANG D，et al. Synthetic aperture in terahertz in-line digital holography for resolution enhancement. Appl. Opt. ，2015 （55）：A43－A48.

[19] DENG Q，LI W，WANG X，et al. High-resolution terahertz inline digital holography based on quantum cascade laser. Opt. Eng. ，2017 （56）：113102.

[20] J W. Goodman. Introduction to Fourier optics. Greenwood Vilage：Roberts and Company Publishers，2005.

[21] MAHON R，MURPHY A，LANIGAN W. Terahertz holographic image reconstruction and analysis. in Infrared and Millimeter Waves. 2004 and 12th International Conference on Terahertz Electronics，Conference Digest of the 2004 Joint 29th International Conference，2004：749－750.

[22] MAHON R J，MURPHY J A，LANIGAN W. Digital holography at millimetre wavelengths. Opt. Commun. ，2006（260）：469－473.

[23] HEIMBECK M S，KIM M K，GREGORY D A，et al. Terahertz digital holography using angular spectrum and dual wavelength reconstruction methods. Opt. Express，2011（19）：9192－9200.

[24] DING S，LI Q，LI Y，et al. Continuous-wave terahertz digital holography by use of a pyroelectric array camera. Opt. Lett，2011（36）：1993－1995.

[25] LI Q，DING S，LI Y，et al. Research on reconstruction algorithms in 2. 52 THz off-axis digital holography. J. Infrared Milli. Terahz. Waves，2012（33）：1039－1051.

[26] LI Q，DING S，LI Y，et al. Experimental research on resolution improvement in CW THz digital holography. Appl. Phys. B，2012（107）：103－110.

[27] HACK E, ZOLLIKER P. Terahertz holography for imaging amplitude and phase objects. Opt. Express, 2014 (22): 16079 – 16086.

[28] YAMAGIWA M, OGAWA T, MINAMIKAWA T, et al. Real-time amplitude and phase imaging of optically opaque objects by combining full-field off-axis terahertz digital holography with angular spectrum reconstruction. J. Infrared Milli. Terahz. Waves, 2018 (39): 561 – 572.

[29] CHERKASSKY V S, KNYAZEV B A, KUBAREV V V, et al. Imaging techniques for a high-power THz free electron laser. Nuclear Instruments and Methods in Physics Research Section A: Accelerators, Spectrometers, Detectors and Associated Equipment, 2005 (543): 102 – 109.

[30] TAMMINEN A, ALA-LAURINAHO J, RAISANEN A V. Indirect holographic imaging at 310 GHz. In Radar Conference, 2008. EuRAD 2008, European, 2008: 168 – 171.

[31] WANG X, HOU L, ZHANG Y. Continuous-wave terahertz interferometry with multiwavelength phase unwrapping. Appl. Opt. , 2010 (49): 5095 – 5102.

[32] WANG Y, ZHAO Z, CHEN Z, et al. Continuous-wave terahertz phase imaging using a far-infrared laser interferometer. Appl. Opt. , 2011 (50): 6452 – 6460.

[33] ZOLLIKER P, HACK E. THz holography in reflection using a high resolution microbolometer array. Opt. Express, 2015 (23): 10957 – 10967.

[34] LOCATELLI M, RAVARO M, BARTALINS I, et al. Real-time terahertz digital holography with a quantum cascade laser. Sci. Rep. , 2015 (5): 13566.

[35] HUMPHREYS M, GRANT J P, ESCORCIA-CARRANZA I, et al. Video-rate terahertz digital holographic imaging system. Opt. Express, 2018 (26): 25805 – 25813.

[36] WANG D, ZHAO Y, RONG L, et al. Expanding the field-of-view and profile measurement of covered objects in continuous-wave terahertz reflective digital holography. Opt. Eng. , 2019 (58): 023111.

[37] WANG D, ZHANG Y, RONG L, et al. Continuous-wave terahertz self-referencing digital holography based on Fresnel's mirrors. Opt. Lett. , 2020 (45): 913 – 916.

　　顾瑛，中国科学院院士，开创了血管靶向光动力治疗的新学术方向和应用领域。顾瑛院士多次参加光学领域会议，对青年学者不吝指教："光学成像技术要面向医学中的真实需求和真实应用场景。一种技术只要能解决好一个具体的应用就可以，不求是多面手。"